中等职业学校教学用书（计算机应用专业）

Word 2007、Excel 2007、PowerPoint 2007 案例教程

魏茂林　主编

电子工业出版社

Publishing House of Electronics Industry

北京·BEIJING

内 容 简 介

本书是中等职业学校计算机应用技术专业教材,主要讲述了常用办公软件 Word 2007、Excel 2007 和 PowerPoint 2007 的基本操作和应用技术,以提高中等职业学校学生对办公软件的应用能力和解决实际问题的能力。

全书共分 11 章,主要介绍了 Word 2007 文字处理、Excel 2007 电子表格和 PowerPoint 2007 演示文稿制作。每个章节列举了大量的实例,操作步骤详细、条理清晰、实用性强。章节中每个任务配有课堂训练题,每章配有思考题和上机操作题,以帮助学生巩固和掌握所学的知识,进一步提高操作能力。

本书既作为中等职业学校计算机应用专业、信息服务类专业,以及文秘、办公自动化等专业的教材,也可作为计算机应用培训班的培训教材或自学者学习使用的参考书。

图书在版编目(CIP)数据

Word 2007、Excel 2007、PowerPoint 2007 案例教程 / 魏茂林主编. —北京:电子工业出版社,2012.10
中等职业学校教学用书. 计算机应用专业
ISBN 978-7-121-18043-9

Ⅰ. ①W… Ⅱ. ①魏… Ⅲ. ①文字处理系统—中等专业学校—教材 ②表处理软件—中等专业学校—教材
③图形软件—中等专业学校—教材 Ⅳ. ①TP391

中国版本图书馆 CIP 数据核字(2012)第 200792 号

策划编辑:关雅莉
责任编辑:柴 灿   文字编辑:裴 杰
印   刷:北京七彩京通数码快印有限公司
装   订:北京七彩京通数码快印有限公司
出版发行:电子工业出版社
          北京市海淀区万寿路 173 信箱   邮编   100036
开   本:787×1 092   1/16   印张:19.25   字数:492.8 千字
版   次:2012 年 10 月第 1 版
印   次:2024 年 8 月第 17 次印刷
定   价:34.00 元

前 言

　　本书是中等职业学校计算机应用技术专业教材，主要讲述了常用办公软件 Word 2007、Excel 2007 和 PowerPoint 2007 的基本操作和应用技术，以提高中等职业学校学生对办公软件的应用能力和解决实际问题的能力。

　　Microsoft Office 2007 是 Microsoft 公司开发的一套基于 Windows 操作系统的新一代办公软件，主要包括 Word 2007、Excel 2007、PowerPoint 2007 等组件。Word 2007 是 Office 应用程序中的字处理程序，也是应用较为广泛的办公组件之一，主要是用来进行文本的输入、编辑、排版、打印等。Excel 2007 是 Office 应用程序中的电子表格处理程序，也是应用较为广泛的办公组件之一，主要是用来进行数据计算、数据汇总、数据分析、图表制作等。PowerPoint 2007 是 Office 应用程序中的演示文稿程序，可用于单独或者联机创建演示文稿，主要用来制作演示文稿等。因此，使用 Office 2007 是办公人员必备的能力之一。

　　全书共分 11 章，主要介绍了 Microsoft Office 2007 中文版办公软件 Word 2007、Excel 2007 和 PowerPoint 2007 的基本操作与应用技术。每个章节列举了大量的实例，操作步骤详细、条理清晰、实用性强。每章内容以任务的形式呈现，包括"任务背景"、"任务分析"、"任务实施"、"任务评价"等，通过完成具体的任务，使学生快速掌握每个任务的基本操作方法和要领。为巩固知识，提高能力、扩宽视野，在每个任务后，给出了与本任务有关的"相关知识"和"课堂训练"，便于学生进一步学习，教师也可以据此设计相关的训练题，以提高学生的技能。每章后给出了"思考与练习"，包括思考题和上机操作题，以帮助学生巩固和掌握所学的知识，进一步提高操作能力。

　　本书由魏茂林主编，其中第 1、2 章由莱西职教中心王彬编写，第 8、9 章由城阳职业中专顾魏编写，第 10、11 章由城阳一中高亮编写，其他章节由魏茂林编写，并对全书进行了统稿。参加本书编写的还有张飙、侯衍铭、王延平、王斌、李国静等。由于编者水平有限，不足之处在所难免，望广大师生提出宝贵意见。

编　者

2011 年 6 月于青岛

目录

第1章 使用 Word 2007

本章将学习 Microsoft Office 2007 组件及其窗口的组成，学习如何创建简单的 Word 文档，以及保存文档、打开文档、关闭文档等操作。完成本章学习后，应该掌握以下内容。

- 认识 Microsoft Office 2007。了解 Office 2007 新增的功能，包括功能区、Office 按钮、浮动工具栏等；了解 Microsoft Office 2007 组件组成，常用的组件有 Word 2007、Excel 2007、PowerPoint 2007 等。
- 认识 Word 2007。了解 Word 2007 窗口的组成，启动和退出 Word 2007 的方法。
- 创建 Word 2007 文档。它包括新建、打开、保存和关闭文档等基本操作，以及在文档中输入文本等。

任务 1 认识 Office 2007

 任务背景

小王到一家公司实习，并准备写一份反映个人简历的电子文档。小王打开了公司为他准备的计算机后，发现没有安装 Microsoft Office 2003 和 WPS office，而是安装了 Microsoft Office 2007。那么 Microsoft Office 2007 有哪些新的特点呢？

 任务分析

Microsoft Office 2007 是 Microsoft 公司继 Office 2003 之后推出的 Office 系列集成办公软件。与 Office 2003 相比，Office 2007 无论是在用户接口还是功能上都有了新的改进——全新设计的用户界面、稳定安全的文件格式、无缝高效的沟通协作。

 任务实施

操作 1 Microsoft Office 2007 简介

Microsoft Office 2007 程序客户端是一个 32 位的应用程序，可以运行于 Windows XP、Windows Server 2003 和 Windows 7 等环境。

Office 2007 版本的窗口比 Office 2003 版本窗口更加美观大方，给人以赏心悦目的感觉。且该版本的设计也更加完善、更能提高工作效率。当打开 Word 2007、Excel 2007、PowerPoint 2007 或 Access 2007 时，会发现程序窗口已发生变化，并且旧版本菜单和工具栏的设计已被替换。下面将对 Office 2007 新增的部分功能进行简要介绍。

1．Office 2007 新外观

Office 2007 具有开放而又充满活力的新外观，如图 1-1 所示。淡蓝与浅变的结合、简洁紧凑的布局、采用圆角边沿设计的工具栏，以及重新设计的图标，无不给每个用户带来视觉上的冲击。

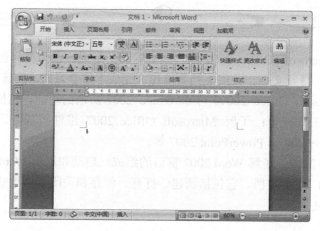

图 1-1　　Word 2007 窗口

2．功能区

在 Office 2007 中，旧版本的菜单和工具栏外观已被窗口顶部的功能区所取代，功能区是菜单和工具栏的主要替代控件。为了便于浏览，功能区包含若干个围绕特定方案或对象进行组织的选项卡，单击这些选项卡可以帮助熟悉 Office 2003 等旧版本的用户找到熟知的命令，而且每个选项卡又被分为若干个组，每个组包含一组相关的命令。因此，功能区选项卡、选项组和命令三个基本组成部分，如图 1-2 所示。

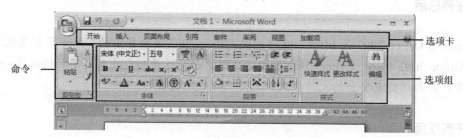

图 1-2　　功能区的三个组成部分

（1）选项卡。选项卡横跨在功能区的顶部。每个选项卡代表一组在特定的程序中执行的核心任务。

（2）选项组。选项组显示在选项卡上，是相关命令的集合，选项组用一个外框包围。有些选项组在右下角有一个启动对话框按钮，用户可以用来单击该对话框按钮，以获取更多的选项和命令。

（3）命令。命令按组来排列。命令可以是按钮、菜单，或者是供用户输入信息的对话框。

功能区是可缩放的，它甚至可以自适应屏幕的大小。如果屏幕分辨率降低，它会以更小

的尺寸显示选项卡和选项组。在具有高分辨率的大屏幕上，功能区的显示效果最佳，体现了其设计的强大。

3．显示精简的命令

在重新设计 Office 2007 时，一个重要目标就是减少以主要的、最有用的命令集形式提供的命令数，并将它们精简为最常用的命令。Office 用户喜欢使用一组核心命令，往往反复使用这些命令，现在这些命令已被放在最显眼的位置。例如，Word 2007 中的主要任务是撰写文档，则该程序中显示的第一个选项卡就是"开始"选项卡。该选项卡上显示的"粘贴"、"剪切"和"复制"命令是最常用的命令，并且在逻辑上与 Word 2007 的主要核心任务（即撰写文档）密切相关。在 Office 的应用程序工作窗口中"粘贴"、"剪切"和"复制"命令使用率最高，这样它们就不必再与菜单或工具栏上关系不大的一组命令共享空间。由于这些命令最常用，因此将它们放在触手可及的位置。该选项卡还收集了撰写文档所需的主要命令，如字体格式和文本样式等。

当用户单击其他选项卡时，功能区将更改，使用户可以更清楚地看到代表 Word 2007 中其他核心任务的命令。例如，"插入"选项卡包含的命令涵盖了用户已插入的一组元素，这些元素包括图形和形状、超链接、艺术字、页眉和页脚等。接下来显示的是"页面布局"选项卡，其中包含对页面进行组织和对格式进行设置的所有命令。

4．Office 按钮

Microsoft Office 按钮 是新增的按钮，该钮取代了以前版本 Office 程序中的"文件"菜单，例如，单击 Word 2007 中的"Office 按钮"图标时，可以看到其中的"新建"、"打开"、"保存"、"打印"等常用命令，同时还提供了"发布"、"Word 选项"等命令。

5．浮动工具栏

在 Office 2007 中新设置了一个"浮动工具栏"。在选择文本时，可以显示或隐藏一个方便、微型、半透明的工具栏，称为"浮动工具栏"。使用"浮动工具栏"可向文档添加格式，在"浮动工具栏"中可以非常方便地进行字体、字形、字号、对齐方式、文本颜色、缩进级别和项目符号等设置，如图 1-3 所示。

图 1-3　Office 2007 的"浮动工具栏"

6．切换视图

在每个 Office 2007 组件窗口的右下角都有一个视图选择器，并附带有"视图"菜单，其中包括用于排列各个窗口的命令。例如，在 Word 2007 中的"普通视图"和"页面视图"之间切换，或者在 PowerPoint 2007 中的"普通视图"和"幻灯片浏览"视图之间切换。

7．版本兼容性

如果用户打开用以前版本的 Office 创建的文件，将询问用户是否要将其转换为新格式。如果单击"是"按钮，将以新的 XML 格式保存该文档；如果单击"否"按钮，则会保留其原来的格式，用户可以在 Office 2007 中打开和修改该文件，但无法使用 Office 2007 发布版的某些新功能。

8. Microsoft Office Online

Microsoft Office Online 与所有 Microsoft Office 组件的集成更加完善，方便用户在工作时更充分地利用网站提供的信息。

操作 2　认识 Office 2007 组件

Office 2007 中的组件包括了 Word 2007、Excel 2007、PowerPoint 2007、Outlook 2007、Access 2007、Publisher 2007、InfoPath 2007 等。下面将对这些组件进行简单介绍。

（1）Microsoft Office Word 2007 是一个文档创作程序，集一组全面的写入工具和易用界面于一体，可以帮助用户创建和共享美观的文档。

（2）Microsoft Office Excel 2007 是一个功能强大的电子表格处理程序，内置了多种函数，可以对大量数据进行分类、排序甚至绘制图表等，帮助用户作出更加有根据的决策。

（3）Microsoft Office PowerPoint 2007 是一个强大的演示文稿程序，可以使用面向结果的新界面、SmartArt 图形功能和格式设置工具，快速创建美观的动态演示文稿。

（4）Microsoft Office Outlook 2007 是一个信息管理应用程序，提供了一个统一的位置来管理电子邮件、日历、联系人和其他个人和项目组信息。

（5）Microsoft Office Access 2007 是一个桌面数据库管理程序，主要拥有用户界面、逻辑和流程处理，可以存储数据。

（6）Microsoft Office Publisher 2007 是一个商务发布与营销材料的桌面打印及 Web 发布应用程序，其中包括用户创建和分发高效而有力的打印、Web 和电子邮件出版物所需的所有工具。

（7）Microsoft Office InfoPath 2007 是一个基于 Windows 的应用程序，用于创建丰富的动态表单，团队和组织可以用来收集、共享、再利用和管理信息，改善全组织的协作与决策制定工作。

（8）Microsoft Office OneNote 2007 是一个提供收集、组织笔记与信息的一种灵活方式、快速查找所找内容的强大搜索功能，使得团队能够更加有效地协同工作的易用共享笔记本。

（9）Microsoft Office Project 2007 是一个项目规划产品系列，用于满足当今组织的工作和人员管理需求。

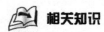 相关知识

1. Microsoft Office 2007 的新特性

微软公司发布的 Office 2007 比 Office 2003 有了较大的变化，除了界面更为美观外，还在易用性上进行了极力追求完美的改革。同时，Office 2007 逐步向多媒体和网络的协作性发展，在对 XML 的全面支持方面和软件的团体工作系统方面将带给用户更多的惊喜，提高用户的办公效率。具体表现在 Office 2007 的新外观、权限管理、信息检索、支持 Tablet PC、共享工作区、XML 支持、并排比较、Microsoft Office Online 等。

2. Microsoft Office 2007 帮助信息

Microsoft Office 2007 系统中的联机帮助功能已彻底重新设计，新设计不包括 Microsoft Office 助手。Office 2007 中的每个组件都有一个单独的"帮助"窗口。也就是说，从某个组件（如 Word 2007）打开"帮助"窗口，然后转到另一个组件（如 Excel 2007），再打开"帮助"窗口时，将看到两个单独的"帮助"窗口。Office 2007 可保持每个帮助窗口的独特设置。例如，Word 2007 的"帮助"窗口保持与 Excel 2007 的"帮助"窗口不同的位置、大小和"前端显示"状态，如图 1-4 所示。

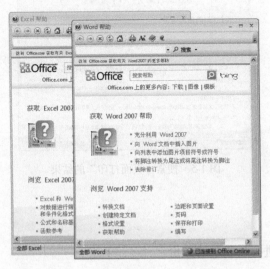

图 1-4　Word 2007 与 Excel 2007 的"帮助"窗口

（1）在使用 Microsoft Office 2007 组件中的"帮助"功能时，联机"帮助"窗口在屏幕上以默认位置和大小显示。"帮助"窗口的显示方式可以更改。此后，再次打开"帮助"窗口时，用户所做的设置会得到保留。

（4）在 Microsoft Office 2007 组件的主窗口中打开"帮助"窗口的方式。

① 按 F1 键，快速打开"帮助"窗口。

② 在 Word 2007、Excel 2007 等窗口中，单击右上角的"帮助"按钮 ⑩，即可打开相应的"帮助"窗口。

（3）"前端显示"设置，使"帮助"窗口仅在 Microsoft Office 2007 组件前端显示。它不会影响不属于 Office 的其他应用程序。例如，打开 Microsoft 记事本并将该窗口移至"帮助"窗口之上，则"帮助"窗口不会在前端显示。如果当前设置为在 Office 2007 组件中其他窗口的前端显示，则"前端显示"按钮就像通过俯视看到的一个"图钉"按钮 ⑩。如果该窗口未设置为在 office 2007 组件中其他窗口前端显示，则屏幕提示当用户将鼠标指针悬停在某个对象（如按钮或超链接）上方时显示的简短说明。文本将更改为"不在前端"，并且该按钮就像从侧面看到的一个"图钉"按钮 ⑩。

🌟 课堂训练

（1）检查你所使用计算机是否已安装 Microsoft Office 2007，如果没安装或安装的组件没有 Word 2007、Excel 2007 或 PowerPoint 2007，选择安装其中的组件。

（2）分别打开 Word 2007 和 Excel 2007，观察并了解窗口的组成。

（3）在 Word 2007 窗口，按 F1 键或单击"帮助"按钮 ，打开"帮助"窗口，然后在"搜索帮助"文本框中输入"页面打印"，按 Enter 键后，观察搜索的结果，如图 1-5 所示。

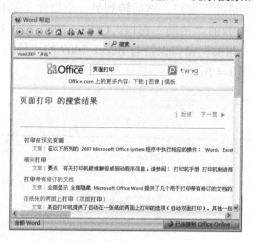

图 1-5　搜索"页面打印"的结果

任务评价

根据表 1-1 的内容进行自我学习评价。

表 1-1　学习评价表

评 价 内 容	优	良	中	差
了解 Microsoft Office 2007 办公软件				
了解 Microsoft Office 2007 的组件				
打开 Microsoft Office 2007 的"帮助"窗口，并会搜索信息				

任务 2　认识 Word 2007

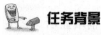任务背景

小王准备使用 Word 2007 撰写一份个人简历的电子文档，由于初次使用 Word 2007，需要熟悉该应用软件的窗口等。

任务分析

Microsoft Office 2007 中应用软件的启动方法和窗口基本相同，使用 Word 2007 撰写文档前，应该首先了解具体窗口组成及相应的功能。

任务实施

操作 1　启动 Word 2007

1. 启动和退出 Word 2007

启动 Word 2007 的方法很多，常用的方法有以下几种。

（1）菜单方式：执行"开始"→"所有程序"→"Microsoft Office"→"Microsoft Office Word 2007"菜单命令，启动 Word 2007 应用程序，出现空白文档编辑窗口，如图 1-6 所示。

图 1-6　Word 2007　窗口界面

（2）快捷方式：如果在桌面上有 Word 2007 图标（如图 1-7 所示），可以双击该图标，启动 Word 2007 应用程序，出现如图 1-6 所示的空白文档编辑窗口。

（3）直接方式：如果已安装 Word 2007，双击要编辑的 Word 文档即可启动 Word 2007 应用程序，并打开该文档。

图 1-7　桌面上的 Word 2007 启动快捷命令

2. 退出 Word 2007

退出 Word 2007 的方法很多，常用的方法有以下几种。

（1）在 Word 2007 窗口中，单击标题栏最右上端的"关闭"按钮退出，如果当前编辑的文档没有保存，系统会弹出"保存"对话框，用户可以根据提示信息确定是否保存该文档。

（2）单击"Office 按钮"图标，在弹出的菜单中选择"退出 Word"选项，即可退出 Word 2007 应用程序。

（3）按下 Alt+F4 组合键。

操作 2　认识 Word 2007 操作窗口

启动 Word 2007 时，如果只启动程序而未打开任何 Word 文件，系统将自动建立一个名为"文档 1"的空白文档（如图 1-6 所示）。Word 2007 窗口由标题栏、Office 按钮、快速访问工具栏、命令选项卡、功能区、文档编辑区、标尺、状态栏等组成，如图 1-8 所示。

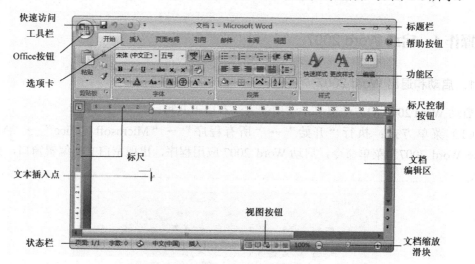

图 1-8　Word 2007 界面窗口

（1）Office 按钮。该按钮取代了以前版本 Office 程序中的"文件"菜单，单击"Office 按钮"图标时，可以看到其中的"新建"、"打开"、"保存"、"打印"等常用命令，同时还提供了"发布"、"Word 选项"等命令。

（2）快速访问工具栏。该工具栏上放置一些常用的命令，如新建、打开、保存、撤销、恢复等命令。用户可以自己定义快速访问工具栏上的命令按钮。在快速访问工具栏中选择"在功能区下方显示"命令，这时该工具栏就出现在功能区的下方。

（3）功能区：这也是 Word 2007 窗口的最大改观，将以前版本的下拉式菜单命令被功能区代替。功能区包括"开始"、"插入"、"页面布局"、"引用"、"邮件"、"审阅"、"视图" 7 个选项卡，每个选项卡中包括多个选项组，如"开始"选项卡中包括"剪贴板"、"字体"、"段落"、"样式"和"编辑"选项组，把操作命令进行分组管理，便于用户记忆。在 Word 2007 窗口中选项卡会根据用户当前操作的对象自动呈动态显示，例如，若用户选择文档中的一幅图片时，在功能区中会自动产生一个粉色高亮显示的"图片工具"动态命令选项卡，通过该选项卡可以对图片进行设置。在快速访问工具栏中选择"功能区最小化"命令，将功能区最小化，只显示标签名字，而隐藏了标签包含的具体项。隐藏功能区，可以增大文档的显示浏览空间。

（4）文档编辑区。文档编辑区位于窗口的中央，是用来建立和编辑文档的位置，区域中闪烁的竖线称为插入点，用于标识当前的操作位置。用户可从插入点开始输入文字或选中其前后的文字等内容，然后进行编辑操作。

（5）标尺。标尺位于文档窗口的左侧和上侧，包括水平标尺和垂直标尺，用于查看文档的宽度，以及设置段落的左右缩进和首行缩进。单击水平标尺右侧的"标尺"按钮，可以显示或隐藏标尺。在普通视图中只出现水平标尺。

Word 2007 窗口中其他组成部分与 Windows 窗口中的其他应用程序类似，在此不再详述。

相关知识

如果用户习惯使用键盘来操作，可以通过键盘来控制功能区。Word 2007 同其他 Windows 中的应用程序的快捷键一样，例如，用 Ctrl+C 组合键进行复制，用 Ctrl+V 组合键进行粘贴，用 Ctrl+S 组合键进行保存等。如果要用键盘来控制功能区的命令，可以按 Alt 键或按 F10 键，显示功能区的快捷键，如图 1-9 所示。

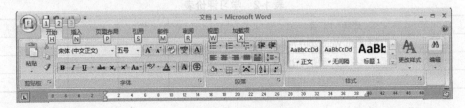

图 1-9　功能区快捷键

如果继续按 N 键，则显示"插入"选项卡，并给出下一步的按键提示，如图 1-10 所示。

图 1-10　"插入"选项卡中的快捷键

如果继续按 D 键，则打开"日期和时间"对话框，可以选择插入日期和时间，如图 1-11 所示。

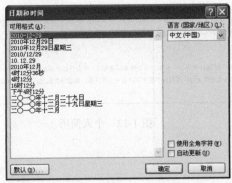

图 1-11　"日期和时间"对话框

按 Esc 键则依次取消被激活的命令按钮，直到快捷键不再出现。

如果需要隐藏或显示功能区，可以按 Ctrl+F1 组合键。按 F6 键可以在命令选项卡、状态栏和文档中来回切换。

课堂训练

（1）启动 Word 2007，查看功能区中各选项卡及其选项组中的命令。

（2）将鼠标移到屏幕底部，拖动文档缩放滑块左右移动，观察文档的显示比例。

（3）单击"Office 按钮"图标，在弹出的菜单中查看菜单命令。

（4）对文档分别使用不同的视图方式浏览。

 任务评价

根据表 1-2 的内容进行自我学习评价。

表 1-2　学习评价表

评 价 内 容	优	良	中	差
正确启动和退出 Word 2007 应用程序				
熟悉各选项卡和选项组的组成				
会缩放文档的显示比例				

任务3　新建文档

 任务背景

小王使用 Word 2007 撰写一份个人简历，其内容如图 1-12 所示。

个人简历
基本信息
姓名：王晓波　　性别：男　　　　　　出生日期：1993 年 6 月 30 日
民族：汉　　　　政治面目：团员　　　专业：市场营销
学历：中专　　　联系电话：139×××××××
地址：山东省青岛市贵州路 1 号　　　　邮编：266002

教育背景
毕业学校：青岛商务学校　　市场营销专业
所学课程：经济学、市场管理学、市场营销学、消费心理学、市场预测、商务谈判、推销原理与方法、市场信息学、现代广告学、国际贸易理论与实务、市场营销策划等。

实习情况
2010 年 9 月至 2011 年 6 月，在山河电子技术公司实习，负责公司产品在北京、天津、河北等地区的销售，制订季度销售计划，拓展客户群并保持良好合作关系，跟踪销售情况，完成预计销售目标。

图 1-12　个人简历

 任务分析

　　新建文档首先要确定文档的内容，文档内容可以先在草稿纸上写好，这样可以快速输入；其次启动 Word 2007，输入文档内容；再次对文档内容进行编辑、修改等；最后保存文档，包括文档的命名、保存的位置等。

 任务实施

操作 1　建立空白文档

启动 Word 2007 时，系统将自动创建一个基于 Normal 模板的空白文档（如图 1-8 所示），然后 Word 2007 会对文档进行自动编号，如"文档 1"、"文档 2"等，用户可以在空白文档中直接输入文档内容，也可以采用下列方法创建文档。

（1）单击"Office 按钮"图标，在弹出的菜单中选择"新建"选项，打开"新建文档"对话框，如图 1-13 所示。在该对话框中选择"空白文档"选项，然后单击"创建"按钮，即可新建一个空白文档。

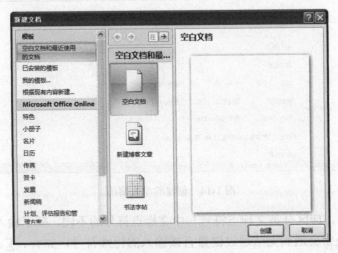

图 1-13　"新建文档"对话框

（2）在 Word 2007 窗口的文档编辑区中按 Ctrl+N 组合键，直接创建一个新的空白文档。

操作 2　输入文档内容

启动 Word 2007 后，可以在文档编辑区输入文档内容（如图 1-12 所示）。

（1）新建空白 Word 文档，在空白文档中输入文本标志着新建一个文档的开始，输入文本是从文档编辑区的插入点位置开始输入。输入文本时，插入点从左向右移动。在编辑状态下单击任务栏上的输入法指示器，在弹出的菜单中选择要使用的输入法。输入该文档内容，默认是"宋体"、"五号"字体。

在输入过程中，每当输入到一行的末尾时，Word 会自动将插入点移到下一行，称为自动换行，可以继续输入后面的内容。如果要在输入未满一行时就换行输入，可以按 Enter 键表示结束一个自然段落，并产生一个段落标记"↵"，插入点自动移到下一行的开头。当文字满一页时，Word 自动增加一个新页，并将插入点换到该页。

在对齐文本时不要用空格键，最好用缩进等对齐方式。按一次 Tab 键插入点自动向右移动几个空格，可以用此键来对齐文本或在某一段落的第一行做缩进。

（2）设置首行缩进。新建文档时第一自然段文字从最左列开始输入，输入第一自然段文字后可以将插入点移到首字符前，按 Tab 键后，插入点自动向右移动两个空格位置。按 Enter 键结束该自然段后，下一自然段前自动空两个空格位置。

在输入文本时，不要在各行的结尾处按 Enter 键，而要连续输入文字，在需要另起一个新的自然段落时才按 Enter 键，这样便于排版。如果输入了一个错字或字符，可以按 Backspace 键进行删除，然后输入正确的文字，其结果如图 1-14 所示。

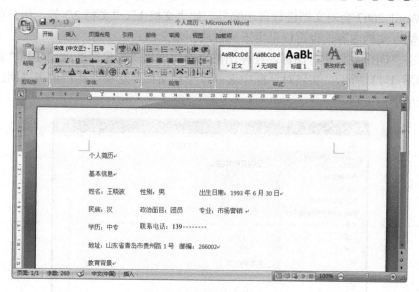

图 1-14　创建的个人简历

在输入过程中，应区分英文标点符号与中文标点符号的不同。除了输入英文、中文及常用标点符号外，经常会遇到无法通过键盘直接输入的特殊符号，如☆、∑、♭、♤、♪、♫等。输入特殊符号的方法是在"插入"选项卡的"符号"选项组中，单击"符号"列表中的"其他符号"命令，打开"符号"对话框，如图 1-15 所示。在"符号"选项卡中选择一种符号，然后单击"插入"按钮。

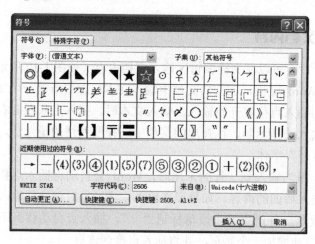

图 1-15　"符号"对话框

操作 3　保存文档

建立文档后，应及时保存起来。保存文档的方法是单击"Office 按钮"图标，选择"保存"或"另存为"选项，出现如图 1-16 所示的"另存为"对话框。

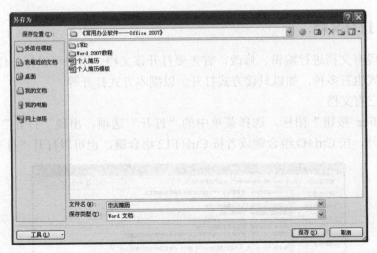

图 1-16 "另存为"对话框

在"保存类型"下拉列表框中选择以何种文件格式保存当前文件，例如，可以选择"Word 文档"、"Word 97-2003 文档"、"Word 模板"、"网页"、"纯文本"或其他格式保存文档，选择文档保存的位置并给文档命名后保存，此时不关闭当前文档。其中"Word 文档"默认为 Word 2007 格式，保存文档的后缀为.docx，以"Word 97-2003 文档"格式保存文档的后缀为.doc。在这里以"文件名"为"个人简历"，"保存类型"为"Word 文档"保存该文档。

如果以"Word 97-2003 文档"的格式保存文档，Word 在标题栏里显示的文档名后面增加"兼容模式"来提示用户。用户可以在需要时使用"转换"命令，将当前的文档格式转换为 Word 2007 的标准格式。"转换"命令位于 Office 菜单下，在兼容模式下才会显示出来。

如果仅对文档做了修改，再次进行保存操作，Word 将不再打开"另存为"对话框，而是自动用新文档覆盖上次保存的文档。如果想把当前文档作为一个副本保留下来，可以选择"另存为"选项，打开"另存为"对话框，重新命名进行保存。

使用 Word 编辑并保存文档时，文件命名比较灵活，文件名可以是一句话，中间可以包含有空格，但最多不能超过 255 个字符，文件名中不能包含"/"、"\"、">"、"<"、"*"、"?"、""""、"|"、":"、";"等符号。

操作 4　关闭文档

对文档编辑和修改结束后，一般应关闭文档。关闭文档是指关闭 Word 中当前打开的文档，常用的方法有以下几种。

（1）单击 Word 2007 窗口右上角标题栏中的"关闭"按钮 ✕。

（2）单击"Office 按钮"图标，选择菜单中的"关闭"选项，此时关闭当前文档而不退出 Word。

如果在关闭文档之前没有保存已经编辑修改过的文档，与退出 Word 时一样，将弹出一个提示对话框，询问是否保存该文档。

当用户打开多个文档时，最好把当前不用的文档关闭，这样既能节省内存，又能加快文档的处理速度。

操作 5　打开文档

如果要对现有文档进行编辑、修改，首先要打开该文档。用户可以打开任意多个文档，打开文档的方式也有多种，如以只读方式打开、以副本方式打开等。

（1）打开已有文档

单击"Office 按钮"图标，选择菜单中的"打开"选项，出现"打开"对话框，如图 1-17 所示。另外，按 Ctrl+O 组合键或者按 Ctrl+F12 组合键，也可以打开"打开"对话框。

图 1-17　"打开"对话框

在"打开"对话框中，左边有 6 个选项，可以分别打开位于不同文件夹中的文档，也可以打开多个文档。双击要打开的文件名，即可打开该文件。

打开其他应用程序创建的文档，在"文件类型"列表框中选择所需的文件格式，例如选择"文本文件"格式，然后在文件夹列表中选择要打开的该类型的文件名。如果以其他方式打开文档，可以单击"打开"按钮右侧的下拉按钮，选择打开方式。

（2）打开最近打开过的文档

单击"Office 按钮"图标，最近打开过的文档列表中选择其中的文档就可以打开。

打开文档后即可对文档进行编辑、修改操作。

提示

用户可以设置"Office 按钮"菜单的右侧显示的最近打开过的文档数目。打开"Word 选项"对话框，选择"高级"选项，在"显示"选项组中的"显示此数目的'最近使用的文档'"微调框中输入数值即可，如图 1-18 所示。

图 1-18　设置最近使用的文档数目

相关知识

1．使用模板建立文档

使用预先设计好的文档模板，可以简化设计过程。单击"Office 按钮"图标，在弹出的菜单中选择"新建"选项，打开"新建文档"对话框，在"模板"类别中选择一个模板，单击"创建"按钮。如果选择"已安装的模板"选项，或者从 Microsoft Office Online 选项中选择某一模板，右侧会出现这个模板的预览样式，可以根据预览的样式选择合适的模板，如图 1-19 所示。

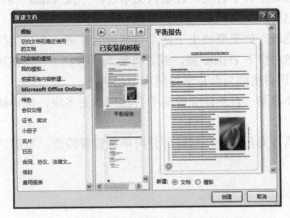

图 1-19　选择已安装的模板

2．文档的保存

在编辑文档过程中，为避免因电源故障或其他原因导致文档内容丢失，应随时保存文档，可以使用 Ctrl+S 组合键或单击快速访问工具栏中的"保存"图标 来保存，文档以当前的文件名自动存盘，并可继续进行编辑。

另外，Word 还有自动保存功能，每隔一段时间就自动保存一次文档。打开"Word 选项"对话框，在左侧列表中选择"保存"选项，在右侧"保存文档"列表中选中"保存自动恢复信息时间间隔"复选框，并在右侧的数值微调框中输入时间值，如图 1-20 所示。

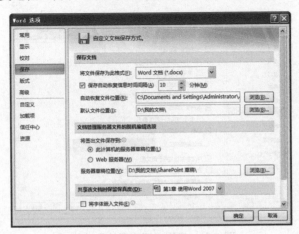

图 1-20　设置自动保存功能

3．文档的简单操作

（1）修改错字、漏字。如果输入了错字，可按 Backspace 键删去插入点前的字符，也可以用 Delete 键删去插入点后的字符，再输入正确的字符。如果出现漏字现象，可用鼠标指针指向漏字的位置，然后单击（或将插入点移到该位置），再输入所漏的字。

（2）插入空行。插入点在自然段开始位置时按 Enter 键，则插入一个空行。

（3）段落。在文档编辑区输入文本，当插入点移到右边界时 Word 会自动将插入点移到下一行，这与设置的右边距大小有关。在输入文本过程中按 Enter 键，产生一个段落，又称自然段，段落结束标记为"↵"，插入点自动移到下一行。

（4）连接两个自然段。如果要将上下两个自然段合并成一个自然段，将插入点移到上一自然段的结束位置，然后按下 Delete 键，或者将插入点移到下一自然段行首的首字符前，按 Backspace 键也可以将该自然段与前自然段尾连接起来。

（5）分段。如果要将某一自然段分成两个自然段或更多段，可将插入点定位到分段的位置，按 Enter 键即可。

（6）分节。将文档分为几部分，对每部分可单独设置段落、页眉、页脚等，每一部分称为一节。

4．即点即输方法

在页面视图或 Web 版式视图中，使用"即点即输"功能，可在文档的大部分空白区域中插入文字、图形、表格或其他项目。其操作过程只需要在空白区域中双击，即可启动"即点即输"功能，然后在双击位置处输入或插入所需内容。例如，如果要在一篇文档中创建标题页，可以双击空白页面的中央区域并输入居中的标题，然后双击页面右下角的空白处并输入右对齐的作者姓名等，而不必按 Enter 键添加空行和在行中右移添加空格。

"即点即输"功能不能用在下列区域中：多栏、项目符号、编号列表、浮动对象旁边、具有上下型文字环绕效果的图片左侧或右侧，以及缩进的左侧或右侧。

（1）单击"Office 按钮"图标，再选择菜单中的"Word 选项"选项，打开"Word 选项"对话框，在"高级"选项中选中"启用'即点即输'"复选框，如图 1-21 所示，然后单击"确定"按钮。

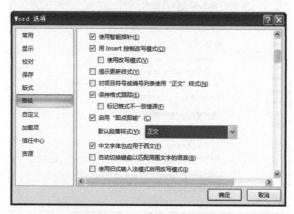

图 1-21　启用"即点即输"功能

（2）设置结束后，切换到页面视图或 Web 版式视图，在文档中将鼠标指针移到要插入文本的位置，此时光标的形状会表明要插入的内容将应用的格式，其中：I 形状表示左对齐；I 形状表示居中对齐；I 形状表示右对齐等。

（3）在要输入内容的位置双击页面，就可以定位插入点，然后输入文本或插入内容。

5. 拼写和语法

在 Word 文档中，有时会在文字下方出现绿色或红色波浪线，这是自动检查功能。如果出现绿色波浪线，表明该处可能存在语法错误，如果出现红色波浪线，则表明该处可能存在拼写错误。如果确定不需要修改可以右击将其忽略，也可以按 F7 键来进行检查拼写或全部忽略，如图 1-22 所示。

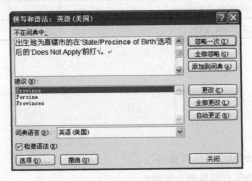

图 1-22　"拼写和语法"对话框

课堂训练

（1）新建 Word 空白文档，并输入如图 1-23 所示的内容。

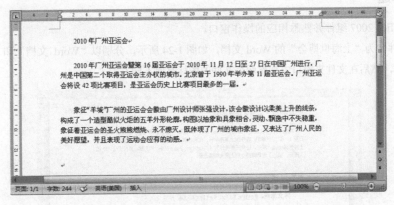

图 1-23　新建 Word 文档

（2）以"2010 广州亚运会"为文件名，保存类型为"Word 文档"，将该文档保存在自己的文件夹中。

（3）使用已安装的模板"平衡传真"创建文档。

（4）打开多个文档，在不同文档之间进行切换。

任务评价

根据表 1-3 的内容进行自我学习评价。

表 1-3　学习评价表

评价内容	优	良	中	差
快速新建 Word 文档				
对文档进行简单的编辑				
对新建的文档进行不同格式的保存				
打开多个文档				
使用模板建立文档				
关闭 Word 文档				

思考与练习

一、思考题

1. 常见的 Microsoft Office 2007 组件有哪些？
2. Office 2007 窗口的功能区有哪几部分组成？
3. 如何使用 Office 2007 组件中的帮助信息？
4. 如何在 Word 2007 文档中插入一个空行？
5. 如何将文档中上、下两个自然段合并为一个自然段？

二、操作题

1. 启动 Office 2007 组件并熟悉相应的操作窗口。

2. 新建文件名为"上海世博会"的 Word 文档，如图 1-24 所示，分别以"Word 文档"和"Word 97-2003 文档"格式保存，然后在文件夹窗口中观察两个文件的图标有何不同？

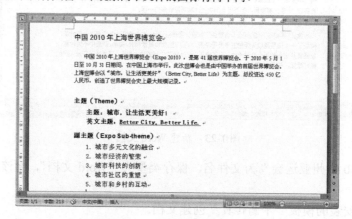

图 1-24　"上海世博会"文档

3．使用已安装的模板"平衡信函"创建一个 Word 文档。

4．新建文档，在 Microsoft Office Online 列表中选择"日历"选项，然后在"日历"窗口中选择"2011年日历"选项，单击"下载"按钮，显示效果如图 1-25 所示，然后以文件名"2011年日历"保存文档。

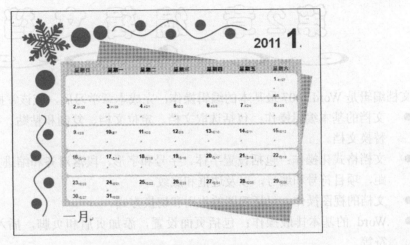

图 1-25　"2011年日历"文档

第2章 编辑文档

文档编辑是 Word 2007 最基本的编辑操作，完成本章学习后，应该掌握以下内容。

- 文档的基本编辑操作：包括选取文档、定位文档、复制和粘贴、移动文档、查找和替换文档。
- 文档格式化操作：包括设置字体、字号和字形，段落对齐和缩进方式，行距和段间距，项目符号和编号，以及边框和底纹。
- 文档的视图操作：包括视图的作用和切换方式。
- Word 的基本排版操作：包括页面设置，添加页眉和页脚，插入页码，使用分隔符等。
- Word 的高级排版操作：包括如何使用样式和模板等。
- Word 的特殊排版操作：包括首字下沉、分栏排版、中文版式等。
- Word 文档的打印预览和打印操作。

任务1 选择文本

 任务背景

　　小王建立自己的个人简历后，需要对其中的某些内容进行编辑，这就需要进行文本的选择操作，如选择一个字、一行文本、一段文本或整个文本等。

 任务分析

　　在 Word 操作中，选择文本是最基本的操作，也是编辑文档的第一步操作。选择文本后，Word 将知道用户要处理的文本内容。在一般情况下，Word 文本显示是白底黑字，而被选中的文本则是高亮显示蓝底黑字，这样很容易和未被选定的文本区分开。

 任务实施

操作1 插入点操作

　　插入点就是指新的文字、表格或图像等对象的插入位置。它在 Word 2007 文档编辑区中会显示一条闪烁的竖条"|"，这条闪烁的竖条也就是字符光标。当创建一个新的文档时，它处在文档的左上角，也就是一篇文章的第一行第一列。每个要输入的字符都在光标处插入，光标随着字符的输入而移动。

　　在文档编辑过程中，要根据不同的编辑要求来移动光标，下面是移动光标常用的方法。

（1）鼠标操作：把鼠标指针移动至文档的任意位置，然后单击鼠标，光标则停留在单击鼠标的位置。

（2）键盘操作。

● 方向键（↑、↓、←、→）：可以将光标向上、下、左、右各个方向移动。

● Home 键，将光标移动至一行的开头；End 键，将光标移动至一行的末端。

● PageUp 键，将光标移动至上一个屏幕；PageDown 键，将光标移动至下一个屏幕。

● Ctrl+Home 组合键，将光标移动至文档的开头；Ctrl+End 组合键，将光标移动至文档的结尾。

另外，使用 Ctrl+↑组合键上滚一段，Ctrl+↓组合键下滚一段。

操作 2　选择文档

1．选择字词

在需要选择字词的开始处单击，并拖动到选择字词的结尾处。只要不松开鼠标左键，就可以随意地增加或减少被选择的字词内容。例如，选择如图 2-1 所示文档中"市场营销"4个字。先把插入点移到"市"字左侧，然后按住鼠标左键，向右拖动直至把"市场营销"全部选中。

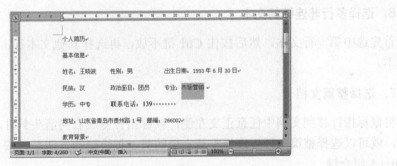

图 2-1　选择字词

另外，在一个文字上双击，可以直接选中整个词。当使用键盘时，将插入点定位在选择字词的开始处，按住 Shift 键，同时按方向键选择字词。释放 Shift 键时，所有被选中的字词将以高亮度显示。

2．选择一段文本

除了使用拖动鼠标的方法对文本进行选择外，还有一种更简捷的方法，首先在被选文本块的起始处单击鼠标，按住 Shift 键不放，然后把鼠标指针移到文本的末尾处，再单击鼠标，这样就可以快速选择文本块。在一个句子的任意位置上按住 Ctrl 键并单击，可以直接选中整个句子。

3．选择行

将鼠标指针移至窗口左侧要选择行的行首，指针变成右向箭头，单击鼠标即可选中鼠标指向的一行。按下鼠标左键并上下拖动鼠标，可同时选中多行。

4．选择一个段落

用鼠标选择一整段，只要在段内任意位置连续单击鼠标左键 3 次即可。也可以将鼠标指针移至窗口左侧要选择段落的行首，指针变成右向箭头 ⟨Λ⟩，双击鼠标即可选择所在的段落。

5．选择矩形文本块

选择矩形文本块时，把鼠标指针指向要选择文本的一角，然后按住 Alt 键不放，再按下鼠标左键并拖动到文本块的对角，则该矩形区域被选中，如图 2-2 所示。

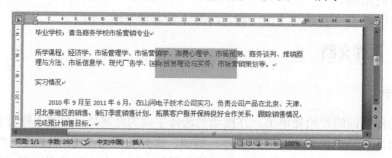

图 2-2　选择矩形文本块

6．选择多行非连续的文本

首先选中第一行文本，然后按住 Ctrl 键不放，再选择其他文本行，这样可以选择不相邻的文本。

7．选择整篇文档

将鼠标指针移到文档中任意正文左侧，鼠标指针变成右向箭头 ⟨Λ⟩ 时，快速连续 3 次单击鼠标，就可以选择整篇文档。选择整篇文档的另一种快捷的方法是：按 Ctrl+5 组合键，或者按 Ctrl+A 组合键。

 相关知识

1．使用滚动条滚动屏幕浏览

（1）滚动条位于文档窗口的边缘，使用滚动条可以快速查看文档内容，滚动条中的滑块能指示出插入点在整个文档中的相对位置。

（2）单击滚动条两端的上箭头或下箭头，可使文档窗口中的内容向上或向下滚动一行。

（3）单击滚动条滑块上部或下部，可使文档内容向上或向下移动一屏幕。

（4）滚动条下部有 3 个按钮：上双箭头、圆点和下双箭头。其中，圆点按钮功能是"选择浏览对象"，上、下双箭头按钮的默认功能是按页浏览，即前一页和下一页。

2．建立书签浏览

书签是用来在书本上作标记的，在 Word 文档中的书签可以标记出所选文字、图形、表格或其他项目的所在位置。

（1）建立书签时，首先定位插入点至要创建书签的位置，然后切换到"插入"选项卡，单击"链接"选项组中的"书签"按钮,打开"书签"对话框,如图 2-3 所示。在"书签名"文本框中输入书签名,如"基本信息"。

图 2-3   "书签"对话框

（2）单击"添加"按钮,书签创建完成,自动关闭对话框。

重新打开"书签"对话框后,新创建的书签将显示在书签名列表框中。在列表框中选择一个书签名,然后单击"定位"按钮,文档内容马上就会跳转到该书签所在的位置。

课堂训练

在如图 2-4 所示的"一个冬天的神话"文档中,进行如下操作。
（1）选择正文第一段中的"哈根达斯"4 个字,看你能用几种方法。
（2）选择正文第二段中的第 2 个句子,看你能用几种方法。
（3）选择正文第二个自然段,看你能用几种方法。
（4）选择一个矩形文本块。
（5）选择第二、三自然段中的"冰激凌"词组。
（6）选择整篇文档。

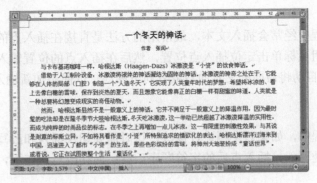

图 2-4   "一个冬天的神话"文档

任务评价

根据表 2-1 的内容进行自我学习评价。

表2-1　学习评价表

评 价 内 容	优	良	中	差
理解插入点的含义				
能快速选择一个字词				
能快速选择一个句子				
能快速选择一个段落				
能快速选择一个矩形文本块				
能快速选择整篇文档				

任务 2　编辑文本

任务背景

　　小王建立自己的个人简历后，需要对其中的某些内容进行修改、移动、复制、粘贴、删除等，这就需要对文本进行编辑操作。

任务分析

　　对文档进行编辑首先必须选择要编辑的对象，这些对象可以是一个字符、一行字、某一段落或整篇文档等。常用的编辑操作有文本的插入、剪切、复制、粘贴、移动、删除等操作。

任务实施

操作 1　插入和改写文本

1．插入文本

　　在编辑文档过程中经常会插入文本，最常用的方法是直接在插入点的位置输入要插入的文本，即在文档中用鼠标单击定位插入点位置，然后在插入点的位置输入文本内容即可。输入文本后，Word 会自动将后面的文本向右或者向下移动，以便添加新输入的文档内容。

2．改写文本

　　在编辑文档过程中，如果对文档进行修改，这时需要切换插入和改写状态，在插入状态下，字符在插入点处写入，插入点后的字符顺序后移；而在改写状态下，输入的字符将覆盖插入点后面的字符。

　　如果当前是插入状态，按 Insert 键或单击状态栏上的"插入"按钮，此时，文档处于改写模式，输入文本内容将覆盖原有的文本。

　　如果当前是改写状态，按 Insert 键或单击状态栏上的"改写"按钮，此时，文档处于插入模式，输入文本内容插入到插入点的位置，后面的文本向右或者向下移动。

操作 2 剪切、复制和粘贴文本

1．剪切文本

将文档中所选择的内容剪切，并将其放到剪切板中。具体操作步骤如下：

选中要剪切的内容，在"开始"选项卡的"剪切板"选项组中单击"剪切"按钮，或按 Ctrl+X 组合键。

2．复制和粘贴文本

在编辑文档时，经常需要将一段文本复制到其他位置，减少重复录入，节约时间。具体操作步骤如下：

（1）选中要复制的文本，如"个人简历"文档中的"市场营销"文本。

（2）单击"开始"选项卡的"剪贴板"选项组中的"复制"按钮或按 Ctrl+C 组合键，自动将选中的文本内容存放到剪贴板中。

（3）将插入点移到要插入文本的位置，单击"剪贴板"选项组中的"粘贴"按钮或按 Ctrl+V 组合键，则在插入点的位置复制出"市场营销"文本。

如果要复制的文本间的距离较短，可以用鼠标拖动的方法复制文本。选中要复制的文本，按住 Ctrl 键，用鼠标左键将选定的文本拖动到要复制的位置；也可以先拖动要复制文本，再按住 Ctrl 键，拖动过程中鼠标指针后的小方框中有一个"+"标记，然后拖动到要复制的位置后再释放鼠标左键。

操作 3 移动和删除文本

1．移动文本

移动文本最简便的方法是鼠标拖动，先选中要移动的文本，将鼠标指针指向被选中的文本，待鼠标指针变为向左的箭头后，按下鼠标左键，拖动到要移动的位置，然后再释放鼠标左键，被选中的本文就会出现在新的位置。

2．删除文本

在编辑文档过程中，删除单个文字，可以使用 Delete 键或 Backspace 键。Delete 键删除的是光标所在处右侧的内容，而 Backspace 键删除的是光标所在处左侧的内容。如果需要在编辑文档过程中删除一段文字，可以先选定要删除的文字，然后按 Delete 键。

操作 4 撤销和恢复文本

在编辑文档过程中，如果执行了错误的操作，使用撤销和恢复功能可以帮助用户恢复前面的操作。

1．撤销文本

使用撤销功能可以撤销之前的一步操作或多步操作。单击快速访问工具栏上的"撤销"按钮右侧的三角按钮，将会弹出下拉列表，所有的操作都以从后到前的顺序列在这个列表中。通过"撤销"下拉列表可以撤销多个连续的操作，只要移动鼠标指针到下拉列表中选择要撤销的操作即可。

Word 几乎可以撤销所有的编辑操作，但有些操作，如存盘或删除文件，是不可撤销的。

2. 恢复文本

如果撤销了不该撤销的操作时，使用快速访问工具栏中的"恢复"命令可以撤销已经做出的撤销操作，恢复到撤销前的文档状态。

"恢复"和"撤销"的功能很相似，它会按照顺序依次恢复，但每次只能恢复一个操作。

相关知识

Word 2007 具有强大的查找和替换功能，可以在文档中搜索文本或字体、颜色、分页符等，并将它们替换成其他文本、字体、颜色或分页符等。

1. 查找

使用查找功能可以帮助用户查找某个特定对象在文档中的具体位置，它可以是一个词语、一个特定的单词、符号或其他组合。如果找到所要查找的对象，还可以用替换功能将其替换成其他内容。例如，在"个人简历"文档中查找"市场营销"，具体操作步骤如下。

（1）切换到"开始"选项卡，在"编辑"选项组中单击"查找"按钮，打开"查找和替换"对话框，如图 2-5 所示。

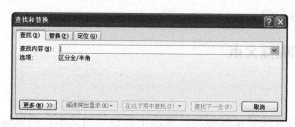

图 2-5 "查找和替换"对话框

（2）在"查找内容"文本框中输入要查找的文本"市场营销"。

（3）单击"查找下一处"按钮，开始查找文本。

当找到第一处要查找的文本时，就会停下来，并把找到的文本高亮显示。如要继续查找，再单击"查找下一处"按钮。

提示

按 Esc 键或单击"取消"按钮，可以取消正在进行的查找，并关闭"查找和替换"对话框。

如果要限制查找范围，单击"查找和替换"对话框中的"更多"按钮，对话框变成如图 2-6 所示。

"搜索"选项选项组中的部分选项的含义如下。

- 区分大小写：在搜索单词时，区分单词大小写。
- 全字匹配：只有全字匹配的单词才能被查找到（只有在查找单词时才能激活此复选框）。
- 使用通配符：与 Windows 中搜索文件和文件夹相似，在查找时使用通配符，如要查找"W??k"单词，可以查找出"Work"、"Walk"、"Week"、"Wink"等单词。

- 同音（英文）：在查找时将同音的英文单词都查找出来。
- 忽略标点符号：在查找时忽略标点符号，如逗号、冒号、分号、句号等。

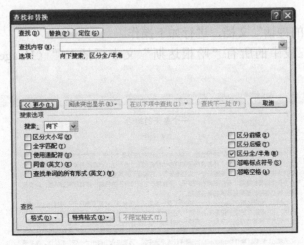

图 2-6　"查找"选项卡

单击"格式"按钮可以打开菜单，从中选择相应命令就可以设置文本格式、段落格式及样式等。

单击"特殊格式"按钮可以打开菜单，从中选择查找或替换的一些特殊符号，如段落标记、分页符、制表符等。

单击"不限定格式"按钮可用来取消"查找内容"下拉列表中的文本格式。

2．替换

使用替换功能可以将搜索的内容替换为其他内容。在替换文本时，可以用一段文本替换文档中指定的文本。例如，可以用"计算机"来替换文档中的"电脑"。具体操作步骤如下。

（1）切换到"开始"选项卡，在"编辑"选项组中单击"查找"按钮，打开"查找和替换"对话框。然后单击"替换"标签，打开"替换"选项卡，如图 2-7 所示。

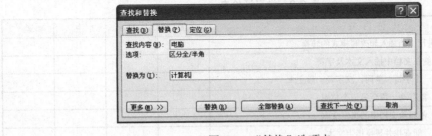

图 2-7　"替换"选项卡

（2）在"查找内容"文本框中输入要替换的文本"电脑"，在"替换为"文本框中输入替换的文本"计算机"。

（3）单击"查找下一处"按钮或"替换"按钮，Word 开始查找要替换的文本，找到后会选中该文本并高亮显示。如果要替换，单击"替换"按钮；如果不想替换，可以单击"查找下一处"按钮继续查找。如果单击"全部替换"按钮，Word 将不再等待用户确认而自动替换所有需要替换的文本。

如果要设置查找和替换的范围和格式等，可以单击"更多"按钮进行设置。

 课堂训练

打开"一个冬天的神话"文档，进行如下操作。

（1）将文档前三段中的所有"哈根达斯"文本后插入"（Haagen-Dazs）"文本，如图 2-8 所示。

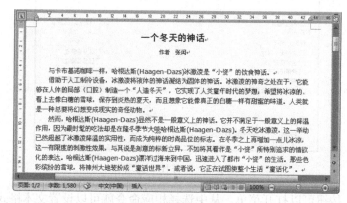

图 2-8　修改后的文档

（2）将文档前三段中的中的"冰激凌"修改为"冰淇淋"。

（3）将文档第一段与第二段位置对调，使原来的第一段变为第二段。

（4）使用复制、粘贴及删除的方法，恢复文档原来第一段和第二段的内容。

（5）删除文档第二段与第三段中的"（Haagen-Dazs）"文本。

（6）使用查找和替换的方法，将文档中的"冰淇淋"修改为"冰激凌"。

 任务评价

根据表 2-2 的内容进行自我学习评价。

表 2-2　学习评价表

评　价　内　容	优	良	中	差
能进行文档插入和改写模式的转换				
能在文档中插入文本及字符				
能复制一个字符、单词、汉字及一段文本				
能移动一段至另一个位置				
能删除文档中的指定文本				
能查找并替换指定文本				

任务 3　字符格式设置

 **任务背景**

小王建立自己的个人简历后，还需要对文档进行字符格式设置。例如，设置文档的字体、字号、底纹、文字的对齐格式等，如图 2-9 所示。

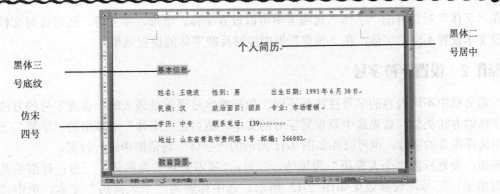

黑体三
号底纹

仿宋
四号

黑体二
号居中

图2-9 文档字符格式设置

任务分析

字符格式也称字符属性，是指一个字符的字体、大小、颜色、是否加粗等。Word 2007 为用户设置一个默认值，即字符设置默认为宋体五号字。然而，一篇文章中不同部分的字体如标题、正文等，它们的字符格式是不同的，所以用户要根据自己的需要来重新设置各部分的文字格式。

任务实施

操作 1 设置字符字体

Word 2007 提供了多种中文和英文字体供选择，如中文宋体、楷体、隶书等；英文字体有 Times New Roman、Calibri 等。新建 Word 2007 文档时默认的正文字体是宋体。

设置字体时，首先选中要设置的文字，选中的文字可以是字符、单字、多个字、一句话、一行、多行、一段、多段或整篇文档。例如，选中标题"个人简历"文本，然后切换到"开始"选项卡，在"字体"选项组中单击"字体"右侧下拉箭头，从下拉列表中选择"黑体"字体，如图 2-10 所示。

同样的方法，选中"基本信息"文本，设置为"黑体"；详细的个人基本信息为"仿宋 _GB2312"。

单击"字体"选项组右下角的"启动器"按钮，打开"字体"对话框，同样可以进行字符格式设置，如图 2-11 所示。

图2-10 字体列表

图2-11 "字体"对话框

在"字体"对话框的"字体"选项卡中可以设置字体、字形、字号等，还可以对文档中的一段文本设置不同的字体，在"预览"框中能够反映字体的设置效果。

操作 2　设置字符字号

一篇文章中不同内容的字号往往是不同，如标题字号通常是最大的。设置字号的方法与设置字体的方法类似，首先选中要设置字号的文本，然后在"字体"选项组的"字号"下拉列表中选择需要的字号，也可以在如图 2-11 所示的"字体"对话框中进行设置。

例如，设置标题"个人简历"为黑体、二号；"基本信息"为黑体、三号；详细的基本信息为仿宋、三号，设置效果如图 2-12 所示。选中标题为"个人简历"文本，单击"段落"选项组中的"居中"按钮 ≡，可以将选中的文本居中对齐。

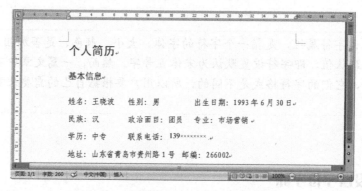

图 2-12　设置字符格式后的"个人简历"

"字号"列表框中的字号表示方法有两种：一种是中文数字，数字越小，对应的字号越大；另一种是阿拉伯数字，数字越大，对应的字号越大。表 2-3 给出了同一字体不同字号的效果。

表 2-3　同一字体不同字号效果

字　　号	效　　果
三号	低碳生活
五号	低碳生活
六号	低碳生活
10	低碳生活
20	低碳生活
40	低碳生活
50	低碳生活

 提示

在 Word 中可以设置特大字，方法是：首先选中要设置特大字的文本，然后在"字号"列表框中单击输入数字字号，输入字号的数字范围为 1～1638，按 Enter 键确认。

另外，还可以利用快捷键放大或缩小选中的文本。

- Ctrl+]：将选中的文本逐渐放大
- Ctrl+[：将选中的文本逐渐缩小
- Ctrl+Shift+>：将选中的文本快速放大

● Ctrl+Shift+<：将选中的文本快速缩小

操作 3 设置字符格式

在"开始"选项卡的"字体"选项组中除了设置字符的字体、字号外，还可以直接设置文字加粗、倾斜、下划线、删除线、上标、下标、添加拼音、字符底纹、带圈字符等，如图 2-13 所示。

图 2-13 "字体"选项组

例如，选中"基本信息"文本，单击"字体"选项组中的"字符底纹"按钮，为选中的字符设置底纹。同样的方法，为文档中的"教育背景"、"实习情况"设置字符底纹。

在"字体"对话框（如图 2-11 所示）中也可以设置字形、字体颜色、下划线、着重号、上标、下标、阴影、阳文、阴文等，图 2-14 为文字效果设置示例。

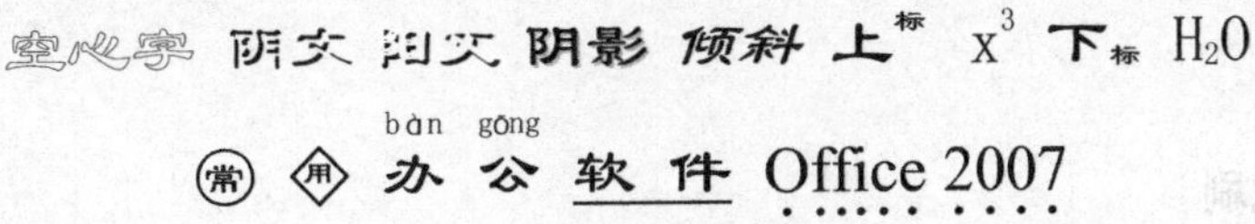

空心字 阴文 阳文 **阴影** *倾斜* 上^{标} x^3 下$_{标}$ H_2O

常 办 公 软 件 Office 2007
bàn gōng

图 2-14 文字效果设置示例

提示

使用 Ctrl+=组合键可以把选中的文本设置为下标，使用 Ctrl+Shift+= 组合键可以把选中的文本设置为上标。

操作 4 设置字符间距

在"字体"对话框的"字符间距"选项卡中可以设置文字显示缩放比例、字符间距、文字提升或降低等，如图 2-15 所示。字符间距通常用磅值来表示，1 磅相当于 1/72 英寸（约0.3478 毫米）。

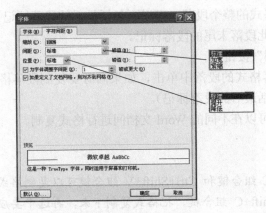

图 2-15 "字符间距"选项卡

- 缩放：指文字在水平方向上的显示比例，比例为 1%～600%。
- 间距：指在水平方向上设置字符之间的间距，可以设置加宽和紧缩的磅值。
- 位置：指在默认水平位置上将字符提升或降低的磅值。

图 2-16 给出了标准字符间距、加宽间距、字符提升设置示例。

业精于勤，荒于嬉；行成于思，毁于随   标准字符宽度

精于勤，荒于嬉；行成于思，毁于随 字符间距加宽 2 磅

精于勤，荒于嬉；行成于思，毁于随
后 6 个字在前一个字的基础上均提升 3 磅

图 2-16   文字间距、位置设置示例

提示

要使设置字符格式的文本恢复到默认状态（宋体、五号等），先选中要恢复默认格式的文本，然后按 Ctrl+Shift+Z 组合键可以把选中的文本恢复到正常显示状态。

相关知识

1. 使用格式刷

格式刷位于"剪贴板"选项组中，可以将指定段落或文本的格式，包括段落、字符属性和其他样式（不包括修订、超级连接、脚注尾注等），可以快速应用到其他段落或文本上。

（1）复制文本格式

① 选中要引用格式的文本。

② 单击"剪贴板"选项组中的"格式刷"按钮，此时鼠标指针变为刷子图形 。

③ 按住鼠标左键，在要应用新格式的文本上拖动，即该文本应用选中文本的格式。

单击"格式刷"按钮，使用一次后，按钮将自动弹起，不能继续使用；如要连续多次使用，可双击"格式刷"按钮。如要停止使用，可按 Esc 键，或再次单击"格式刷"按钮。执行其他命令或操作（如"复制"等），也可以自动停止使用格式刷。

（2）复制段落格式

① 选中要引用格式的整个段落（可以不包括最后的段落标记），或将插入点定位到此段落内，也可以仅选中此段落末尾的段落标记。

② 单击"格式刷"按钮。

③ 在应用该段落格式的段落中单击，如果同时要复制段落格式和文本格式，则需拖选整个段落（可以不包括最后的段落标记）。

使用上述方法，可以在不同的 Word 文档间进行格式复制。

提示

使用 Ctrl+Shift+C 组合键和 Ctrl+Shift+V 组合键可以复制格式。先选中要引用格式的文本或段落，按 Ctrl+Shift+C 组合键，把格式复制下来，再选中要应用格式的文本或段落，按 Ctrl+Shift+V 组合键，即可把前面文本的格式复制过来。使用 Ctrl+Shift+V 组合键时，只要

曾经复制过某种格式，就可以反复使用此快捷键将此格式应用到其他段落或文本上，不受期间其他操作的影响，直到复制了一种新的格式。

2. 给汉字标注拼音

Word 2007 中文版为用户提供了符合中文版式的许多功能，如拼音、带圈字符等。在"开始"选项卡的"字体"选项组中可以设置拼音和带圈字符。

例如，给毛泽东诗词《沁园春·雪》中部分词语添加拼音，如图 2-17 所示。

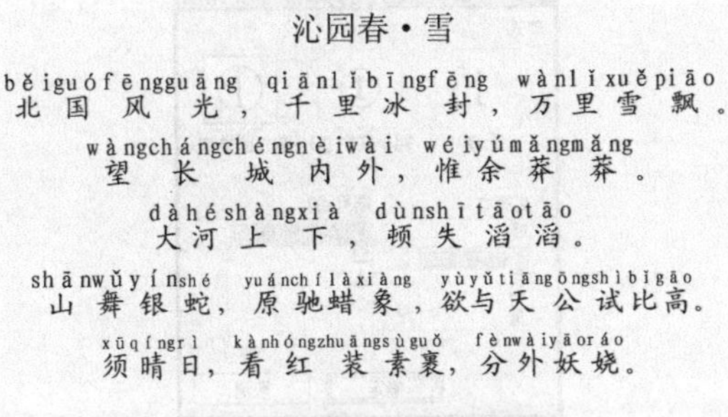

沁园春·雪

běiguófēngguāng qiānlǐbīngfēng wànlǐxuěpiāo
北 国 风 光，千 里 冰 封，万 里 雪 飘。

wàngchángchéngnèiwài wéiyúmǎngmǎng
望 长 城 内 外，惟 余 莽 莽。

dàhéshàngxià dùnshītāotāo
大 河 上 下，顿 失 滔 滔。

shānwǔyínshé yuánchílàxiàng yùyǔtiāngōngshìbǐgāo
山 舞 银 蛇，原 驰 蜡 象，欲 与 天 公 试 比 高。

xūqíngrì kànhóngzhuāngsùguǒ fènwàiyāoráo
须 晴 日，看 红 装 素 裹，分 外 妖 娆。

图 2-17　给文字添加拼音

（1）选中要标注拼音的文字。

（2）单击"字体"选项卡中的"拼音指南"按钮，出现如图 2-18 所示的"拼音指南"对话框。

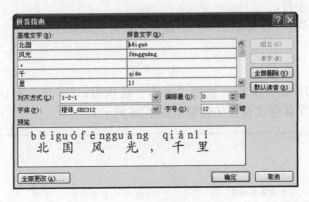

图 2-18　"拼音指南"对话框

（3）"基准文字"框中显示被选中的文字，"拼音文字"框中显示每个文字对应的拼音。

（4）在"对齐方式"列表框中选择文字的对齐方式，一般选择居中效果较好；在"字体"和"字号"列表框中分别选择字体和字体的大小。

（5）设置后在文档中显示的文字注音效果就是在"预览"框中显示的效果。该拼音文字已是一个域，如果要修改，可以选中要修改的拼音文字，进行单个修改。

如果要标注拼音的文字太多，可以分多次来标注拼音。

3. 带圈字符

有时为了某种需要，需要为字符添加一个圆圈或者菱形，可以使用"带圈字符"功能来创建。

例如，编排形如"**大力发展职业教育，提升**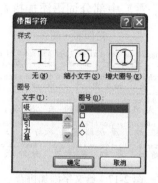**和培养质量**"的文字，分别给"吸引力"3 个字添加圈号。

（1）选择第一个"吸"字，单击"字体"选项组中的"带圈字符"按钮，打开"带圈字符"对话框，如图 2-19 所示。

图 2-19　"带圈字符"对话框

（2）在"样式"框中选择"增大圈号"选项，在"圈号"列表框中选择圈的形状。

（3）在"文字"列表框中选择要加圈的字，也可在直接输入，但每次最多只能输入一个中文字符或两个英文字符。

（4）给"吸引力"3 个字分别加不同的圈号，即可完成操作。

课堂训练

对"一个冬天的神话"文档，使用"字体"选项组、"字体"对话框或字体浮动工具栏，按如下要求进行字体格式设置（效果如图 2-20 所示）。

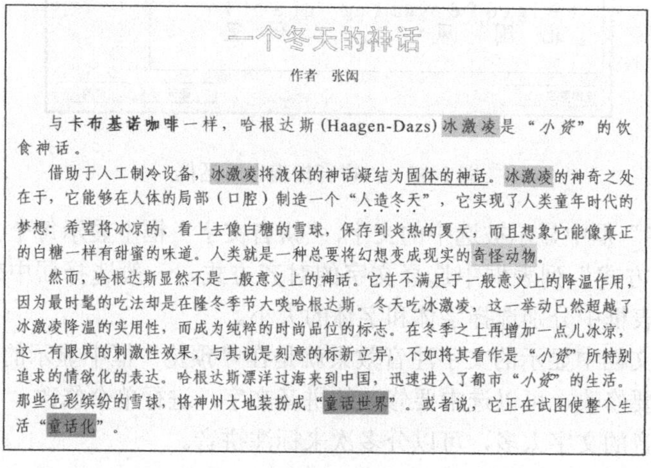

图 2-20　设置文档字体格式

（1）设置标题"一个冬天的神话"为黑体、小二号、空心字。

（2）将文档正文设置为"仿宋_GB2312"、五号字体。

（3）将文档正文第一段中的"卡布基诺咖啡"文本加粗显示。

（4）将文档正文前三段中的"哈根达斯"文本设置红色。

（5）将文档正文前两段中的"冰激凌"文本添加字符底纹。

（6）将文档正文第一段文字间距加宽 1 磅显示。

（7）将文档中的"小资"设置为倾斜，为"固体的神话"添加下划线，为"人造冬天"添加着重号。

（8）将文档中的"奇怪动物"文本以黄色突出显示，"童话世界"和"童话化"文本以青绿色突出显示。

 任务评价

根据表 2-4 的内容进行自我学习评价。

表 2-4   学习评价表

评价内容	优	良	中	差
能设置文本字体、字形和字号				
能设置文本颜色、下划线、着重号				
能设置文本上标、下标、空心字、删除线等效果				
能设置字符底纹、以不同颜色突出显示等				
能设置带圈字符、标注拼音等中文版式				
能灵活使用格式刷进行格式设置				

任务 4   段落格式设置

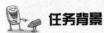 **任务背景**

小王建立自己的个人简历后，还需要对文档进行段落格式设置，如图 2-21 所示。

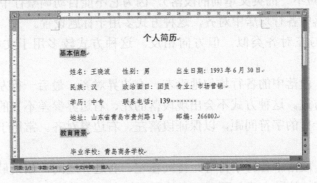

图 2-21   文档段落格式设置

 任务分析

> 在 Word 中段落是指两个段落标记之间的文本内容，段落格式主要是指段落的对齐方式、段落缩进、段内行间距和段间距等。

任务实施

操作 1　设置段落文本对齐

Word 2007 中段落中文本的对齐方式主要有文本左对齐、居中、右对齐、两端对齐和分散对齐。设置段落文本对齐方式可以使用"开始"选项卡的"段落"选项组中的 ▆▆▆▆▆ 按钮，或选择"段落"对话框的"缩进和间距"选项卡中的"对齐方式"下拉列表中的某一对齐方式，分别如图 2-22 和图 2-23 所示。

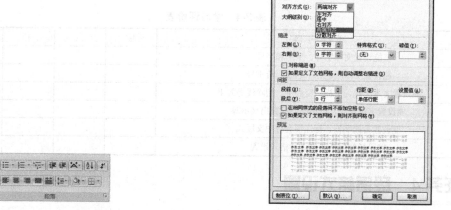

图 2-22　"段落"选项组　　　　　　　　图 2-23　"段落"对话框

- 左对齐：段落中各行均按左边界对齐。这种方式有可能会造成段落的右边界不齐（如含有长短不一的英文单词的段落），因为它不能自动调整行中的字符间距。
- 居中：段落中各行均居中对齐，这种方式多用于标题设置。
- 右对齐：与左对齐类似，但方向相反。这种方式较多用于文档尾部的署名、日期等。
- 两端对齐：段落中的各行均匀地沿左、右边界对齐，最后一行左对齐，这是段落默认的对齐方式。这种方式不会出现段落的左、右边界参差不齐的情况，因为它能自动调整每一行的字符间距，以保证段落左、右边界对齐。常用于书籍、论文的排版设置。
- 分散对齐：段落中各行字符等距排列在左、右边界之间，如果最后一行未输满行，也分散对齐。这种方式与两端对齐的区别仅表现在最后一行。

例如，将插入点移至标题行，单击"段落"选项组中的 ▆ 按钮，则设置文档标题"个人简历"为"居中"方式；同样的方法，可以设置正文各个段落为"两端对齐"方式。

设置段落文本对齐方式时，如果对单个段落设置格式，则不需要预先选定段落，只需要将插入点置于当前段落即可。如果是对多个段落设置对齐方式，则必须先选定多个段落文本。图 2-24～图 2-27 分别给出了同一文档的左对齐、居中、右对齐和分散对齐效果示例。

由于该文档的两端对齐与左对齐效果一致，不再给出示例。通过上述 4 个示例，仔细观察各种对齐方式的异同。

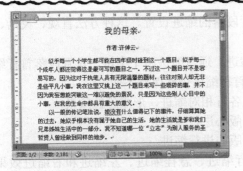

图 2-24　文本左对齐

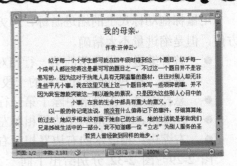

图 2-25　文本居中

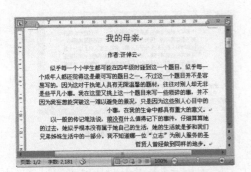

图 2-26　文本右对齐

图 2-27　文本分散对齐

提示

设置段落文本对齐方式的快捷键如下。

- 左对齐：Ctrl+L 组合键。
- 居中：Ctrl+E 组合键。
- 右对齐：Ctrl+R 组合键。
- 两端对齐：Ctrl+J 组合键。
- 分散对齐：Ctrl+Shift+J 组合键。

操作 2　设置段落缩进

段落缩进主要是指段落的首行缩进、悬挂缩进、左缩进和右缩进。通常使用标尺设置段落缩进。如果当前窗口没有显示标尺，在"视图"选项卡的"显示/隐藏"选项组中选中"标尺"复选框，在文档编辑区上侧和左侧出现水平标尺和垂直标尺。水平标尺左端有两个相对的游标，呈下三角形的为首行缩进，另一个为悬挂缩进，悬挂缩进游标下面的小矩形为左缩进游标，标尺右侧的为右缩进游标，如图 2-28 所示。

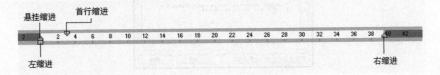

图 2-28　标尺上的缩进标记

用鼠标拖动标尺上的缩进游标，可方便地进行段落的缩进设置。这种方法直观、灵活、方便，但是缩进量不太精确。

- 首行缩进：指段落的第一行相对页边距缩进，通常缩进两个字符。设置段落首行缩进后，按 Enter 键开始新的一段，段落的首行缩进仍然保持不变。
- 悬挂缩进：指段落中除了第一行外，其余各行相对缩进，形成悬挂效果。
- 左缩进：指段落的左边界相对左页边距向版心进行缩进。
- 右缩进：指段落的右边界相对右页边距向版心进行缩进。

图 2-29～图 2-32 分别给出了同一文档的首行缩进、悬挂缩进、左缩进和右缩进效果示例。

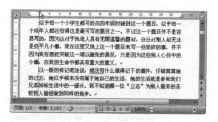

图 2-29　首行缩进

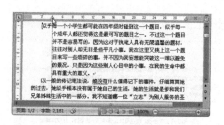

图 2-30　悬挂缩进

图 2-31　左缩进

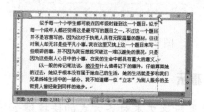

图 2-32　右缩进

对于中文版式，段落首行通常要缩进两个字符或汉字。如果要精确设置段落缩进，在"段落"对话框的"缩进和间距"选项卡中进行设置，如图 2-33 所示。

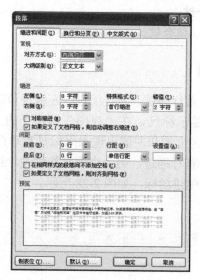

图 2-33　设置段落缩进

提示

单击"段落"选项组中的"减少缩进量"按钮和"增加缩进量"按钮，可以快速调整段落缩进量。

操作 3　设置段落间距和行间距

段落是独立的信息单位，具有自身的格式特征，如对齐方式、间距和样式。每个段落的结尾处都有段落标记"↵"。段前、段后间距是指段落与段落之间的距离；行距是指段内行与行之间的间距量，系统默认设置为 1.0 倍行距。单击"段落"选项组中的"行距"按钮，在其下拉列表框中可以选择所需的行距，如图 2-34 所示。

另外，在"段落"对话框的"缩进和间距"选项卡中可以设置段前、段后的行距，以及行间距，如图 2-35 所示。

图 2-34　"行距"下拉列表框

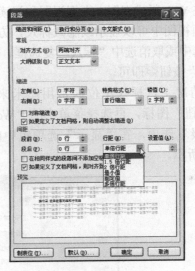

图 2-35　设置行距

"行距"选项的具体含义如下。

● 单倍行距：根据字体大小自动设置最佳行距，也是默认的行距。

● 1.5 倍（2 倍）行距：用于设置行距为单倍行距的 1.5 倍（2 倍）。

● 最小值：这是一种由 Word 自动调整为能容纳段中较大字体或图形的最小行距。如果设置的最小值小于 Word 自动调整的最小行距，则设置将不起作用。

● 固定值：将行距设置为不需要 Word 调整的固定行距。

● 多倍行距：设置行距为单倍行距的若干倍数的行距。

例如，在个人简历文档中，将"基本信息"、"教育背景"和"实习情况"段落"段后"设置为 0.5 行距，正文设置为首行缩进、2 倍行距。

 提示

在编辑文档时，经常会遇到不同位置的文字或段落具有相同格式的情况，对于需要重复应用的格式不必一一进行设置，只需设置一次，通过"开始"选项卡"剪贴板"选项组的"格式刷"按钮" "形状，进行格式的复制。方法是选中已设置了格式的文字，单击"格式刷"按钮，此时鼠标指针会变成🐀；将格式刷移到目标位置的开始处，按下并拖动鼠标至格式复制的结束处。拖动鼠标经过的文字设置成了相同的格式。如果是双击"格式刷"按钮，则可进行多次格式复制，直到不再需要复制格式时，按 Esc 键或再单击一次"格式刷"按钮即可。

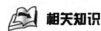 **相关知识**

1. 使用标尺

在 Word 文档编辑排版过程中，经常用到对齐图形和文本，这时就要用到标尺。标尺的显示与视图方式有关：

（1）在页面视图中既有水平标尺，又有垂直标尺；

（2）在普通视图中只有水平标尺；

（3）在 Web 版式视图、大纲视图和阅读版式视图中没有标尺。

在页面视图中可以显示或隐藏标尺，方法是切换到"视图"选项卡，在"显示/隐藏"选项组中选中或取消选中"标尺"复选框。也可以直接单击文档编辑窗口垂直滚动条上方的"标尺显示"按钮🔲即可。

默认情况下，标尺单位通常用厘米来表示，用户也可以用其他单位，方法是单击"Office 按钮"图标，再选择菜单中的"Word 选项"选项，然后选择"Word 选项"对话框的"高级"选项，在"显示"选项组中的"度量单位"下拉列表框中选择其他单位，如图 2-36 所示。

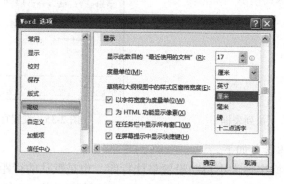

图 2-36　设置标尺的度量单位

2. 使用 Tab 键设置对齐格式

Tab 键是制表位键，常用来设置页面中对齐文字的位置。一般情况下，不要使用 Space 键来对齐文本，而要使用 Tab 键。如果使用 Space 键来对齐文本，由于字号选择的不同，同样的空格可能占据不同的位置。如果使用 Tab 键来对齐文本，每按一次 Tab 键，插入点就会从当前位置移动到下一制表位。例如，在输入"个人简历"中的基本信息时，当输入"姓名：王晓波"后，可以按 Tab 键一次或多次，再输入"性别：男"，再按 Tab 键，输入该行的其他信息；在输入下一行信息时，每输入完一项，按 Tab 键，使插入点与上一行上下对齐，然后再输入文本，如"性别"与"政治面目"上下对齐，如图 2-37 所示。

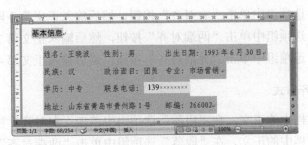

图 2-37　使用 Tab 键设置对齐格式

3．使用网格线

使用网格线可以在文档中对齐图形和文本，还可以在文档中查看标题所占用的行数。显示网格线的方法是切换到"视图"选项卡，在"显示/隐藏"选项组中选中"网格线"复选框，显示网格线的效果如图 2-38 所示。

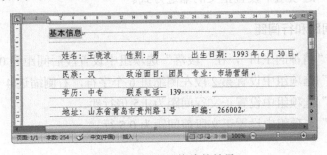

图 2-38　显示网格线的效果

 课堂训练

1．设置文本对齐方式

（1）新建一个文档，在"字体"选项组中设置字体黑体、小四号；在"段落"选项组中单击"居中对齐"按钮，输入"精神的生日"，按 Enter 键；同样的方法再输入"林苍生"，如图 2-39 所示。

（2）在"字体"选项组中设置字体黑体、五号；在"段落"选项组中单击"左对齐"按钮，然后输入正文第 1 段。

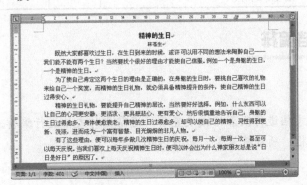

图 2-39　新建"精神的生日"文档

（3）在"段落"选项组中单击"右对齐"按钮，然后输入正文第 2 段。

（4）在"段落"选项组中单击"两端对齐"按钮，然后输入正文第 3 段。

（5）在"段落"选项组中单击"分散对齐"按钮，然后输入正文第 4 段，并保存文档。

2. 设置段落对齐方式

（1）选中整篇文档中的正文，在"段落"选项组中单击"左对齐"按钮。

（2）选中整篇文档中的正文，在"段落"选项组中单击"两端对齐"按钮。

3. 设置缩进方式

（1）在第 1 段中单击，拖动标尺上的"首行缩进"标记分别到 2、4、6 等位置。

（2）在第 2 段中单击，拖动标尺上的"悬挂缩进"标记，设置悬挂缩进。

（3）选中第 3 段和第 4 段，拖动标尺上的"右缩进"标记，设置右缩进。

（4）在"段落"选项组中设置正文的缩进方式。

4. 设置段落间距和行间距

（1）设置标题"精神的生日"，在"段落"选项组中设置段后间距为 0.5 行。

（2）在"段落"选项组中设置第 2 段左侧缩进 6 个字符，右侧缩进 4 个字符。

（3）在"段落"选项组中设置正文行间距为 1.5 倍行距。

（4）在"段落"选项组中设置正文段前间距为 0.5 行。

 任务评价

根据表 2-5 的内容进行自我学习评价。

表 2-5　学习评价表

评 价 内 容	优	良	中	差
能设置段落文本对齐方式				
能设置段落缩进				
能设置段间距				
能设置行间距				
会使用文档标尺				

任务 5　文档编排

 任务背景

　　小王对个人简历文档进行段落格式设置后，还需要对文档进行编排。例如，给文档添加了页面边框、段落边框、项目符号等，如图 2-40 所示。

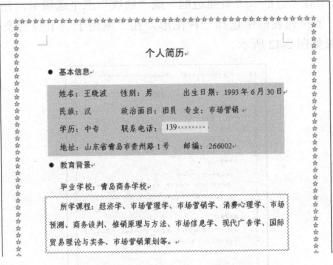

图 2-40   "个人简历"文档编排

 任务分析

　　给文档设置页面边框,可以为打印出的文档增加效果。给段落添加边框和底纹,可以突出文档的内容,给人以深刻的印象,从而使得文档版式更为美观。在文档中适当采用项目符号和编号可以使文档内容清晰,层次分明。

 任务实施

操作 1   设置页面边框

　　如果要为整个页面设置边框,在"页面边框"选项卡中,可方便地为整个页面设置边框。Word 2007 提供的页面边框可以是直线型,也可以是用艺术小图形围成的边框,并允许自定义边框形式。

　　(1) 在"开始"选项卡的"段落"选项组中单击"边框"按钮 ▦ 的下拉箭头,从下拉菜单中选择"边框和底纹"选项,打开"边框和底纹"对话框,如图 2-41 所示。

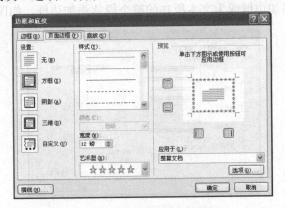

图 2-41   "边框和底纹"对话框

（2）该对话框中有"边框"、"页面边框"或"底纹"三个选项卡，在"页面边框"选项卡中的"艺术型"下拉列表框中选择一种图形，在"应用于"下拉列表框中选择"整篇文档"，设置后的效果如图 2-42 所示。

图 2-42　设置页面边框的效果

为页面添加边框，只能在页面视图中查看。

操作 2　设置段落边框

（1）单击或选中"教育背景"中的第 2 段落，切换到"开始"选项卡，在"段落"选项组中单击"边框"按钮⊞▾的下拉箭头，从下拉菜单中选择"边框和底纹"选项，打开"边框和底纹"对话框。

（2）在"边框"选项卡的"设置"栏中选择边框的类型，如方框、阴影、三维、自定义等；在"样式"列表中选择边框的线型；在"颜色"下拉列表框中设置边框的背景色，该背景色可以打印出来；在"宽度"下拉列表框中指定边框的粗细；在"应用于"下拉列表框中选择要为选中的文本添加边框或为文本所在的整个段落添加边框，如图 2-43 所示。

图 2-43　"边框"选项卡

如果选择"自定义"选项，则在"预览"框中还应选择添加边框的位置。边框由 4 条边线组成，自定义边框可以由 1～4 条边线组成。单击任意边线按钮就可以指定是否应用这一边的边框。

操作 3　设置段落底纹

前面介绍了使用"字符底纹"给字符添加底纹的方法，添加的字符底纹只有一种（颜色为灰色，灰度为 15%）。利用"边框和底纹"对话框中的"底纹"选项卡（如图 2-44 所示），可以对文字或段落设置底纹。

图 2-44　"底纹"选项卡

选中要添加底纹的文字或段落，其他操作步骤与设置边框的操作步骤类似。图 2-45 给出了设置段落底纹的效果示例。

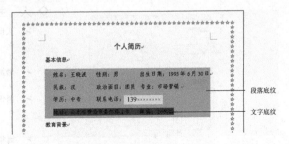

图 2-45　设置段落底纹的效果

操作 4　设置项目符号和编号

项目符号格式是指段落的缩进格式和符号的恰当结合，它放置在文本前的圆点或其他符号，起到强调作用。合理使用项目符号和编号，可以使文档的层次结构更清晰、更有条理。在图 2-40 中对"基本信息"、"教育背景"设置了项目符号。

设置项目符号时，可以在输入时由 Word 自动创建，也可以先输入内容，再为其添加项目符号或编号。

1．设置项目符号

（1）首先将插入点移到要设置项目符号的文本段落，如"基本信息"，然后单击"段落"选项组中的"项目符号"按钮 的下拉箭头，从"项目符号库"（如图 2-46 所示）中选择一种项目符号，添加项目符号的效果如图 2-47 所示。

图 2-46　项目符号库

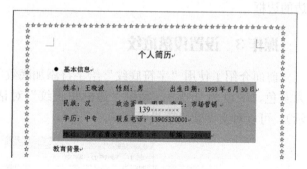

图 2-47　添加项目符号的效果

（2）用同样的方法，给"教育背景"、"实习情况"段落添加项目符号。

如果列表中没有自己满意的项目符号，可以选择"定义新项目符号"命令，在打开的"定义新项目符号"对话框中，定义个性化的项目符号，可以设置字符、图片为项目符号。

2．设置项目编号

项目编号的设置方法与项目符号的设置方法基本相同，单击"段落"选项组中的"编号"按钮的下拉箭头，从"编号库"中选择一种编号，如图 2-48 所示。

用同样的方法，单击"多级列表"下拉箭头，可以设置多级列表，如图 2-49 所示。

设置的多级项目符号效果示例如图 2-50 所示。

图 2-48　编号库

图 2-49　多级列表库

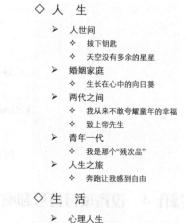

图 2-50　设置多级项目符号效果示例

提示

如果对多个段落应用了编号，当重新排列或删除其中的编号段落后，Word 将自动调整编号，使其连续起来。

操作5 设置首字下沉

首字下沉是指段落的第一行第一个字字体变大，并且向下移动一定的距离，段落的其他部分保持原样。首字下沉可用于文档或章节的开头，也可用于为新闻稿或请柬增添趣味。首字下沉分为下沉和悬挂两种类型，分别如图2-51和图2-52所示。

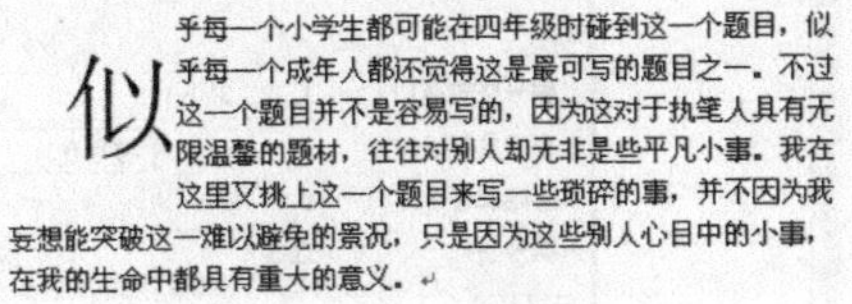
似
乎每一个小学生都可能在四年级时碰到这一个题目，似
乎每一个成年人都还觉得这是最可写的题目之一。不过
这一个题目并不是容易写的，因为这对于执笔人具有无
限温馨的题材，往往对别人却无非是些平凡小事。我在
这里又挑上这一个题目来写一些琐碎的事，并不因为我
妄想能突破这一难以避免的景况，只是因为这些别人心目中的小事，
在我的生命中都具有重大的意义。

图2-51 首字下沉

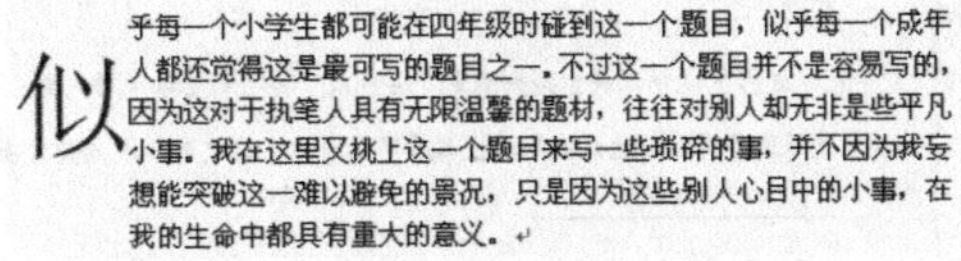
似
乎每一个小学生都可能在四年级时碰到这一个题目，似乎每一个成年
人都还觉得这是最可写的题目之一。不过这一个题目并不是容易写的，
因为这对于执笔人具有无限温馨的题材，往往对别人却无非是些平凡
小事。我在这里又挑上这一个题目来写一些琐碎的事，并不因为我妄
想能突破这一难以避免的景况，只是因为这些别人心目中的小事，在
我的生命中都具有重大的意义。

图2-52 首字悬挂

- 下沉：表示首字下沉后只占用前几行文本的一个矩形区域，而不影响首字以后的文本排列。
- 悬挂：表示首字下沉后，首字所占用的列空间不再出现文本。

（1）单击要以首字下沉开头的段落。

（2）单击“文本”选项组中的“首体下沉”下拉箭头，选择“首字下沉”选项，打开“首字下沉”对话框，如图2-53所示。

首字下沉
位置
无(N)
下沉(D)
悬挂(M)
选项
字体(F):
宋体
下沉行数(L):
3
距正文(X):
0 厘米
确定
取消

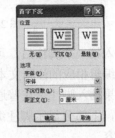

图2-53 “首字下沉”对话框

（3）通过该对话框可以设置首字下沉和悬挂。

相关知识

脚注和尾注用于为文档中的文本提供解释、批注，以及相关的补充说明。脚注一般位于页面的底部，可以作为文档某处内容的注释说明；尾注一般位于文档的末尾，列出引文的文献。脚注或尾注一般由两个链接的部分组成，即注释引用标记和相应的注释文本。在指定编号方案后，Word会自动对脚注和尾注进行编号。可以在整个文档中使用一种编号方案，也可以在文档的每一节中使用不同的编号方案。在添加、删除或移动自动编号的注释时，Word将对脚注和尾注引用标记进行重新编号。

1. 插入脚注

（1）将插入点置于要加入脚注文本的位置，切换到“引用”选项卡，在“脚注”选项组中单击“插入脚注”按钮，Word自动将光标定位到脚注编辑位置（当前页的底端），第一个脚注的编号自动设置为1，直接输入所需的脚注文本内容，如图2-54所示。

（2）另外一种方法是在“脚注”选项组中单击“脚注和尾注”启动器按钮，打开“脚注和尾注”对话框，如图2-54所示。

选中“脚注”单选按钮，在“编号格式”下拉列表框中选择编号的格式，默认为1, 2, 3, …；在“编号”下拉列表框中选择编号的方式，单击“插入”按钮，此时光标会自动定位到脚注的编辑位置，并要求用户输入脚注的内容。

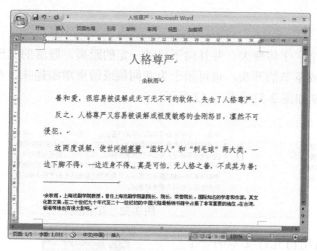

图 2-54　插入脚注　　　　　　　　图 2-54　"脚注和尾注"对话框

　　插入第一个脚注后，可以再插入第二个脚注，此时脚注的编号自动按次序生成，用户只需输入编辑相应的注释文本即可。

　　如果插入脚注是在普通视图模式下进行，窗口将分为上、下两个部分，上部分显示正常的文本，下部分显示脚注编辑窗口，Word 自动将光标定位到脚注编辑窗口，用户可以输入脚注内容。

　　如果要删除脚注，在正文文档中选定文本右上角的脚注编号，然后按 Delete 键即可。当删除某个脚注后，Word 自动对其他的脚注进行重新编号。

2. 插入尾注

　　插入尾注方法与脚注的方法完全相同，一种方法是在"脚注"选项组中单击"插入尾注"按钮，Word 自动将光标定位到文档的结尾，用户只需输入相应的注释文本即可；另一种方法是在如图 2-55 所示的"脚注和尾注"对话框中，选中"尾注"单选按钮，在其右侧的下拉列表框中选择尾注的位置，有两种位置可供选择，一是节的结尾，另一种是文档的结尾，选择一种后即可输入尾注的内容，如图 2-56 所示。

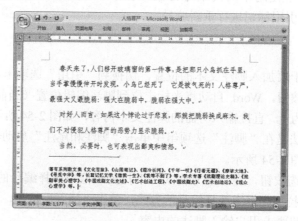

图 2-56　插入尾注

课堂训练

1. 按下列要求对文档进行设置（如图 2-57 所示）

（1）给该文档添加页面边框，样式为双波浪线、颜色为深红、宽度为 0.75 磅。

（2）给文档的第 3 段添加边框，样式为直线、颜色为深蓝、宽度为 1.0 磅。

（3）给文档的第 2 段添加底纹，填充颜色为深绿色。

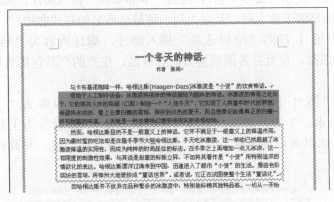

图 2-57　设置边框和底纹的效果

2. 设置项目符号和编号

（1）给下列文档设置三级项目符号，每级采用不同的符号，如图 2-58 所示。

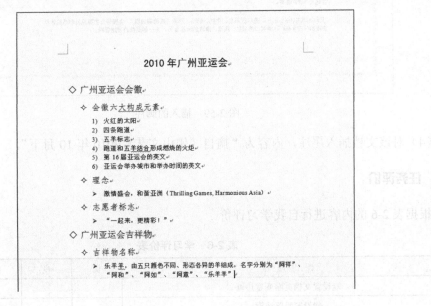

图 2-58　设置项目符号和编号的效果

（2）将文档中的会徽的六大构成元素中的 6 项设置为项目编号。

3．设置首字下沉

（1）将如图 2-57 所示的文档中的第 1 段设置首字下沉，下沉 2 行。

（2）将如图 2-57 所示的文档中的第 2 段设置首字悬挂，悬挂 3 行。

4．插入脚注和尾注

（1）将如图 2-57 所示的文档中第 1 段的"卡布基诺"插入脚注，脚注内容为"卡布基诺（Cappuccino）最早源于意大利，是意大利一种最享盛名的花式咖啡。"

（2）将文档中第 1 段的"哈根达斯"插入脚注，脚注内容为"哈根达斯（Haagen-Dazs）美国冰激凌品牌，在世界各国销售其品牌雪糕，生产的产品包括雪糕、雪糕条、雪葩及冰冻奶酪等。"

（3）将文档中第 1 段的"冰激凌"插入脚注，脚注内容为"又称冰淇淋（Ice Cream），是以饮用水、牛奶、奶粉、奶油（或植物油脂）、食糖等为主要原料制成的体积膨胀的冷冻食品，冰淇淋口感细腻、柔滑、清凉的消暑食品，是一种高档的发泡雪糕。"，如图 2-59 所示。

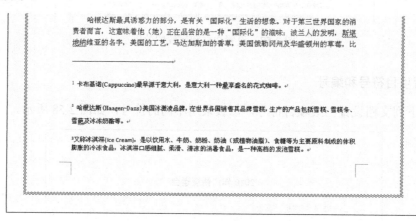

图 2-59　插入的脚注

（4）对该文档插入尾注，内容为"摘自《佛山文艺》2010 年 10 月下"。

任务评价

根据表 2-6 的内容进行自我学习评价。

表 2-6　学习评价表

评 价 内 容	优	良	中	差
能设置文档页面变宽边框				
能设置段落边框				
能设置段落底纹				
能设置首字下沉				
能插入脚注和尾注				

任务6　应用视图

任务背景

小王在对文档进行排版的过程中，有时希望文档的显示与实际打印的效果一致；有时只是对文档进行浏览阅读；有时希望文档根据屏幕大小自动排版，背景和图片与在 Web 浏览器中显示的效果相同等。这就需要根据不同的需求切换不同的视图方式。

任务实施

Word 2007 提供了文档窗口的多种显示方式，称为视图。Word 2007 视图分为页面视图、阅读版式视图、Web 版式视图、大纲视图和普通视图。每种视图有各自的特点，使用状态栏中的"视图按钮" 可以方便地切换不同的视图。另外，也可以选择"视图"选项卡的"文档视图"选项组中的相应命令进行切换，如图 2-60 所示。

图 2-60　"文档视图"选项组

操作 1　页面视图

页面视图是最常用的视图版式，可以在文档页面上调整总体布局信息，显示文档的整个页面结构，如页边距、页眉、页脚、脚注及批注等，还可以看到文档内容在实际页面中的位置等，与打印效果一样。该视图版式下可显示水平标尺和垂直标尺，分页用实际的分页效果表示。如果插入页码后，则显示页码，还可以进行绘图、插入图表操作和排版操作。图 2-61 所示的是页面视图下的文档显示效果。

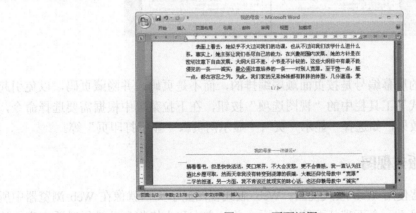

图 2-61　页面视图

在页面视图版式下，双击上下两个页面之间的空白处，可以将该部分隐藏，以便于阅读，如图 2-62 所示。

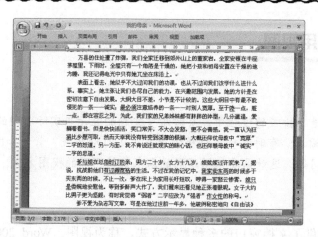

图 2-62　隐藏页面之间的空白

操作 2　阅读版式视图

阅读版式视图主要用于在屏幕上阅读文档，显示的文档大小将根据屏幕的大小进行调整，增加了文档的可读性。在该视图下，文档以屏幕最大尺寸呈现，不显示工具栏区域，取而代之的是"阅读版式"工具栏。图 2-63 所示的是阅读版式视图显示效果。

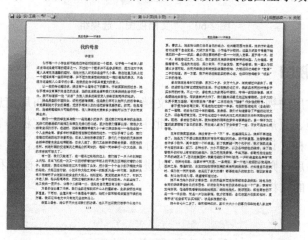

图 2-63　阅读版式视图

阅读版式视图中的屏幕编号是按页面顺序编排的，而不是页码，并隐藏页码，以免引起混淆。单击"阅读版式"工具栏中的"视图选项"按钮，在下拉菜单中根据需要选择命令，设置阅读版式的显示效果，如选择"显示一页"、"显示两页"、"显示打印页"等。

操作 3　Web 版式视图

在创建网页时通常使用 Web 版式视图。Web 版式视图显示文档就像在 Web 浏览器中所显示的一样，文档将显示一个不带分页符的长页，并且文本和表格将自动换行以适应窗口的大小，图形位置及文档背景与其在 Web 浏览器中的位置及效果一致。图 2-64 所示的是 Web 版式视图显示效果。

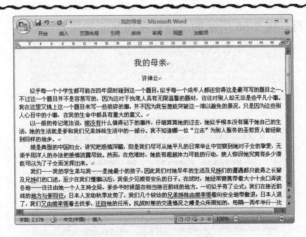

图 2-64　Web 版式视图

如果使用 Word 编辑网页，一定要在 Web 版式视图中进行，因为只有在 Web 版式视图中，才能完整地显示用户所编辑的网页效果。

操作 4　大纲视图

在大纲视图中以概要的形式显示文档，适用于有较多层次的文档，如报告、章节排版等。可以进行层级调整，如将文字升级为副标题，或者将副标题降级为普通文字，还可以通过拖动标题来移动、复制和重新组织文本，通过折叠文档来查看主要标题，或者展开文档以查看所有标题，以及正文内容。大纲视图还使得主控文档的处理更为方便。主控文档有助于使较长文档的组织和维护更为简单易行。大纲视图中不显示页边距、页眉和页脚、图片和背景等。图 2-65 所示的是大纲视图显示效果。

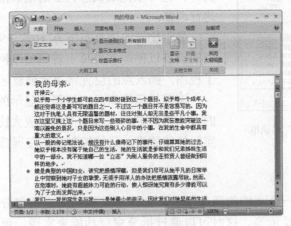

图 2-65　大纲视图

在大纲视图版式下，功能区中增加了"大纲"选项卡。

操作 5　普通视图

在普通视图中可以输入、编辑和设置文本格式，在普通视图中，不显示页边距、页眉和页脚、背景、图形和分栏等。在该视图下，页与页之间用一条虚线表示分页符，节与节之间用双行虚线表示分节符，图 2-66 所示的是普通视图显示效果。

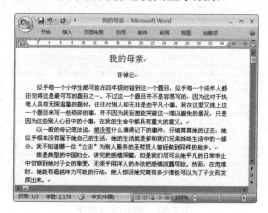

图 2-66　普通视图

由于在普通视图中不能显示页眉、页脚，如果是多栏排版时，也不能显示多栏，只能在一个栏中输入和显示，同时还不能绘制图形，因此，在该视图方式下，不能进行图文混排操作。

 相关知识

1．调整显示比例

用户可以使用缩放功能来放大或缩小屏幕上显示的文字大小。如果需要调整显示比例，可以在"视图"选项卡的"显示比例"选项组中单击"显示比例"按钮，打开"显示比例"对话框，如图 2-67 所示。另外，也可以拖动状态栏上的缩放滑块 100% ⊖ ━━ ⊕ 进行调整。

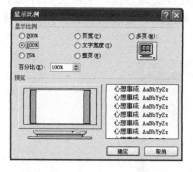

图 2-67　"显示比例"对话框

显示比例的调整范围为 10%～500%，也可以让 Word 自动调整以便能在屏幕上看到整个网页或文字。如果改变了视图，插入点的位置将决定缩放区域。

调整显示比例时，屏幕上显示的文字数量是由显示器的大小来决定的。改变文档的放大比例并不能影响文件的实际打印效果，只能控制文档在屏幕上的显示。

2．拆分窗口

如果想同时查看一个文档的两个部分，如想对文档的前后两部分进行对比，查看某些信息都在哪些页面上显示等。这时可以通过拆分窗口功能来实现，可以让窗口水平拆分成两部分。

在"视图"选项卡的"窗口"选项组中单击"拆分"按钮，屏幕上出现一条黑线，通过移动黑线可以调整两个窗口的高度，单击该按钮后即可调整两个窗口的大小。

另外一种方法是拖动"水平拆分"按钮，该按钮位于屏幕右侧的垂直滚动条和标尺最上方，当出现 ⬍ 图标时，鼠标指针指向该按钮并进行拖动，确定窗口的大小后再释放鼠标。

窗口拆分后，可以在不同的窗口访问文档。如果要取消拆分窗口，可以单击"窗口"选项组中的"取消拆分"按钮或双击窗口间的拆分条。

3. 多窗口排列

如果想查看一个文档的不同部分，可以使用拆分窗口的方法。如果想同时查看多个文档时，可以使用多窗口操作。

首先打开多个文档，在"视图"选项卡的"窗口"选项组中单击"全部重排"按钮（如图 2-68 所示），在屏幕上水平地排列打开的文档窗口，如图 2-69 所示。

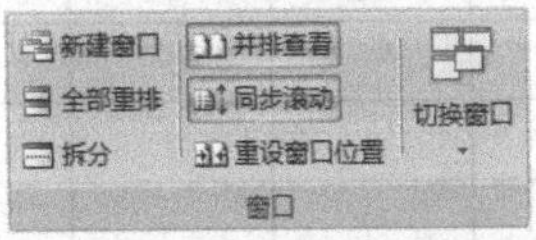

图 2-68   "窗口"选项组

图 2-69   多文档窗口排列

每个窗口所能看到的文档行数取决于屏幕的大小和分辨率。用户可以分别关闭窗口，当只有一个窗口显示时，可以把窗口调整到最大尺寸。

如果不习惯窗口的上下排列方式，可以垂直排列多个文档窗口，单击"窗口"选项组中的"并排查看"按钮。当用户同时打开多个文档，并单击"并排查看"按钮时，Word 会列出所有已打开的文档来让用户选择需要进行比较的两个文档，如图 2-70 所示。但每次只能同时比较两个文档，其效果如图 2-71 所示。

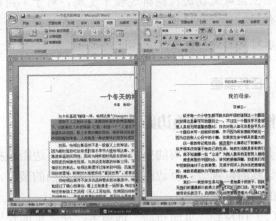

图 2-70   "并排比较"对话框

图 2-71   两个文档窗口并排效果

当选择"并排查看"来比较两个文档时，还可以选择"窗口"选项组中的"同步滚动"按钮，使左右两个窗口中的文档同步滚动，当同步滚动解除时，可以分别滚动每一个窗口。

 **课堂训练**

（1）打开"一个冬天里的神话"文档，分别使用页面视图、阅读版式视图、Web 版式视

图、大纲视图及普通视图方式进行查看，并观察各种视图查看方式的异同。

（2）对文档调整显示比例，如按 50%、100%、150%、200%比例显示，并查看不同的显示效果。

（3）对打开的文档窗口进行拆分，并试着对前后内容进行对比。

（4）打开 4 个 Word 文档，并对窗口水平排列。

（5）并排查看两个文档的内容，并进行同步滚动。

 **任务评价**

根据表 2-7 的内容进行自我学习评价。

表 2-7　学习评价表

评 价 内 容	优	良	中	差
了解 5 种视图方式的异同				
能根据实际进行不同视图方式的切换				
会调整文档的显示比例				
会进行拆分窗口的应用				
会进行多窗口的排列应用				

任务 7　页面设置

 任务背景

　　小王在对文档进行编辑过程中发现，对于不同的文档有时编排方式、打印纸张的大小等要求都不一样，为使页面美观、清晰，有时需要设置页眉、页脚、插入页码等。这就需要根据要求对页面进行设置。

 任务实施

操作 1　设置页边距

页边距是页面四周的空白区域，设置页边距包括调整上、下、左、右边距离，还可以设置装订线的位置等。页边距太窄会影响文档的装订，而太宽又影响美观且浪费纸张。设置页边距的操作步骤如下。

（1）切换到"页面布局"选项卡，在"页面设置"选项组中单击"页边距"按钮，弹出"页边距"下拉菜单，如图 2-72 所示。从下拉菜单中选择"自定义边距"选项，打开"页面设置"对话框，如图 2-73 所示。

（2）设置左、右边距。在"页边距"选项卡的"上"、"下"、"左"和"右"微调框中输入数值或单击右边的箭头以设置新的页边距，同时在"预览"栏中可以显示不同设置效果。如果文档需要装订，在"装订线"微调框中设置所需的页边距。

（3）在"纸张方向"选项中，可以设置页面是纵向还是横向输出；在"应用于"列表框可以对文档的不同部分进行不同的设置，例如，可以对整个文档进行设置，也可以设置对称页边距、拼页、书籍折页、反向书籍折页等。

（4）单击"确定"按钮，关闭"页面设置"对话框。

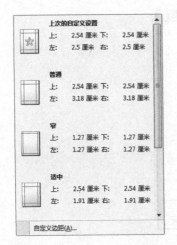

图 2-72 "页边距"下拉菜单

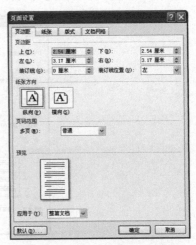

图 2-73 "页面设置"对话框

操作 2 设置纸张大小

如果要打印文档，首先要设置纸张大小。例如，打印贺卡需要用指定大小的纸张；打印信封需要使用横向纸张等。设置纸张大小的操作步骤如下。

（1）切换到"页面设置"选项卡，在"页面设置"选项组中单击"启动器"按钮，打开"页面设置"对话框，选择"纸张"选项卡，如图 2-74 所示。

图 2-74 "纸张"选项卡

（2）在"纸张大小"下拉列表框中，选择纸张型号，一般默认为 A4 纸；在"宽度"和"高度"微调框中，可以自定义纸张大小。

（3）单击"确定"按钮，关闭"页页设置"对话框。

操作3　设置打印版式

在"版式"选项卡中主要是针对打印版式的一些高级功能设置，如图 2-75 所示。

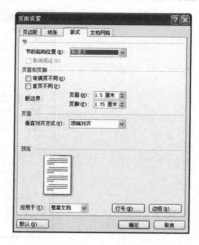

图 2-75　"版式"选项卡

在该选项卡的"节的起始位置"下拉列表框中选择节的起始位置，包括"连续本页"、"新建栏"、"新建页"、"偶数页"和"奇数页"。根据需要，还可以设置页眉和页脚，在书籍中常见奇偶数页的页眉不同，一般奇数页页眉编排章的名称，而偶数页页眉编排节的名称。单击"行号"或"边距"按钮，将会给文本行添加编号或给文本行添加边框。

操作4　设置文档网格

在"文档网络"选项卡中，可以设置文本的分栏、正文的排列方式、每页显示的行数和每行显示的字数，以及在每页上设置网格，如图 2-76 所示。

在该选项卡中也可以设置网格、每页中的行数和每页中的字数（包括指定每行中的字符数、每页中的行数、字符跨度和行跨度）。单击"绘图网格"按钮，打开"绘图网格"对话框，如图 2-77 所示，选中"在屏幕上显示网格线"复选框，同时选中"垂直间隔"复选框，设置后的效果如图 2-78 所示。

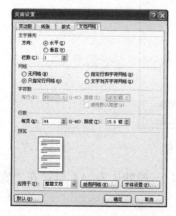

图 2-76　"文档网格"选项卡

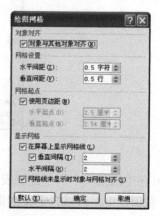

图 2-77　"绘图网格"对话框

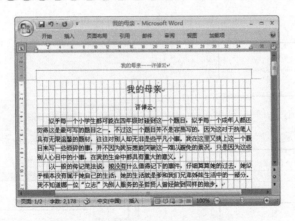

图 2-78　添加网格线的文档

操作 5　设置页眉和页脚

在制作报告、论文、书籍时，经常对文档设置页眉和页脚。页眉和页脚可以使用文档的标题、公司的会徽、日期及页码等，页眉打印在文档的顶部，页脚打印在文档的底部，如图 2-79 所示。在文档中可以自始至终使用一个页眉和页脚，也可以在文档的不同部分使用不同的页眉和页脚。

例如，给"我的母亲"文档添加页眉为"我的母亲"居左，"许倬云"居右；页脚为"第 x 页 共 x 页"居中，如图 2-79 所示。在设置页眉和页脚之前，需要将视图切换到页面视图。

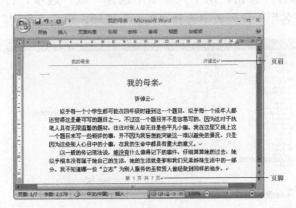

图 2-79　添加的页眉和页脚

（1）打开"我的母亲"文档，切换到"插入"选项卡，在"页眉和页脚"选项组中单击"页眉"按钮，打开如图 2-80 所示的下拉菜单，选择所需的页眉类型，页眉被插入到文档的每一页中。

（2）单击"编辑页面"按钮，进入页眉编辑状态，在左侧"输入文字"框中输入"我的母亲"，在右侧"输入文字"框中输入"许倬云"。

（3）选中中间的"输入文字"框，按 Delete 键删除，如图 2-81 所示。

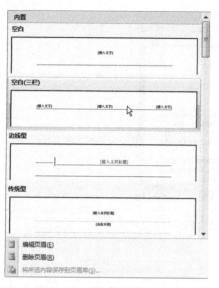

图 2-80　内置页眉类型选项

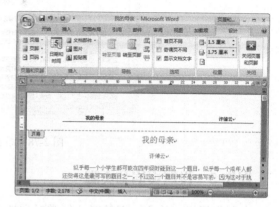

图 2-81　页眉编辑状态

（4）在"开始"选项卡的"字体"选项组中设置页眉"小五"号字。如果要插入时间日期、域、图形等，在"设计"选项卡的"插入"选项组中提供了"日期和时间"、"文档部件"、"图片"、"剪贴画"等命令，单击相应的按钮即可。

（5）将插入点移到页脚，或重新插入页脚，并输入"第　页　共　页"文字，并居中，然后将插入点移至"第　页"文本中间，在"设计"选项卡的"插入"选项组中（如图 2-81 所示），单击"文档部件"按钮，从下拉菜单中选择"域"选项，打开"域"对话框，如图 2-82 所示。从"域名"下拉列表中选择"Page"选项，单击"确定"按钮。

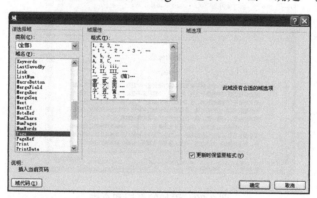

图 2-82　"域"对话框

（6）用同样的方法，将插入点移至"共　页"文本中间，从"域名"下拉列表中选择"NumPages"选项，单击"确定"按钮，结果如图 2-83 所示。

（7）单击"设计"选项卡的"关闭页眉和页脚"按钮，或在文档中双击，返回到文档编辑状态。

如果要编辑页眉和页脚内容，可以在页眉和页脚区域双击，进入页眉和页脚编辑状态，即可进行编辑。编辑页眉和页脚时，Word 会自动对整个文档中的相同页眉和页脚进行修改。要单独修改文档中某部分的页眉和页脚，可将文档分成节并断开各节的连接处。

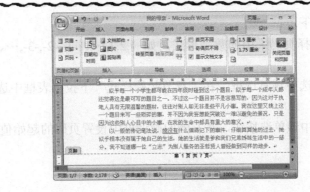

图 2-83　页脚编辑状态

在删除一个页眉和页脚时，Word 会自动删除整个文档中同样的页眉和页脚。如果要删除文档中某个部分的页眉和页脚，可将文档分成节，然后断开各节的连接处，再对页眉和页脚进行删除。

提示

Word 中的域是一组能够嵌入文档的指令，它由花括号、域名（域代码）及选项开关构成。域代码类似于公式，域选项开关是特殊指令，在域中可触发特定的操作。在文档中使用域能够完成很多烦琐的工作，为用户编辑文档提供了极大的便利。

操作 6　插入页码

文档中的页码通常出现在页眉或页脚区域，前面已经介绍了通过插入页脚的方法插入页码，还可以直接插入页码。

（1）切换到"插入"选项卡，在"页眉和页脚"选项组中单击"页码"按钮，从"页码"下拉菜单中选择确定页码的位置，如图 2-84 所示。

（2）选择插入页码的位置，从相应的列表中选择一种类型，如图 2-85 所示。

确定页码的位置后，如果要对页码格式进行设置，选择"页码"下拉菜单中的"设置页码格式"选项，打开"页码格式"对话框，如图 2-86 所示。

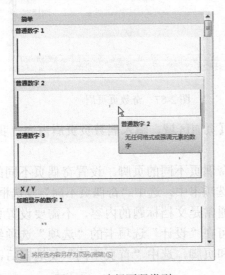

图 2-84　"页码"下拉菜单　　　图 2-85　选择页码类型　　　图 2-86　"页码格式"对话框

部分选项的含义如下。

● 编号格式：选择页码采用的数字形式，如 1,2,3,…、-1-,-2-,-3-,…、a,b,c,…、甲,乙,丙，…等。

● 包含章节号：选中该复选框，在"章节起始样式"下拉列表框中选择页码中包含的标题级别。

● 起始页码：选中该单选按钮，在右侧的微调框中设置页码的起始值。

 **相关知识**

1. 设置奇偶页不同的页眉和页脚

默认情况下，文档中设置的页眉和页脚是相同的，在书籍中还常见到奇数页和偶数页的页眉和页脚是不相同的，在双面打印时，将左页的页眉设置成左对齐，右页的页眉设置成右对齐，这样在装订成册后，所有的页眉都打印在页面的外侧。

例如，设置"我的母亲"文档的奇数页的页眉为"许倬云问学记"，偶数页的页眉为"我的母亲"。其操作步骤如下。

（1）切换到"插入"选项卡，在"页眉和页脚"选项组中单击"页眉"按钮，选择所需的页眉类型。

（2）切换到"设计"选项卡（如图 2-81 所示），选中"选项"选项组中的"奇偶页不同"复选框。

（3）将插入点移到奇数页页眉区域，输入奇数页页眉内容"许倬云问学记"，使文本右对齐，小五号字，如图 2-87 所示。

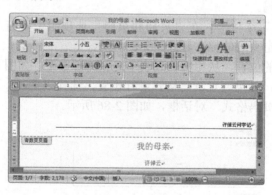

图 2-87　奇数页页眉

（4）再将插入点移到偶数页页眉区域，输入偶数页页眉内容"我的母亲"，使文本左对齐，小五号字，如图 2-88 所示。

用同样的方法，可以设置奇偶页不同的页脚。设置奇偶页不同的页眉和页脚还可以在"页面设置"对话框的"版式"选项卡中，选中"奇偶页不同"复选框，然后进行设置。

对于一般文档来说，首页通常是文档标题的内容，不需要设置页眉和页脚。使文档首页页眉和页脚不同于其他页，可在"设计"选项卡的"选项"选项组中选中"首页不同"复选框。如果首页不设置页眉和页脚，选中"首页不同"复选框后，在首页不输入页眉和页脚。

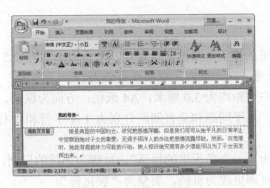

图 2-88 偶数页页眉

2. 插入行号

行号用来标注文档中各行的相对位置，通常出现在页面中行的左侧，如图 2-89 所示。插入行号时，切换到"页面视图"选项卡，在"页面视图"选项组中单击"行号"按钮，从如图 2-90 所示的下拉菜单中选择相应的命令，即可在文档中插入行号。

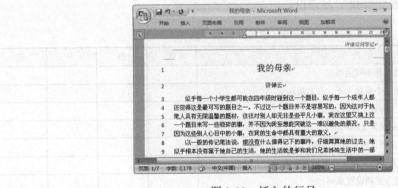

图 2-89 插入的行号

部分选项的含义如下。

- 连续：给文档中各文本行连续编号。
- 每页重编行号：给文档中每一页文本行重新编号。
- 每节重编行号：给文档中每一节文本行重新编号。
- 无：去掉已编排的行号。

如果选择"行编号选项"选项，则打开"页面设置"对话框，并自动切换到"版式"选项卡，单击"行号"按钮，打开"行号"对话框，如图 2-91 所示。其中"行号间隔"表示移动多少行为间隔下一次出现的行号。

图 2-90 "行号"下拉菜单

图 2-91 "行号"对话框

课堂训练

（1）对“一个冬天里的神话”文档，设置上、下页边距均为 2.5 厘米，左、右边距均为 2.8 厘米，16K 纸张，纸张方向为横向，观察设置效果。

（2）调整文档左、右边距均为 3.0 厘米，A4 纸张，方向为纵向，观察设置效果。

（3）设置文档网格，水平间距和垂直间距分别为 1 个字符和 1 行，显示网格中的垂直间距和水平间距均为 1。

（4）设置文档页眉为“一个冬天里的神话”，页脚为当前的日期，页眉和页脚均居中。

（5）将上述设置的页脚更改为页码，类型为“颚化符”。

（6）为文档设置奇偶页不同的页眉和页脚，首页不显示页眉和页脚，奇数页页眉为“冷饮神话”、居左，偶数页页眉为“哈根达斯”。居右；页脚为该页页码，奇数页居左，偶数页居右。

任务评价

根据表 2-8 的内容进行自我学习评价。

表 2-8　学习评价表

评价内容	优	良	中	差
能选择不同的纸张				
能根据纸张大小设置上下、左右边距				
能根据实际要求设置纸张方向				
能设置文档网格				
能为文档设置页眉和页脚				
能为文档设置奇偶页不同的页眉和页脚				
能为文档设置页码				

任务 8　分栏和分页设置

任务背景

小王经常编辑公司内部的宣传报刊，在编排过程中经常需要对内容进行分栏，如图 2-92 所示。对于特殊的页，还需要设置该页的页边距、页眉和页脚等。这就用到文档的分栏、分页及分节设置等。

现代奥运会的起源

真正使复兴奥运会的梦想变为现实的，是法国人皮埃·德·顾拜旦。1963年1月1日，顾拜旦出生于法国巴黎的一贵族家庭。他在法国巴黎大学获得了文学、科学和法学3个学位，却终生与体育结下了不解之缘。1894年6月16日，首次“国际体育教育代表大会”在巴黎索邦大学召开。来自欧美13个国家的79名代表一致通过了决议：复兴古代奥运会，每隔4年举办一次奥运会。顾拜旦为之顽强奋斗多年的理想终于实现了。1894年6月23日，这一天作为国际奥委会的诞生日和奥运会复兴日载入史册。

巴黎大会后，顾拜旦为筹备首届现代奥运会而奔走。经过的努力，首届现代奥运会终于于1896年4月6日在雅典大理石体育场开幕。

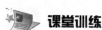

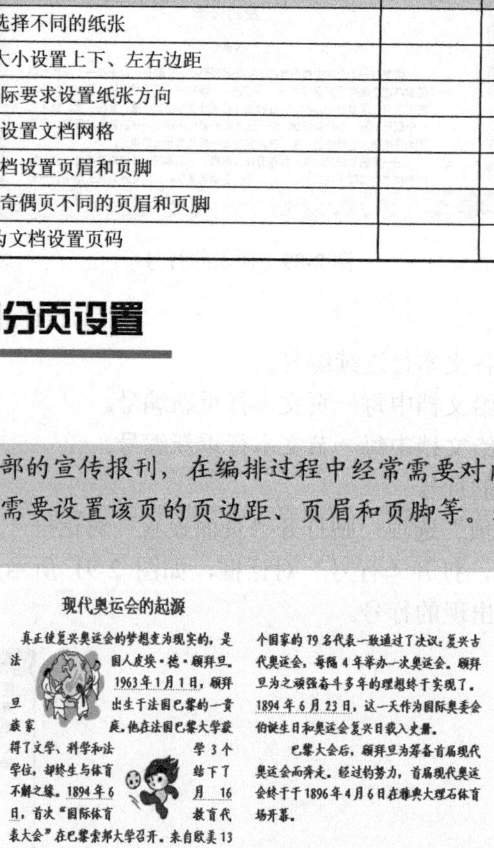

图 2-92　文档分栏

任务实施

操作 1   设置分栏

在报刊杂志中最常见的排版就是将版面进行分栏，有时分成多栏，便于阅读。

例如，将"我的母亲"正文第一自然段分成等宽三栏，并在栏间加分隔线，如图 2-93 所示。其操作步骤如下。

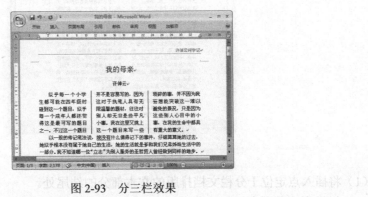

图 2-93   分三栏效果

（1）选中正文第一段文字，切换到"页面布局"选项卡，在"页面设置"选项组中单击"分栏"按钮，选择列表中的"更多分栏"选项，打开"分栏"对话框，如图 2-94 所示。

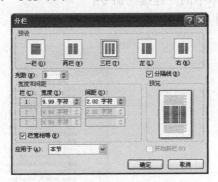

图 2-94   "分栏"对话框

（2）在"预设"栏可以设置要分的栏数及分栏偏左或偏右，选择"三栏"选项，选中"分隔线"复选框，在栏间添加分隔线。

（3）在"宽度和间距"栏可以设置每栏的"栏宽"和"间距"，在"应用于"列表框中可以选择是对所选文档分栏还是对整篇文档分栏。

（4）单击"确定"按钮，完成设置。

另外，通过标尺也可以调整栏宽，方法是将鼠标指针指向标尺上的栏边界，指针变为双向箭头，拖动鼠标可以调整栏宽，不过这种方式设置的栏宽不精确。

提示

分栏只有在页面视图模式下才能显示其效果。

操作 2　平衡栏长

在对文档进行分栏设置时，经常会发生一栏很长而另一栏很短的情况，如图 2-95 所示。在没有文本填充一页时，出现栏间不平衡的布局，此时就需要平衡栏长。

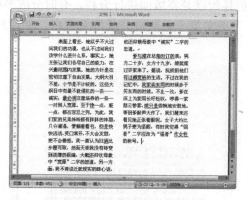

图 2-95　不平衡的栏长

（1）将插入点定位于分栏文档排版的文本部分的结尾处。

（2）切换到"页面布局"选项卡，在"页面设置"选项组中单击"分隔符"按钮，打开"分隔符"下拉菜单，如图 2-96 所示。

（3）选择"分节符"菜单中的"连续"命令。

文本进行多栏排版平衡栏长后的效果如图 2-97 所示。

图 2-96　"分隔符"下拉菜单

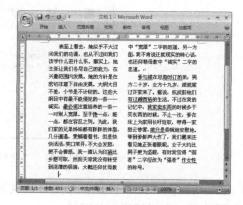

图 2-97　平衡栏长的效果

操作 3　添加分页符

对文档进行页面设置后，文档的行数和每行文本字数也就随之确定。而在排版过程中，为了确保页面内容从新的一页开始，如书籍中开始新的一章，这时可以采用人工分页的方法进行强制分页。不要使用连续按 Enter 键，直到内容出现在下一页，因为这样做不仅非常费时，而且排版很不方便。在"显示/隐藏编辑标记"激活状态下，分页符显示为"—————分页符—————"。

添加分页符时，将插入点置于要分页的位置，然后切换到"页面布局"选项卡，在"页面设置"选项组中单击"分隔符"按钮，从下拉菜单中选择"分页符"命令，如图 2-96 所示，实现人工分页操作，插入点移到下一页的起始位置。

当添加人工分页符后，在修改、删除和增加文本内容时，人工分页符一直处于被插入的位置，不会随内容的增减而变动。

如果要删除人工分页符标记，可将插入点移到分页符标记之后，按 Backspace 键，或将插入点移到分页符标记之前，然后按 Delete 键删除。

提示

人工分页的另外一种快捷的方法是：将插入点置于要成为新的一页内容的开头，然后按 Ctrl+Enter 组合键。

操作 4   添加分节符

在文档排版过程中，有时需要对其中的某些页进行单独设置，例如，书籍中常见的页眉是本章标题名称，而在新的一章开始后，页眉也应随之改变，这时应该在新的章节开始处设置分节，重新设置节后的页眉；整个文档是纵向打印，而其中有一页内容是一个表格，需要横向打印，这时就可以使用分节的方法在这个表格之前和之后的位置插入一个分节符，然后对表格所在的页进行单独的页面设置，将其设置为横向打印，而不影响整个文档，如图 2-98 所示。

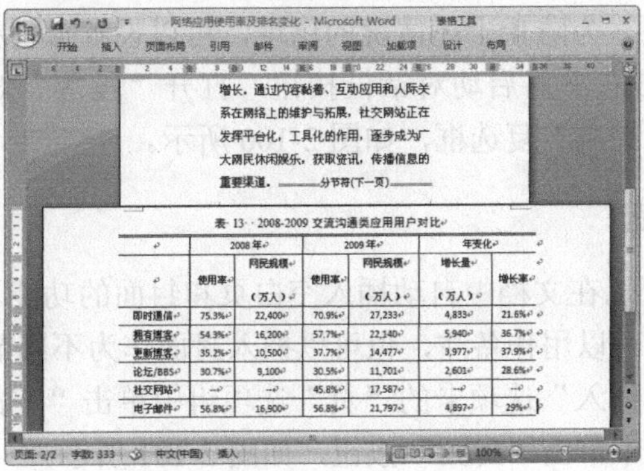

图 2-98   插入分节符的效果

设置分节时，可以先对内容分节，然后再对每一节进行页面设置；也可以先对整个文档进行页面设置，然后再分节。只对分节后的内容进行排版，通常使用后者更为方便。

插入分节符的操作步骤如下：将插入点置于要分节的位置，切换到"页面布局"选项卡，在"页面设置"选项组中单击"分隔符"按钮，打开"分隔符"下拉菜单（如图 2-98 所示）。各选项的含义如下。

- 下一页：插入分节符，生成分页，并从插入分节符后的页开始新的节。
- 连续：插入分节符，不生成分页，在该页上开始新的节。
- 偶数页：插入分节符，生成分页，并从插入分节符后的偶数页开始新的节。
- 奇数页：插入分节符，生成分页，并从插入分节符后的奇数页开始新的节。

如果要对文档中的一段文本进行单独排版设置，需要插入两个分节符，先在该段文本之前插入分节符，然后在该段文本之后插入一个分节符，最后对该段文本进行页面设置，包括设置页边距、调整纸张大小、设置页眉和页脚等。

在文档中插入分节符后，可以切换到"普通视图"方式，查看文档中的分节设置，如图 2-99 所示。

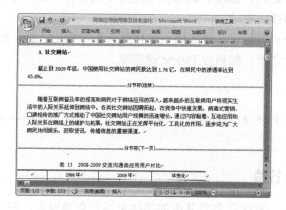

图 2-99　"普通视图"模式查看分节设置

 相关知识

1．孤行控制

孤行是指一个段落的第一行在一页，而其他行在另一页；或者段落的最后一行在下一页，其他部分却在前一页。为防止上述情况的出现，可以设置孤行控制，在"开始"选项卡的"段落"选项组中单击右下角启动对话框按钮，打开"段落"对话框，选择"换行和分页"选项卡，选中"孤行控制"复选框，如图 2-100 所示。

2．插入空白页和封面

Word 2007 提供了可以在文档中自动插入空白页和封面的功能。在编排报告材料时，在不同节之间插入空白页，可以用作备注，也可以插入封面作为不同节的标题。

插入空白页，可在"插入"选项卡的"页"选项组中单击"空白页"按钮；如果要插入封面，可在"页"选项组中单击"封面"按钮，如图 2-101 所示。

图 2-100　设置孤行控制

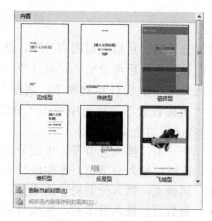

图 2-101　内置封面库

可以向 Word 内置的封面库中添加封面，也可以从中删除不需要或不经常使用的封面。

课堂训练

（1）对"一个冬天里的神话"文档进行分栏设置，第 2 段分为栏宽相等的两栏，中间加分隔线，观察设置效果。

（2）将文档中的第 3 段分为栏宽不等的三栏。

（3）在文档第 4 段后插入分页符，观察设置效果。

（4）将文档第 6 段和第 7 段的纸张方向设置为横向排列，其他内容的纸张设置均为纵向排列。

（5）在文档中添加一个"现代型"的封面。

（6）删除文档中插入的分页符、分节符。

 任务评价

根据表 2-9 的内容进行自我学习评价。

表 2-9　学习评价表

评 价 内 容	优	良	中	差
能根据要求对文档进行等栏宽分栏				
能根据要求对文档进行不相等栏宽分栏				
能进行平衡栏长				
能对文档进行分页				
能对文档中不同的内容进行页面格式设置				
能孤行控制				
能在文档中插入封面和空白页				

任务9　使用样式和模板

 任务背景

小王经常编辑公司内部的宣传报刊等，需要对大量的文字材料进行格式设置等，特别是很多内容需要设置相同的排版格式，如果逐一进行格式设置，比较烦琐。在编排过程中发现使用 Word 提供的样式和模板，可以减少重复的操作，提高工作效率。

任务实施

操作 1　使用样式

在 Word 中快速设置文字或段落的格式有两种方法，一种是用格式刷，另一种是套用样式，套用样式的方法效率更高，修改更方便。样式是系统自带的或由用户自定义的一系列排版格式的综合，包括字体、段落、制表位、边距等。使用样式可以帮助用户确保格式编排的一致性，不需要重新设置文本格式。

1．应用样式

应用样式时，选中要应用样式的文本或段落，将光标移入此段的任何位置，在"开始"选项卡的"样式"选项组中，单击所需的样式。如果要查看其他的样式，则单击"其他"按钮，打开样式库，如图 2-102 所示。将鼠标指针放置在某一种样式上，可以看到所选文本应用了特定样式的外观。如果要设置为标题样式，则单击样式库中的"标题"样式。

使用样式的另外一种方法是在"样式"选项组中单击"样式"启动器按钮，打开"样式"任务窗格，如图 2-103 所示。当鼠标放置在某一种样式上时，将显示该样式详细的设置格式。

图 2-102　样式库

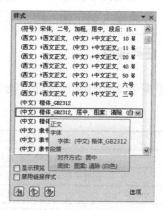

图 2-103　"样式"任务窗格

图 2-104 给出了同一文本应用了不同的标题样式效果示例。

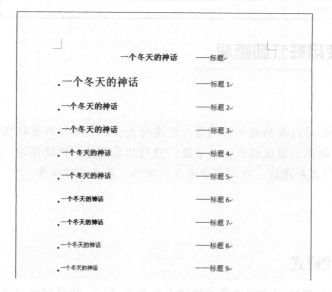

图 2-104　应用不同的标题样式示例

图 2-105 给出了应用不同样式的文本效果示例。

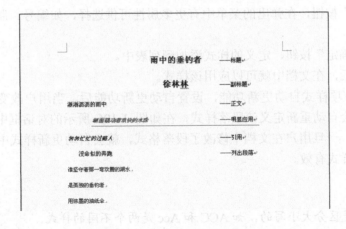

图 2-105 应用不同样式示例

2. 定义样式

样式分为内置样式和自定义样式，内置样式是 Word 本身所提供的样式，自定义样式是用户将常用的格式定义为样式。如果 Word 内置的样式不能满足要求，可以自己定义样式。

（1）在"样式"选项组中单击"样式"启动器按钮，打开"样式"任务窗格，如图 2-103 所示。

（2）在该任务窗格中单击"新建样式"按钮[41]，出现"根据样式设置创建新样式"对话框，如图 2-106 所示。在"名称"文本框中定义样式名称，如"New 样式 1"；在"样式类型"下拉列表框中可以选择"段落"、"字符"、"链接段落和字符"、"表格"和"列表"；在"样式基准"下拉列表框中选择一种以 Word 预定义的样式作为新建样式的基础；在"后续段落样式"下拉列表框中用于决定下一段落选取的样式，这一选项仅适用于样式，不适用于字符，默认为新建的样式。

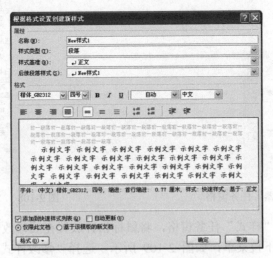

图 2-106 "根据样式设置创建新样式"对话框

在"格式"选项区域，从最常用的格式属性中选择一种格式属性，如选择"楷体_GB2312"、四号字。

单击"格式"按钮，在弹出的菜单中有更多属性可供选择，如编号、制表位、边框、快捷键等。

（3）单击"确定"按钮，定义的样式添加到列表中。

自定义样式后，在文档中就可以应用该样式。

Word 还有一项样式自动更新功能，设置自动更新功能后，当用户改变了段落样式的使用方式时，系统会自动重新定义该段落样式，在如图 1-106 所示的对话框中，选中"自动更新"复选框即可，一旦用户在文档中修改了段落格式，就会自动更新样式中的格式。自动更新功能只对段落样式有效。

提示

样式的命名是区分大小写的，如 ACC 和 Acc 是两个不同的样式。

3. 修改样式

当需要修改格式时，使用样式的优点就显示出来了。当重新定义选择样式的格式时，Word 将自动修改使用了这个样式的所有段落。新样式一般都是基于普通样式的，如果要修改一个样式，基于这个样式的所有样式都将相应改变。

在修改样式之前，用户需要先了解样式的格式，方法是将插入点置于要查看样式格式的段落，或选中要查看格式的字符，打开"样式"任务窗格（如图 2-103 所示），单击"样式检查器"按钮，打开"样式检查器"任务窗格，如图 2-107 所示。在该任务窗格中单击"显示格式"按钮，打开如图 2-108 所示的"显示格式"任务窗格，可以查看当前段落的字体和段落格式设置。

图 2-107　"样式检查器"任务窗格　　　　　图 2-108　"显示格式"任务窗格

修改样式时，打开"样式"任务窗格，将鼠标指针放置在要修改的样式名称上，单击右侧的下三角按钮，弹出下拉菜单，如图 2-109 所示。选择"修改样式"选项，打开"修改样式"对话框，如图 2-110 所示，修改选定样式的属性和格式，最后单击"确定"按钮。

样式修改后，Word 不仅采用修改后的样式排版以后选定的文本，而且还对以前所应用该样式的文本重新加以修改。

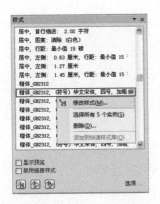

图 2-109　"样式"任务窗格

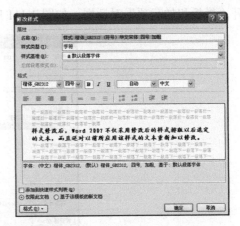

图 2-110　"修改样式"对话框

4．删除样式

　　用户还可以删除列表中不再需要的样式。一旦删除了样式，应用了这个样式的所有段落将回复到默认的普通样式。Word 的内置样式无法删除。在删除样式之前，可以在菜单中核实这个样式，以确保文档中没有文本应用此样式。如果无法确定是否删除这个样式，但不希望使用这个样式，可以考虑使用清除格式特性，文本将恢复到普通样式，但这个样式依旧存在，当需要时可以再次应用这个样式。

操作 2　使用模板

　　模板是一种特殊类型的文档，每当用户打开 Word 或者单击 Word 的"新建"按钮时，系统都会自动新建一个空白文档，这时实际上已经启用了模板，这个模板是由 Word 自动提供的，默认的情况下的保存位置是"C:\Documents and Settings***\Application Data\Microsoft\Templates\"，其中，***表示用户名，模板的文件名为 Normal.dotx。

提示

　　Word 97-2003 模板文件的扩展名为.dot，Word 2007 模板文件的扩展名为.dotx，启用宏的 Word 模板文件的扩展名为.dotm。

　　如果当初安装时没有采用默认安装，那么可以通过如下的方法找到模板的位置：单击"Office 按钮"图标，在弹出菜单中选择"Word 选项"选项，然后在"Word 选项"对话框的左侧选择"信任中心"选项，并单击右侧的"信任中心设置"按钮，打开"信任中心"对话框，再选择该对话框左侧的"受信任位置"选项，然后在右侧的列表中可以看到用户默认模板的存放位置。

1．应用模板

　　用户在排版时，要求按照一定的格式进行排版，如编排试卷等，这时最好统一使用模板。这样可以在不同的文档中应用相同的格式，以保证格式的统一。

　　（1）单击"Office 按钮"图标，选择"Word 选项"选项，打开"Word 选项"对话框，选择"加载项"选项，在"管理"下拉列表框中选择"模板"选项，再单击"转到"按钮，打开"模板和加载项"对话框，如图 2-111 所示。

图 2-111　　"模板和加载项"对话框

在该对话框的"文档模板"文本框中显示当前文档使用的模板。在"共用模板及加载项"选项组的"所选项目当前已经加载"列表框中，显示已经加载的模板。

（2）单击"选用"按钮，打开"选用模板"对话框，选择需要的模板，单击"确定"按钮，返回"模板和加载项"对话框，在"文档模板"文本框中将会显示添加的模板文件名和路径。

（3）选中"自动更新文档样式"复选框，以便应用模板后，在新模板中的样式格式会自动替换文档中原有的样式格式，最后单击"确定"按钮。

上述操作就可以将模板应用到文档中，此时如果文档已应用过样式，那么新模板中的样式格式将替换原有样式格式。

2．创建模板

如果用户需要自己创建模板，其操作步骤如下。

（1）打开要保存为模板的文档，对文档中的文字、段落等进行相应的格式设置。

（2）单击"Office 按钮"图标，选择"另存为"列表中的"Word 模板"命令，打开"另存为"对话框，如图 2-112 所示。

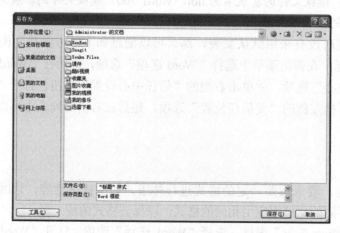

图 2-112　　"另存为"对话框

（3）在"文件名"框中输入新建模板的名称，在"保存位置"下拉列表框中选择模板文件保存的位置，单击"保存"按钮。

这样就创建了一个新的模板，创建的新模板即可应用到文档中。

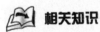 **相关知识**

目录是书籍中常见的一部分内容，它列出了书中的各个级别标题以及每个标题所在的页码，通过目录可以很快找到文档所对应的内容。

1．创建目录

在 Word 2007 中编制目录常用的方法是使用大纲级别格式或标题样式。因此，在创建目录之前，应先将预定义的标题样式应用到要出现在目录中的标题上。在建立目录时，Word 2007 会搜索带有指定样式的标题，参考页码顺序并按照标题级别排列，然后在文档中显示目录。

例如，使用 Word 预定义标题样式，给一篇调研报告创建目录，如图 2-113 所示。

图 2-113　应用标题样式创建的目录

（1）将 Word 预定义标题样式应用到文档中并出现在目录的标题上，如设置"第五章　网络应用行为"为"标题 1"样式，"一、网民网络应用行为"为"标题 2"样式，"（一）信息获取"为"标题 3"样式，如图 2-114 所示，其他标题样式按相应级别设置。

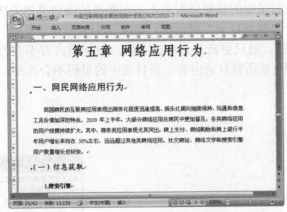

图 2-114　应用标题样式

（2）将插入点定位到要建立目录的位置，通常是文档的最前面。

（3）在"引用"选项卡的"目录"选项组中，单击"目录"按钮，弹出"目录"下拉菜单，选择"插入目录"选项，打开"目录"对话框，如图 2-115 所示。

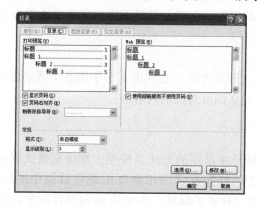

图 2-115　　"目录"对话框

（4）选中"显示页码"复选框，则在抽取出来的目录中含有页码；在"格式"下拉列表框中选择一种目录格式，在"显示级别"微调框中输入或者选择一种显示级别。显示级别是指在目录中从最高级别开始显示的级别数，如选择显示级别为 3，那么在目录中只显示"标题 1"、"标题 2"和"标题 3"三个级别的标题。

（5）设置各选项后，单击"确定"按钮。Word 就在指定位置上建立了目录（如图 2-113 所示）。

目录中的页码是由 Word 自动确定的，而且在建立目录后，还可以利用它快速确定文档内容所在位置。将光标移到目录的页码上，会看到光标变成了小手形状，单击鼠标即可跳转到文档中的相应标题处。

2．更新目录

在创建目录后，如果文档内容发生了变化，如更改了标题、增加或减少了标题所在页的文本内容，这时需要更新目录，使目录与标题保持一致。

创建目录后，如果要更改目录的格式或显示标题级别数，可以再执行一遍创建目录操作，重新选择格式、显示级别等。当文档内容发生变化后，这时需要更新目录，除了可以重新创建目录外，还可在目录中的任意位置右击，在弹出的快捷菜单中选择"更新域"选项，如图 2-116 所示，打开"更新目录"对话框，如图 2-117 所示。选择一种更新方式，若选中"只更新页码"单选按钮，则只更新目录中的页码，而标题内容不会改变；若选中"更新整个目录"单选按钮，则更新所有目录内容，而目录中的页码不会改变。

图 2-116　　"更新域"选项

图 2-117　　"更新目录"对话框

提示

更新目录的另一种方法是：单击目录中的任意位置，然后按 F9 键，弹出如图 2-119 所示的对话框，选中"只更新页码"或"更新整个目录"单选按钮。

课堂训练

（1）建立一个名称为"My 样式 1"的标题样式，具体设置如图 2-118 所示，并设置段前和段后间距为 6 磅，选中"基于该模板的新文档"单选按钮，保存该样式，其中字体和段落格式可单击该对话框中的"格式"按钮进行设置。

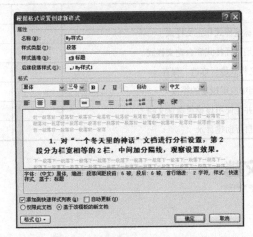

图 2-118　创建"My 样式 1"

（2）建立一个名称为"My 样式 2"的正文样式，具体设置如图 2-119 所示，并设置段前和段后间距为 1 行，选中"基于该模板的新文档"单选按钮，保存该样式。

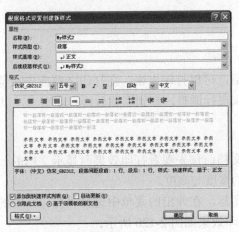

图 2-119　创建"My 样式 2"

（3）新建一个文档，将标题应用"My 样式 1"标题样式，正文应用"My 样式 2"正文样式。

（4）新建或下载一篇科普文章，对文档进行格式设置，将标题应用"My 样式 1"标题样式，其他节的标题根据级别分别应用"标题 2"、"标题 3"和"标题 4"，正文应用

"My 样式 2" 正文样式。

　　（5）在上题文档的前面自动创建一个目录。

　　（6）在文档中应用指定的模板。

　　（7）自行创建一个模板，并将该模板应用于文档中。

 任务评价

　　根据表 2-10 的内容进行自我学习评价。

表 2-10　学习评价表

评 价 内 容	优	良	中	差
能自定义标题样式和正文样式				
能在文档中应用内置样式和自定义样式				
能对自定义样式进行修改、保存				
能在文档中应用指定的模板				
能创建模板，并能使用该模板新建文档				
能自行创建目录				

任务 10　打印文档

 任务背景

　　小王在公司内经常需要把拟订好的通知、编辑过的宣传报刊等打印出来，而有时要根据文稿的不同，选择不同的打印纸张和份数等，这就需要在打印时进行设置。

 任务实施

操作 1　打印预览

　　文档编辑并设置版面后，可以打印出来，在打印之前应先预览一下打印的整体效果，如果效果不满意，还可以再次进行调整，直到满意后再打印出来，以免浪费纸张。

1．打印预览

　　打印预览是指在打印文档前预先观看打印效果而显示文档的一种视图。在打印预览状态下可以查看页边距、页面的宽度与高度。

　　单击"Office 按钮"图标，在弹出的菜单中选择"打印"中的"打印预览"选项，打开"打印预览"窗口，预览打印效果如图 2-120 所示。

　　在此窗口中单击"打印"按钮可以进行文档打印操作，还可以设置页边距、纸张方向、打印纸张尺寸的大小，以及显示比例、单页或双页预览、显示标尺等。

2．在打印预览中编辑文本

　　在打印预览时如果对文档的效果不满意，可以切换到原来的视图编辑文档，也可以在打印预览视图中直接编辑文档。在打印预览中编辑文档，可单击打印预览窗口工具栏中的"100%"显示比例按钮，移动光标到文档窗口直接进行修改。

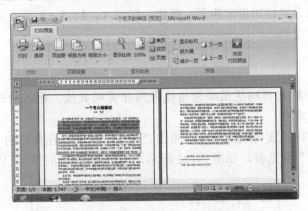

图 2-120　文档打印预览效果

3. 缩至整页

打印文档时，如果在最后一页只有少量的文字，可以在"预览"选项组中单击"减少一页"按钮，Word 会通过减小字号来使最后一页的少量文字置于前页中，而不会对其余的页产生较大影响。

操作 2　打印文档

1. 打印文档

打印文档前（确保打印机已与计算机相连接），应检查文档没有明显的错误即可打印。单击"Office 按钮"图标，在弹出的菜单中选择"打印"中的"打印"选项，打开"打印"对话框，如图 2-121 所示。

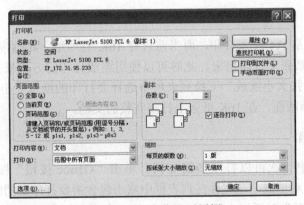

图 2-121　"打印"对话框

部分选项的含义如下。

● 份数：在"份数"文本框中可以设置打印的份数。
● 逐份打印：选中该复选框，当打印多份文档时，在打印完一份之后，再打印下一份，否则，先将文档的第 1 页打印指定的份数，再打印第 2 页、第 3 页等。

● 页码范围：在该选项组中可以设置打印整篇文档，也可以设置打印光标所在的当前页，还可以设置打印指定的页，例如，打印 1、3、5～8 页，可以输入 1,3,5-8。该项操作经常用到。

 提示

在打印多页时，输入页码范围必须用逗号隔开页码数值，输入的逗号必须是半角。此外，输入的页码必须准确。

现在很多激光打印机支持双面打印，单击"属性"按钮，在弹出的"打印机属性"对话框中选中"双面打印"复选框，如图 2-122 所示，可以实现双面打印，从而节约纸张。

图 2-122　"打印机属性"对话框

最后单击"确定"按钮开始打印。

2．缩放打印

如果设置的文档是 A4 纸张打印，而当前只有 16K 打印纸，此时按 100%打印的话，文档不能完全在 16K 纸张上打印出来。此时可以使用缩放打印的方式来完成，方法是在"打印"对话框的"按纸张大小缩放"下拉列表框中选择要打印的纸张大小，如果选择 16K 选项，Word 会自动压缩版面，在 16K 纸张上打印完整的文档。

3．打印多篇文档

在 Word 2007 中一次可以打印多篇文档。单击"Office 按钮"图标，选择"打开"选项，打开"打开"对话框，在文件夹列表框中双击包含需要打印文档的文件夹，选择要打印的文档，单击"打开"对话框中的"工具"按钮，在弹出的菜单中选择"打印"选项。

完成上述操作后，Word 就会打印被选中的文档。

 提示

一次打印多篇文档的另一种快捷方法是：选中要打印的多篇 Word 文档，再在其中一篇文档上右击，从快捷菜单中选择"打印"选项，此时，被选中的文档一次打印出来。

4. 取消打印

在打印时如果发现文档存在错误，要终止打印，可以按 Esc 键即可取消正在进行的打印操作，或在打印时双击 Windows 任务栏中的打印机图标，在弹出的窗口中选择要取消的打印文档。

相关知识

如果打印机支持信封打印，可以创建并打印信封。创建信封时，可以在"邮件"选项卡的"创建"选项组中单击"中文信封"按钮，打开"信封制作向导"对话框，如图 2-123 所示。单击"下一步"按钮，按照向导的提示制作信封。

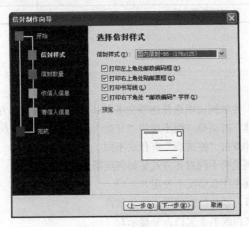

图 2-123　"信封制作向导"对话框

输入收信人和寄件人的信息后，向导自动新建一个信封文档，如图 2-124 所示。

图 2-124　生成的信封

课堂训练

（1）将自己编辑好的文档进行打印预览。

（2）在打印预览窗口中设置页边距、选择纸张打印方向，以及打印纸张尺寸的大小。

（3）有条件的话，在打印纸上打印整个文档。

（4）打印指定页和指定打印份数。

任务评价

根据表 2-11 的内容进行自我学习评价。

表 2-11　学习评价表

评 价 内 容	优	良	中	差
能打印预览文档				
能在打印预览窗口中设置页边距、选择纸张打印方向，以及打印纸张尺寸的大小等				
能打印整篇文档				
能打印文档的指定页和指定份数				
能缩放打印文档				
能一次打印多篇文档				

思考与练习

一、思考题

1．为什么需要选择文本？并举例说明选择连续文本和非连续文本的操作方法。
2．什么情况下使用“字体”对话框，而不使用“开始”选项卡和“字体快捷键工具栏”中的操作。
3．使用格式刷时，单击和双击“格式刷”有什么不同？
4．什么是文本对齐？举例说明不同对齐方式是如何应用的？
5．缩进有哪些类型，分别在什么情况下使用？
6．解释各种不同的分节符，以及如何使用这些分节符。
7．举例说明如何将一个文档或多个文档拆分显示？
8．横向显示和纵向显示有什么区别？
9．为什么要使用样式？
10．为什么有时需要清除样式而不直接删除样式？
11．什么时候需要插入分栏符与分页符？
12．为什么在打印之前要先进行打印预览？

二、操作题

将如图 2-125 所示的文本，根据如下要求进行编辑排版。

巷
柯灵
巷，是城市建筑艺术中一篇飘逸恬静的散文，一幅古雅冲淡的图画。
这种巷，常在江南的小城市中，有如古代的少女，躲在僻静的深闺，轻易不肯抛头露面。你要在这种城市里住久了，和它真正成了莫逆，你才有机会看见她，接触到她优娴贞静的风度。它不是乡村的陋巷，湫隘破败，泥泞坎坷，杂草乱生，两旁还排列着错落的粪缸。它也不是上海的里弄，鳞次栉比的人家，拥挤得喘不过气；小贩憧憧来往，黝黯的小门边，不时走出一些趿着拖鞋的女子，头发乱似临风飞舞的秋蓬，眼睛里网满红丝，脸上残留着不调和的隔夜脂粉，颓然地走到老虎灶上去提水。也不像北地的胡同，满目尘土，风起处刮着弥天的黄沙。
这种小巷，隔绝了市廛的红尘，却又不是乡村风味。它又深又长，一个人耐心静静走去，要老半天才走完。它又这么曲折，你望着前面，好像已经堵塞了，可是走了过去，一转弯，依然是巷陌深深，而且更加幽静。那里常是寂寂的，寂寂的，不论什么时候，你向巷中觑去，都如宁静的黄昏，可以清晰地听到自己的足音。不高不矮的围墙挡在两边，斑斑驳驳的苔痕，墙上挂着一串串苍翠欲滴的藤萝，简直像古朴的屏风。墙里常是人家的竹园，修竹森森，天籁细细；春来时还常有几枝娇艳的桃花杏花，娉娉婷婷，从墙头殷勤地摇曳红袖，向行人招手。
小巷的动人处就是它无比的悠闲。无论谁，只要你到巷里去踯躅一会，你的心情就会如巷尾不波的古井，那是一种和平的静穆，而不是阴森和肃杀。它闹中取静，别有天地，仍是人间。它可能是一条现代的乌衣巷，家家有自己的一本哀乐帐，一部兴衰史，可是重门叠户，讳莫如深，夕阳影里，野草闲花，燕子低飞，寻觅旧家。

图 2-125　“巷”文档排版前

1．设置页面上、下边距均为 2.5 厘米，左、右边距均为 3.2 厘米，A4 纸张。

2．设置标题“巷”为黑体、二号、蓝色字体、居中，段后间距为 0.5 行。

3．给标题“巷”标注拼音，并添加横线。

4．设置作者“柯灵”为宋体、五号、深蓝色字体、居中，段后间距为 0.5 行。

5．设置正文为仿宋_GB2312、小四号，1.5 倍行距，首行缩进 0.74 厘米。

6．设置正文第 1 段首字下沉两行，并将“飘逸恬静”和“古雅冲淡”添加底纹。

7．给正文第 2 段设置段落底纹、颜色为水绿色。

8．将正文第 2 段分为栏宽相等的两栏。

9．给正文第 3 段添加段落边框，并给第 1 句添加下划线。

10．设置奇数页页眉为“巷·柯灵”，偶数页页眉为“柯灵散文”。

排版后的效果如图 2-126 所示。

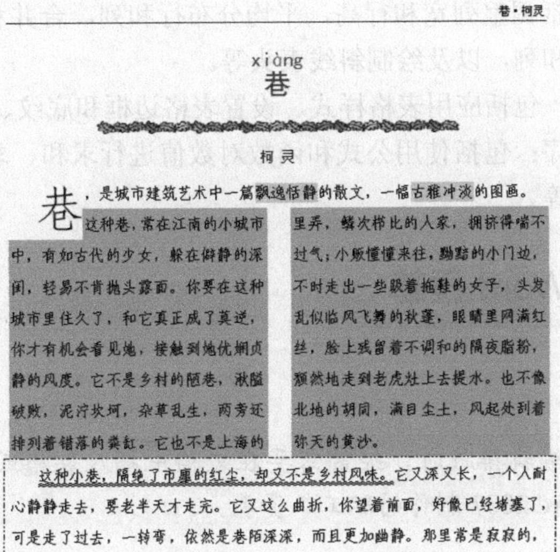

巷·柯灵

xiàng
巷

柯灵

巷，是城市建筑艺术中一篇飘逸恬静的散文，一幅古雅冲淡的图画。

这种巷，常在江南的小城市中，有如古代的少女，躲在僻静的深闺，轻易不肯抛头露面。你要在这种城市里住久了，和它真正成了莫逆，你才有机会看见她，接触到她优娴贞静的风度。它不是乡村的陋巷，湫隘破败，泥泞坎坷，杂草乱生，两旁还排列着错落的粪缸。它也不是上海的里弄，鳞次栉比的人家，拥挤得喘不过气；小贩憧憧来往，黝黯的小门边，不时走出一些趿着拖鞋的女子，头发乱似临风飞舞的秋蓬，眼睛里网满红丝，脸上残留着不调和的隔夜脂粉，颓然地走到老虎灶上去提水。也不像北地的胡同，满目尘土，风起处刮着弥天的黄沙。

这种小巷，隔绝了市廛的红尘，却又不是乡村风味。它又深又长，一个人耐心静静走去，要老半天才走完。它又这么曲折，你望着前面，好像已经堵塞了，可是走了过去，一转弯，依然是巷陌深深，而且更加幽静。那里常是寂寂的，

图 2-126 “巷”散文排版后

第3章 Word 表格处理

本章主要学习 Word 2007 文档中表格的创建、绘制，设置表格属性，数据计算和排序，如何与文档中的文本对齐，如何格式化表格等。完成本章学习后，应该掌握以下内容。

- 创建表格：包括创建规则的表格、手工绘制表格、在表格中输入数据、设置表格中文本的对齐方式等。
- 编辑表格：包括调整列宽和行高，平均分布行和列，合并和拆分单元格，插入和删除单元格、行和列，以及绘制斜线表头等。
- 设置表格格式：包括应用表格样式、设置表格边框和底纹、设置表格对齐方式等。
- 数据计算和排序：包括使用公式和函数对数值进行求和、求平均值等运算，以及对数据进行排序等。

任务 1 创建 Word 表格

任务背景

在使用 Word 进行编辑排版时，经常需要在文档中插入表格或使用 Word 制作表格，表 3-1 是该公司利用 Word 2007 制作的职工工资表。

表 3-1 公司职工工资表

姓名	基本工资	奖金	补助	实发工资
马东明	2235	1380	200	
张 浩	2240	1800	300	
王 清	2235	1500	300	
刘 平	3100	1320	200	
李思云	2100	2400	200	
刘明清	3000	1400	300	
赵伟东	3000	2000	500	

任务分析

一般而言，表格可以分为标准的二维表格和复杂的自定义表格。二维表格的创建是非常简单的，而自定义表格则是在标准的二维表格基础上进行修改加工。本任务包括创建一张标准二维表格、在表格中输入文字并设置格式。

任务实施

创建表格有多种方法：通过"表格"选项组快速插入表格、使用菜单命令插入表格、手动绘制表格等。

操作 1　创建表格

1. 创建规则表格

在文档中插入表格时，首先要确定表格插入的位置，并将插入点移到该处。表 3-1 是一个 8 行 5 列的列等宽、行等高的规则表格。

（1）在文档中输入表格文字标题"表 3-1 公司职工工资表"，也可以在插入表格后再输入标题文本。

（2）切换到"插入"选项卡，在"表格"选项组中单击"表格"按钮，将鼠标指针指向"插入表格"下拉网格，向下拖动鼠标，选中所需的行、列数，如 8 行 5 列，如图 3-1 所示。

（3）确定所需的行和列后，单击鼠标，在文档中插入了一个空白的规则表格，如图 3-2 所示。

图 3-1　插入 8 行 5 列的规则表格

图 3-2　插入的 8 行 5 列空白表格

（4）插入表格后，可以在表格中输入文字和数据。

2. 使用"插入表格"对话框插入表格

（1）将插入点移到要插入表格的位置，在"表格"选项组中单击"表格"按钮，在下拉菜单中选择"插入表格"选项，打开"插入表格"对话框，如图 3-3 所示。

提示

在"插入表格"对话框中，列数最多可设置 63 列，行数最多可设置 32767 行。

（2）在"插入表格"对话框中，输入表格的列数、行数及列宽，然后单击"确定"按钮即可。

图 3-3　"插入表格"对话框

"插入表格"对话框中各选项的含义如下。

● 表格尺寸：在文本框中直接输入或使用微调按钮来设定行或列的数目。

● "自动调整"操作：选择所期望单元格自动调整形式的选项。

● 为新表格记忆此尺寸：如果要将某次的设置作为默认值，用于以后所有新表格的创建，可以通过选中此复选框来实现。当表格创建之后，还可以按照需要调整任意行列的宽度或高度。

3．手工绘制表格

在 Word 2007 中还可以手工绘制表格，特别是不规则的表格。方法是利用 Word 的"绘制表格"的功能，首先画出一个规则的表格，添加必要表格线，对于多余的表格线，使用"擦除"按钮将其删除。

例如，绘制如图 3-4 所示的表格。

图 3-4　绘制表格

操作步骤如下：

（1）将插入点移到要插入表格的位置，在"表格"选项组中单击"表格"按钮，在下拉菜单中选择"绘制表格"选项，这时指针变为铅笔状 ✐。

（2）在要绘制表格的外边界，按下并拖动鼠标，先绘制一个矩形，如图 3-5 所示。

（3）再按下鼠标左键，在该矩形内拖动绘制行线和列线，如图 3-6 所示，绘制后的表格如图 3-7 所示。

图 3-5　绘制表格边框

图 3-6　添加行线和列线

（4）切换到"设计"选项卡，按下"擦除"按钮，使鼠标指针变成橡皮的形状 ✐，将其指向表内要擦除的线上，单击鼠标，则该表线被删除，绘制的表格如图 3-8 所示。

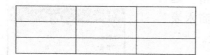

图 3-7　绘制的规则表格

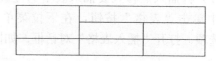

图 3-8　擦除表线的表格

（5）单击表格中的任意单元格，在"设计"选项卡中单击"绘制表格"按钮，在第一个单元格斜线的起点按下鼠标左键，拖动到对角放开鼠标，画出对角线。

（6）在表格以外的任意位置单击鼠标，完成绘制表格。

操作 2　在表格中输入文字

1．选择表格中的文本

在表格中输入文字前，首先选中要输入文字的单元格，选中单元格，也就选择了其中的内容。选择表格及其单元格的方法很多，具体操作方法如下。

（1）选择单元格：将鼠标指针移至单元格的左端内侧，当鼠标指针变为向右上斜指的箭头 ▮ 时单击。

（2）选择一行：将鼠标指针移至该行的左端外侧，当鼠标指针变为向右上斜指的箭头 ∅ 时单击。

（3）选择一列：将鼠标指针移至该列顶端，当鼠标指针变为向下的黑箭头 ↓ 时单击，如图 3-9 所示。

（4）连续多个单元格：在要选择单元格的行或列上拖动鼠标；或者先选择某个单元格、行或列，然后按下 Shift 键的同时单击其他单元格、行或列。

（5）选择不连续多个单元格：先选择某个单元格、行或列，然后按下 Ctrl 键的同时单击其他单元格、行或列，如图 3-10 所示。

（6）选择整个表格：单击表格左上角的 ⊞ 标记来选择整个表格。

表 3-1　公司职工工资表

姓名	基本工资	奖金	补助	实发工资
马东明	2235	1380	200	
张 浩	2240	1800	300	
王 清	2235	1500	300	
刘 平	3100	1320	200	
李思云	2100	2400	200	
刘明清	3000	1400	300	
赵伟东	3000	2000	500	

图 3-9　选择一列

表 3-1　公司职工工资表

姓名	基本工资	奖金	补助	实发工资
马东明	2235	1380	200	
张 浩	2240	1800	300	
王 清	2235	1500	300	
刘 平	3100	1320	200	
李思云	2100	2400	200	
刘明清	3000	1400	300	
赵伟东	3000	2000	500	

图 3-10　选择不连续多个单元格

另外，还可以使用菜单命令方式，先将插入点置于表格之中，然后切换到"布局"选项卡，在"表"选项组单击"选择"按钮，打开如图 3-11 所示的下拉菜单，可以选择单元格、列、行及整个表格。

- 选择单元格(L)
- 选择列(C)
- 选择行(R)
- 选择表格(T)

图 3-11　选择表格菜单

2．在表格中输入文本

在表格中输入文本与在正文文档中输入文本的方法基本相同。不同的是，表格中文本的输入是以单元格为单位的，各单元格之间相互独立，互不干扰。在输入过程中文本达到单元格边界时，就会自动换行，如果超出单元格的行高，则与该单元格处于同一行的其他单元格的行高同时增加；如果要换行，则按 Enter 键，但也只是在一个单元格内开始一个新的段落。

例如，将插入点定位到第 1 个单元格，输入"姓名"，按 Tab 键，插入点移到该行的下一个单元格，继续输入"基本工资"。如果当前单元格是该行的最后一个单元格，则按 Tab 键，插入点移到下一行的第 1 个单元格。

如果要在任意单元格中输入文本，可以直接将插入点定位到该单元格，然后输入文本。直至输入整个表格的内容。

操作 3　设置表格中文本格式

设置表格中文本格式的方法与设置正文文档格式方法基本相同，先选中要设置文本格式的单元格、行或列，甚至整个表格，然后切换到"开始"选项卡的"字体"选项组中，选择字体和字号、颜色等。

（1）选中表 3-1 的标题"表 3-1 公司职工工资表"，设置为黑体、小五号、居中。

（2）单击表左上角的 ⊞ 标记来选择整个表格，切换到"开始"选项卡的"段落"选项组，单击"居中"按钮 ▤，使整个表格居于文档中间位置。

（3）选中整个表格，将表格中所有的文本设置为宋体、小五号，表格标题加粗。

（4）选中整个表格单元格，单击"段落"选项组中的"居中"按钮 ▤，将表格中的所有文本居中显示。

最后，保存该工资表。至此，已完成表 3-1 的创建。

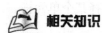 **相关知识**

1. 使用 Word 表格

Word 表格特性与 Excel 电子表格非常相似，也是利用单元格、行和列来排列文本和图形。在 Word 文档中可以插入 Excel 电子表格，然后调整列的宽度或表框；也可以在 Excel 工作表中插入 Word 中创建的表格，Excel 将它们作为普通的电子表格进行数据处理。

（1）在创建表格之前，应先设计表格总体的外观和布局。文本输入之后，再调整单元格的尺寸。

（2）表格中的每一条水平线称为一行，由上至下被连续计数，如 1、2、3 等；每一条垂直线称为一列，从左到右按字母顺序排列，如 A、B、C 等。

（3）行与列交叉区域称为一个单元格，因此，操作一个表格，就是在操作表格中的单元格。可以通过列字母和行号来引用这些单元格。如 C2 表示位于第 3 列第 2 行的单元格，称为单元格地址。

（4）在一个单元格中输入多行文本时，单元格的高度会自动增加；如果输入的文本宽度大于单元格的列宽度，文本将自动换行。

（5）相邻的单元格可以横向或纵向合并。

（6）表格是以加载默认的方式创建的，可以在通过拖动 ⊞ 标记将它移动到文档中的其他位置。

2. 使用表格模板创建表格

Word 2007 内置了一些表格模板，用户如果创建的表格与一种模板类似，可以使用该模板，快速创建表格。

（1）将插入点移到要插入表格的位置，在"表格"选项组中单击"表格"按钮，在下拉菜单中选择"快速表格"命令。

（2）在"快速表格"菜单中选择一种表格模板，如图 3-12 所示，即可在文档中插入一个表格。

（3）选择"矩阵"表格模板创建的表格如图 3-13 所示。

（4）最后再调整表格及单元格格式，输入相应的表格数据。

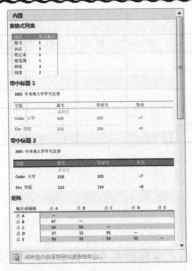

图 3-12　内置的表格模板

城市或城镇	点 A	点 B	点 C	点 D	点 E
点 A	—				
点 B	87	—			
点 C	64	56	—		
点 D	37	32	91	—	
点 E	93	35	54	43	—

图 3-13　"矩阵"式表格

  课堂训练

（1）创建一个班级同学通讯录表格，如图 3-14 所示。

班级同学通讯录

姓名	性别	出生日期	家庭住址	联系电话	QQ

图 3-14　通讯录表格

（2）设置表格标题"班级同学通讯录"为黑体、五号字、居中。

（3）输入表格标题，并设置为宋体、小五号、加粗居中。

（4）在表格中输入同学信息，并保存为"同学通讯录"文档。

（5）手工绘制一个如图 3-15 所示的表格。

图 3-15　绘制的表格

（6）手工绘制一个班级课程表。

  任务评价

根据表 3-2 的内容进行自我学习评价。

表 3-2　学习评价表

评 价 内 容	优	良	中	差
能创建规则的表格				
能通过"插入表格"创建表格				
能手工绘制表格				
能熟练选择单元格、行、列、整个表格				
能在表格中输入文本，并对文本进行设置				

任务 2　编辑表格

 任务背景

　　无论是创建的规范表格还是绘制的表格，往往不能满足实际的需要，例如，将表 3-1 所示的公司职工工资表，通过插入行、列和合并单元格后变为如图 3-16 所示的工资表，这就需要对表格进行编辑。

公司职工工资表

	姓名	基本工资	奖金	补助	实发工资
设计部	马东明	2235	1380	200	
	张　浩	2240	1800	300	
	王　清	2235	1500	300	
营销部	刘　平	3100	1320	200	
	李思云	2100	2400	200	
	刘明清	3000	1400	300	
	赵伟东	3000	2000	500	
合　计					

图 3-16　编辑后的表格

 任务分析

　　编辑表格，主要是指调整表格的大小、位置，在表格中插入行或列，将一个表格拆分成两个或更多的表格等操作。图 3-16 是在表 3-1 的基础上，在最后一行的位置上插入一行、在左侧插入一列，合并其中的单元格后编辑生成的。

任务实施

操作 1　调整列宽或行高

1. 调整列宽

（1）拖动鼠标调整列高

将鼠标指针指向要调整列的边框上，使其变为 ◄▐► 形状，然后选择下列操作。

① 直接利用 ↔ 形形鼠标指针拖动边框，只是该边框左、右两列宽度发生变化，而整个表格的总体宽度不变。

② 按住 Shift 键后拖动鼠标，使边框左边一列的宽度发生变化，同时整个表格的宽度也随之发生变化。

③ 按住 Ctrl 键后拖动鼠标，改变边框左边一列的宽度，边框右边的各列均匀地发生变化，整个表格的宽度不变。

（2）通过命令调整列宽

选择要改变宽度的列，在"单元格大小"选项组的"表格列宽度"微调框中输入数值，可以精确设置列高。

（3）通过"表格属性"对话框调整列宽

将插入点置于要调整列宽的列中或选定该列，切换到"布局"选项卡，在"表"选项组中单击"属性"按钮，打开"表格属性"对话框，在"列"选项卡中可以精确设置列宽，如图 3-17 所示。

（4）调整单元格的宽度

选择要调整宽度的单元格，将鼠标指针指向该单元格的列边缘，指针变为 ↔ 形状，按下鼠标左键，将其拖动到所需的位置上，如图 3-18 所示。

图 3-17 "列"选项卡

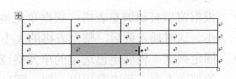

图 3-18 用鼠标调整单元格宽度

2．调整行高

在表格的一行中，每个单元格的行高都是相同的，一般情况下，表格中输入文本时，会自动调整行高以适应输入内容。用户也可以自定义表格的行高和列宽，以满足不同的需要。

（1）拖动鼠标调整行高

在"页面视图"模式下，将鼠标指针指向要调整行的下边框使其变为 ↕ 形状，按住鼠标左键，上、下拖动到所需位置，放开鼠标左键，即可完成行高的调整。

（2）通过命令调整行高

选择要调整行高的一行或若干行，如果要调整一行，可以将插入点置于这一行的任意位置，切换到"布局"选项卡，在"单元格大小"选项组的"表格行高度"微调框中输入数值，可以精确设置行高。

（3）通过"表格属性"对话框调整行高

选择要调整行高的一行或若干行，如果要调整一行，可以将插入点置于这一行的任意位置，切换到"布局"选项卡，在"表"选项组中单击"属性"按钮，打开"表格属性"对话框，在"行"选项卡中可以精确设置行高，如图 3-19 所示。

3．自动调整表格

Word 2007 提供了自动调整表格的功能，方法是首先要选中表格或表格的若干行、列或单元格，切换到"布局"选项卡，在"单元格大小"选项组中单击"自动调整"按钮，从打开的下拉菜单中选择要调整的项目，如图 3-20 所示。

图 3-19　"行"选项卡

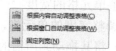

图 3-20　"自动调整"下拉菜单

部分选项的含义如下。

- 根据内容自动调整表格：根据单元格中内容的多少自动调整单元格的大小。如果以后对这个单元格的内容进行增、删操作，单元格会自动调整大小，表格的大小也随之变动。
- 根据窗口自动调整表格：根据单元格中内容的多少与窗口的长度自动调整单元格大小。这时插入列后，整个表格的大小不会改变。
- 固定列宽：将固定已选定的单元格或列的宽度。当单元格中的内容增删时，单元格的列宽不变，若内容超出一列，则自动增加单元格的行高。

另外，在表格中调整行高或列宽后，有时单元格的大小不一，如果要均匀分布这些单元格的行高与列宽，首先选中要调整的单元格，再切换到"布局"选项卡，在"单元格大小"选项组中单击"分布行"或"分布列"按钮，将自动平均调整各行的行高或选中列的列宽。例如，将如图 3-21 所示的表后 3 列均匀分布，效果如图 3-22 所示。

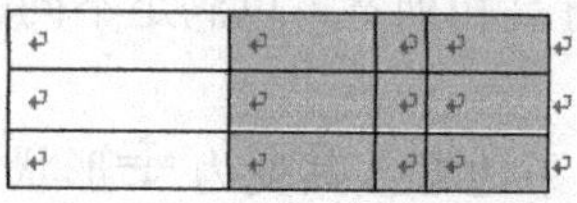

图 3-21　选中要平均分布的后 3 列

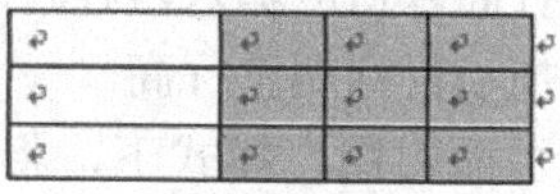

图 3-22　平均分布后 3 列

操作 2　插入行、列或单元格

在使用表格过程中，有时遇到表格行或列数不够的情况，这时需要插入行或列。

插入行时，将插入点定位到需要插入行的上方或下方的任意单元格中，在"布局"选项卡中，单击"行和列"选项组中的"在上方插入"或"在下方插入"按钮，如图 3-23 所示，即可插入一个空白行。插入前如果选定的行数和要增加的行数相同，可以单击"在上方插入"或"在下方插入"按钮，则插入与选定行数相同的行。

提示

插入行时，可以将插入点置于需要插入行的前一行末端的结束位置（表格外），按 Enter 键可以插入一行。如果要在表格末添加一行，还可以先单击最后一行的最后一个单元格，然后按 Tab 键。

插入列的操作与插入行的操作相同，将插入点定位到需要插入列的左侧或右侧的任意单元格中，在"布局"选项卡中，单击"行和列"选项组中的"在左侧插入"或"在右侧插入"按钮，即可插入一个空白列。

如果要在当前单元格的位置插入一个单元格，将插入点定位到要插入单元格的位置，单击"行和列"选项组中的"表格插入单元格"启动器按钮，打开"插入单元格"对话框，如图 3-24 所示。

图 3-23　"行和列"选项组　　　　图 3-24　"插入单元格"对话框

在图 3-25 所示的表格中，当前活动单元格为 B2，将该单元格右移和下移的效果分别如图 3-26 和图 3-27 所示。

A1	A2	A3
B1	B2	B3
C1	C2	C3

图 3-25　插入单元格前

A1	A2	A3	
B1		B2	B3
C1	C2	C3	

图 3-26　右移单元格

A1	A2	A3
B1		B3
C1	B2	C3
	C2	

图 3-27　下移单元格

例如，在表 3-1 工作表左侧插入一列、在最后插入一行后，效果如图 3-28 所示。

公司职工工资表

	姓名	基本工资	奖金	补助	实发工资
	马东明	2235	1380	200	
	张浩	2240	1800	300	
	王清	2235	1500	300	
	刘平	3100	1320	200	
	李思云	2100	2400	200	
	刘明清	3000	1400	300	
	赵伟东	3000	2000	500	

图 3-28　插入行、列的工作表

提示

在表格中插入行或列时，可以通过手工绘制表格的方法进行，方法是单击表格中任意单元格，在"设计"选项卡中，单击"绘图边框"选项组中的"绘制表格"按钮，按下鼠标左键，将绘制笔在第 1 列从上拖动到下，即可插入一列，同样的方法，可以在最后一行中插入一行。

操作 3　删除行、列或单元格

删除表格、单元格、行或列时，先选中要删除的表格、单元格、行或列，或将插入点置于该行的任意单元格中，再切换到"布局"选项卡，单击"行和列"选项组中的"删除"按钮，打开"删除"下拉列表，选择相应的操作，如图 3-29 所示。

删除单元格时，还可以先选中表格、单元格、行或列，在弹出的快捷菜单（如图 3-30 所示）中选择"删除单元格"命令，出现如图 3-31 所示的"删除单元格"对话框。

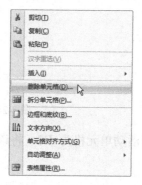

图 3-29　"删除"下拉菜单　　　图 3-30　单元格快捷菜单　　　图 3-31　"删除单元格"对话框

例如，在图 3-32 所示的表格中，当前活动单元格为 B2，删除该单元格，即将右侧的单元格左移和下方单元格上移的效果分别如图 3-33 和图 3-34 所示。

A1	A2	A3
B1	B2	B3
C1	C2	C3

A1	A2	A3
B1	B3	
C1	C2	C3

A1	A2	A3
B1	C2	B3
C1		C3

图 3-32　删除单元格前　　　图 3-33　右侧单元格左移　　　图 3-34　下方单元格上移

操作 4　合并与拆分单元格

表格中的多个单元格可以被连续或合并成一个单元格，单个单元格也可以根据需要被拆分成多列或多行。

1. 合并单元格

合并单元格就是将同一行或同一列中的两个或多个单元格合并为一个单元格，常用于标题行的创建。先选中要合并的相邻的两个或多个单元格，再切换到"布局"选项卡，在"合并"选项组中单击"合并单元格"按钮，或在右键快捷菜单中选择"合并单元格"选项。

例如，在如图 3-28 所示的工资表中，将第 1 列的 2～4 个单元格合并、5～8 个单元格合并，将最后一行的第 1、2 列单元格合并，效果如图 3-35 所示。

公司职工工资表

	姓名	基本工资	奖金	补助	实发工资
	马东明	2235	1380	200	
	张浩	2240	1800	300	
	王清	2235	1500	300	
	刘平	3100	1320	200	
	李思云	2100	2400	200	
	刘明清	3000	1400	300	
	赵伟东	3000	2000	500	

图 3-35　合并单元格后的工作表

2．拆分单元格

图 3-36　"拆分单元格"对话框

拆分单元格就是将表格中一个单元格分为多个单元格。先选中要拆分的单元格（或将插入点置于要拆分的单元格内），单击"合并"选项组中的"拆分单元格"按钮，或在右键快捷菜单中选择"拆分单元格"选项，打开"拆分单元格"对话框，输入拆分成的列数及行数，如图 3-36 所示。

如果选中该对话框中的"拆分前合并单元格"复选框，表示拆分前将选中的多个单元格合并成一个单元格，然后再将这个单元格拆分为指定的单元格数。

例如，将如图 3-37 所示的第 1 个单元格，通过拆分单元格操作，分别拆分为两行、两列、两行两列，其效果分别如图 3-38～图 3-40 所示。

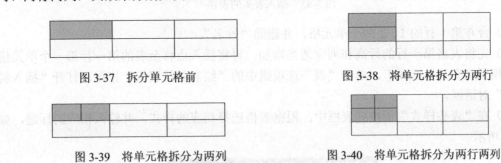

图 3-37　拆分单元格前　　　　　　　　图 3-38　将单元格拆分为两行

图 3-39　将单元格拆分为两列　　　　　　图 3-40　将单元格拆分为两行两列

3．拆分表格

拆分表格就是将一个大表格分成两个表格，以便在表格之间插入一些说明性的文字。例如，将如图 3-41 所示的表格，拆分为两个表格，如图 3-42 所示。

（1）将插入点移至将作为新表格的第一行中，即第 3 行的一个单元格中。

（2）切换到"布局"选项卡，单击"合并"选项组中的"拆分表格"按钮，或按 Ctrl+Shift+Enter 组合键，就可以将表格拆分成两个表格（如图 3-42 所示）。

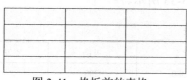
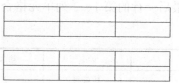

图 3-41　格拆前的表格　　　　　　图 3-42　拆分为两个表格

 提示

如果要将拆分后的表格合并为一个表格，只要将两个表之间的空行删除即可。

操作 5　制作斜线表头

在表格表头中，经常需要添加斜线，这时可以利用"绘制斜线表头"命令来完成。

例如，给如图 3-16 所示的工资表表格添加斜线表头，效果如图 3-43 所示。

公司职工工资表

工资\ 姓名\ 部门	基本工资	奖金	补助	实发工资
设计部 马东明	2235	1380	200	
设计部 张浩	2240	1800	300	
设计部 王清	2235	1500	300	
营销部 刘平	3100	1320	200	
营销部 李思云	2100	2400	200	
营销部 刘明清	3000	1400	300	
营销部 赵伟东	3000	2000	500	
合计				

图 3-43　插入表头的表格

（1）合并第 1 行的 1、2 两个单元格，并删除"姓名"。

（2）先将表格第一行的行高和列宽适当增加，再将插入点移至表的第一行第一个单元格中，切换到"布局"选项卡，单击"表"选项组中的"绘制斜线表头"按钮，打开"插入斜线表头"对话框。

（3）在"表头样式"下拉列表框中，根据表格选择相应的样式，并输入相应的标题，如图 3-44 所示。

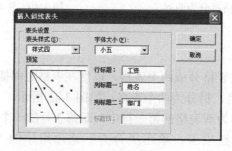

图 3-44　设置斜线表头

（4）单击"确定"按钮，插入斜线的效果如图 3-43 所示。

插入斜线表头后，可以修改表头中的标题。如果要修改表头的斜线位置，单击该斜线，然后拖动即可移动该斜线，也可以对斜线进行拉伸和旋转。如果要删除其中的一条斜线，选中该斜线后，按 Delete 键。

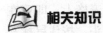

提示

如果要删除整个斜线表头，选定该单元格后，按 Delete 键。

相关知识

1．将文本转换为表格

用户可以将以制表符、逗号或段落标记分隔的文本转换成为一个表格。Word 会通过识别这些符号将文本置于不同的单元格中。

例如，将如图 3-45 所示的数据转换为表格形式，其操作步骤如下。

（1）选中要转换为表格数据的全部文本。

（2）在"插入"选项卡的"表格"选项组中单击"表格"按钮，选择"文本转换成表格"命令，打开如图 3-46 所示的"将文字转换成表格"对话框。

CN 域名	数量（个）	比例
.cn	8612100	64.0%
.com.cn	3105501	23.1%
.net.cn	424664	3.2%
.org.cn	181746	1.4%
.adm.cn	1071333	8.0%
.gov.cn	49730	0.4%

图 3-45　CN 域名数量　　　　　　图 3-46　"将文字转换成表格"对话框

（3）设置"列数"、"'自动调整'操作"与"文字分隔位置"后，单击"确定"按钮，转换后的效果如图 3-47 所示。

CN 域名	数量（个）	比例
.cn	8612100	64.0%
.com.cn	3105501	23.1%
.net.cn	424664	3.2%
.org.cn	181746	1.4%
.adm.cn	1071333	8.0%
.gov.cn	49730	0.4%

图 3-47　CN 域名数量

可以在表格中添加第一行，设置表格标题，将表格中的文本格式化。

2．将表格转换为文本

表格可以转换为由特定字符分隔的文本，便于重新使用数据。要将表格转换为文本格式，可单击表格的任意位置，然后在"布局"选项卡的"数据"选项组中单击"转换为文本"按钮，打开"表格转换成文本"对话框，选择文字分隔符，即可将表格转换为文本。

3．调整表格的位置

在文档中有时需要调整位置。要调整表格的位置，只要将鼠标指针移到表格上，即可在表格的左上角出现一个⊞句柄符号，将鼠标指针移到句柄上时将变为十字箭头，按住鼠标左键拖动，将出现一个虚线框以表示移动后的位置，如图 3-48 所示。移至合适位置后，松开鼠标左键即可。

CN 域名	数量(↑)	比例
.cn	8612100	64.0%
.com.cn	3105501	23.1%
.net.cn	424664	3.2%
.org.cn	181746	1.4%
.adm.cn	1071333	8.0%
.gov.cn	49730	0.4%

图 3-48　用鼠标拖动表格改变位置

课堂训练

（1）在如图 3-14 所示的班级同学通讯录中，插入"电子邮箱"列，效果如图 3-49 所示。

班级同学通讯录

姓名	性别	出生日期	家庭住址	联系电话	电子邮箱	QQ

图 3-49　通讯录表格

（2）将同学通讯录中的"性别"列删除。

（3）绘制一个规则的 4 行 4 列的表格，再合并其中的单元格，效果如图 3-50 所示。

图 3-50　合并单元格后的表格

电子工业

（4）创建如图 3-51 所示的成绩表。

班级成绩表

成绩\科目\姓名	公共基础课				专业课		
	德育	语文	数学	英语	网站设计	网络管理维护	图形图像处理
孙浩文	85	95	85	85	86	87	82
张颖丽	85	89	91	83	84	87	85
李文文	94	95	92	86	84	82	82
葛建新	92	93	87	84	81	82	85
吴婷婷	87	84	81	82	83	91	93
王春苗	85	87	86	82	91	92	94

图 3-51　成绩表

任务评价

根据表 3-3 的内容进行自我学习评价。

表 3-3　学习评价表

评价内容	优	良	中	差
能在表格中插入行或列				
能删除表格汇总的行或列				
能手工方式插入行或列				
能调整表格的行高和列宽				
能拆分和合并单元格				
能绘制斜线表头				

任务 3　设置表格格式

任务背景

在表格中输入数据后，为美化表格，还需要对表格进行格式设置，如图 3-52 所示。

公司职工工资表

部门\姓名\工资	基本工资	奖金	补助	实发工资
设计部　马东明	2235	1380	200	
设计部　张浩	2240	1800	300	
设计部　王清	2235	1500	300	
营销部　刘平	3100	1320	200	
营销部　李思云	2100	2400	200	
营销部　刘明清	3000	1400	300	
营销部　赵伟东	3000	2000	500	
合计				

图 3-52　工资表格式设置的效果

任务分析

表格格式包含很多方面，如表格边框样式、底纹样式、表格的对齐方式、文本对象的格式、表格结构等。表格格式直接影响着表格的美观程度。表格样式可以在表格的"设计"选项卡中设置。

 任务实施

操作 1　使用表格样式

表格样式是一种应用于表格的预设格式。Word 提供了多种表格样式，在这些表格样式中，设置了一套完整的字体、边框、底纹等，当选择其中的一种表格样式时，就可以将它直接套用到当前的表格中。使用表格样式能够快速地增强表格视觉效果。

（1）单击工资表内的任意单元格，切换到"设计"选项卡，在"表样式"选项组中，将鼠标指针停留在每个表格样式上，可以浏览效果。还可以单击"表样式"选项组中的"其他"按钮，打开表格样式库，如图 3-53 所示。

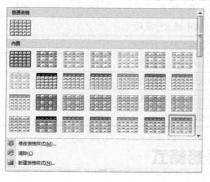

图 3-53　表格样式库

（2）在表格样式库中选择所需的表格样式，例如，选择"中等深浅底纹 3-强调文字颜色 1"表格样式，效果如图 3-54 所示。

公司职工工资表

部门 工资 姓名		基本工资	奖金	补助	实发工资
设计部	马东明	2235	1380	200	
	张　浩	2240	1800	300	
	王　清	2235	1500	300	
营销部	刘　平	3100	1320	200	
	李思云	2100	2400	200	
	刘明清	3000	1400	300	
	赵伟东	3000	2000	500	
合　计					

图 3-54　应用样式的工资表

表格样式提供了实时预览功能，应用样式时可以立即看到样式效果。用户还可以修改现有的表格样式或自定义表格样式，将其保存在样式库中以便将来使用。如果选择"清除"选项，可清除所选择的表格样式。

操作 2　设置表格边框和底纹

通过给表格添加边框和底纹，可以使表格更加美观。

1．设置表格边框

设置表格的边框，就是改变表格的线型。

例如，将如图 3-54 所示的工资表，设置表格表框，其中表格外框为双实线、0.5 磅，内线为虚线、0.5 磅，操作步骤如下。

（1）将插入点置于工资表中，切换到"设计"选项卡，在"表样式"选项组中单击"边框"图标下拉按钮，选择表格边框，如图 3-55 所示。

（2）在"边框"下拉菜单中选择"边框和底纹"选项，打开"边框和底纹"对话框，如图 3-56 所示。

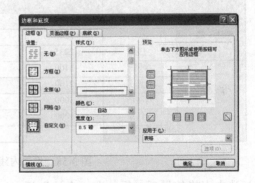

图 3-55　"边框"下拉菜单　　　　　　　　　　图 3-56　"边框和底纹"对话框

 提示

　　右击表格，从快捷菜单中选择"属性"选项，在打开的"表格属性"对话框的"表格"选项卡中，单击"边框和底纹"按钮，即可打开"边框和底纹"对话框（如图 3-56 所示）。

（3）分别在"样式"、"宽度"列表框中选择双实线、0.5 磅，然后在"预览"框中单击表格边框，设置上边框线和下边框线，或在"设置"框中选择"方框"选项（如图 3-56 所示）。

（4）单击"确定"按钮，完成对表格外边框的设置，效果如图 3-57 所示。

（5）重复上述步骤（3），设置表格内线为虚线、0.5 磅，完成对表格边框的设置，效果如图 3-58 所示。

2．设置表格底纹

添加底纹与设置表框一样，可以改变表格外观，方法与设置表格的边框类似。

例如，给表 3-58 最后一行添加浅绿色底纹，操作步骤如下。

公司职工工资表

部门工资姓名		基本工资	奖金	补助	实发工资
设计部	马东明	2235	1380	200	
	张浩	2240	1800	300	
	王清	2235	1500	300	
营销部	刘平	3100	1320	200	
	李思云	2100	2400	200	
	刘明清	3000	1400	300	
	赵伟东	3000	2000	500	
合计					

图 3-57　设置外边线的工资表

公司职工工资表

部门工资姓名		基本工资	奖金	补助	实发工资
设计部	马东明	2235	1380	200	
	张浩	2240	1800	300	
	王清	2235	1500	300	
营销部	刘平	3100	1320	200	
	李思云	2100	2400	200	
	刘明清	3000	1400	300	
	赵伟东	3000	2000	500	
合计					

图 3-58　设置内线的工资表

（1）选中表格的最后一行，即"合计"行。

（2）切换到"设计"选项卡，在"表样式"选项组中单击"底纹"按钮，从弹出的调色板中选择底纹颜色浅绿色，如图 3-60 所示。

利用"设计"选项卡设置底纹的效果如图 3-59 所示。

公司职工工资表

部门工资姓名		基本工资	奖金	补助	实发工资
设计部	马东明	2235	1380	200	
	张浩	2240	1800	300	
	王清	2235	1500	300	
营销部	刘平	3100	1320	200	
	李思云	2100	2400	200	
	刘明清	3000	1400	300	
	赵伟东	3000	2000	500	
合计					

图 3-59　添加底纹的工资表

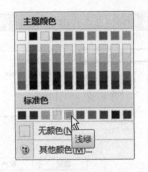

图 3-60　调色板

提示

设置表格底纹，也可以在"边框和底纹"对话框中设置。在"底纹"选项卡的"填充"下拉列表框中，单击所选单元格的填充颜色；在"应用于"下拉列表框中选择"单元格"选项，如图 3-61 所示。

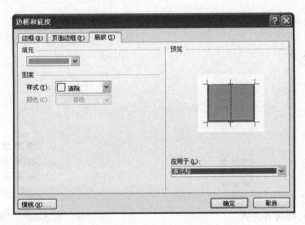

图 3-61　"底纹"选项卡

操作 3　设置表格对齐方式

1. 设置单元格文本排列方向

单元格中文本排列可分为水平排列和垂直排列，水平排列又因文字方向不同而分为 2 种，垂直排列因文字方向不同可分为 3 列，共 5 种排列方式。

选中并右击需要进行文本排列的单元格区域，从快捷菜单中选择"文字方向"选项，打开"文字方向-表格单元格"对话框，如图 3-62 所示。

该对话框中给出了 5 种排列方式供选择，并可在"预览"框中看到排列效果。

2. 设置单元格文本对齐方式

对于表格中每个单元格中的文本，根据需要可以设置为左对齐、右对齐、两端对齐、居中和分散对齐 5 种对齐方式。表格对水平排列的文本和垂直排列的文本还提供了 9 种对齐方式。

图 3-62   "文字方向-表格单元格"对话框

选中需要对齐操作的单元格，然后右击，从快捷菜单中选择"单元格对齐方式"选项，如图 3-63 所示，选择相应的对齐按钮。各单元格内的文本排列均是相同（水平或垂直）的。

另一种操作是在选中单元格后，切换到"布局"选项卡，在"对齐方式"选项组中单击对齐按钮，如图 3-64 所示。

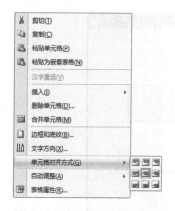

图 3-63   单元格对齐方式

图 3-64   "对齐方式"选项组

例如，在图 3-59 所示的工资表中，设置表格中的文本水平居中对齐，效果如图 3-65 所示。

公司职工工资表

部门 \ 工资 \ 姓名		基本工资	奖金	补助	实发工资
设计部	马东明	2235	1380	200	
	张浩	2240	1800	300	
	王清	2235	1500	300	
营销部	刘平	3100	1320	200	
	李思云	2100	2400	200	
	刘明清	3000	1400	300	
	赵伟东	3000	2000	500	
合计					

图 3-65   设置文本水平居中对齐

对于垂直排列文本的对齐操作与对水平排列文本的对齐操作基本相同,在此不再介绍。

 相关知识

1. 调整表格属性

通过调整表格属性,可以为单元格、行、列以及整个表格设置精确的尺寸。要调整表格某个区域的属性,切换到"布局"选项卡,单击"表"选项组中的"属性"按钮,打开"表格属性"对话框,如图 3-66 所示。

图 3-66　"表格属性"对话框

表格选项卡中各选项含义如下:

● 尺寸:为表格设置精确宽度。
● 对齐方式:选择相对于文档左右边缘的水平对齐方式。
● 文字环绕:选择表格的文字环绕方式。
● 边框和底纹:设置表格中边框和底纹的呈现效果。

图 3-67 和图 3-68 分别给出了文档中表格无文字环绕和文字环绕两种效果示例。

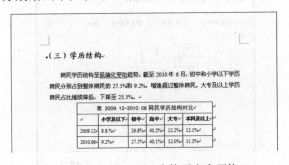

图 3-67　表格无文字环绕

根据文档排版的需要,还可以设置表格在文档中左对齐和右对齐方式。

在"行"选项卡中的可以设置表格中处于选中状态的行的高度等,如图 3-69 所示。

在"列"选项卡中的可以设置表格中处于选中状态的列的宽度等,如图 3-70 所示。

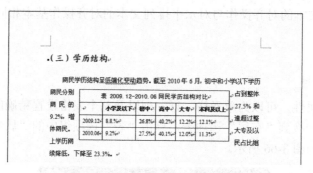

图 3-68　表格文字环绕

图 3-69　"行"选项卡

图 3-70　"列"选项卡

在"单元格"选项卡中的可以设置选中单元格的宽度、文本对齐方式等，如图 3-71 所示。

其中，"垂直对齐方式"是为选中单元格的内容指定垂直的对齐方式。

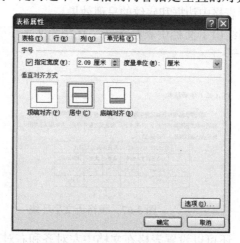

图 3-71　"单元格"选项卡

2．表格跨页显示标题行

在编辑 Word 表格时，有时表格的长度比较大而跨页，通常情况下，跨页的表格不会自动出现标题，此时，如果要使跨页的表格自动出现标题行，首先选中标题行，在"表格属性"对话框的"行"选项卡中选中"在各页顶端以标题行形式重复出现"复选框（如图 3-69 所示），效果如图 3-72 所示。

公司职工工资表

工资 部门 姓名	基本工资	奖金	补助	实发工资
设计部 马东明	2235	1380	200	
张 浩	2240	1800	300	
王 清	2235	1500	300	

工资 部门 姓名	基本工资	奖金	补助	实发工资
营销部 刘 平	3100	1320	200	
李思云	2100	2400	200	
刘明清	3000	1400	300	
赵伟东	3000	2000	500	
合 计				

图 3-72 设置重复出现标题行

另一种方法是在"布局"选项卡的"数据"选项组中，按下"重复标题行"按钮，即可实现当表格跨页时自动显示标题行。

 课堂训练

（1）对如图 3-51 所示的成绩表应用不同的样式，并观察结果。

（2）先应用表格样式，如图 3-73 所示。

某地区家庭上网计算机增长情况			
	上网计算机占家庭总数	拨号上网计算机占家庭总数	宽带上网计算机占家庭总数
2003	57%	30%	27%
2004	59%	23%	35%
2005	62%	12%	49%
2006	72%	7%	64%
2007	77%	3%	74%
2008	81%	2%	79%
2009	83%	1%	80%

图 3-73 应用表格样式

（3）将如图 3-73 所示的表格设置为外框"双实线"、"1.5 磅"粗，两边不加边框线。

（4）对如图 3-73 所示的表格标题、不相邻的列添加底纹，颜色自定。

（5）设置如图 3-73 所示的表格中的文本居中对齐。

（6）在文档插入一个表格，并设置表格在文档中的不同位置。

任务评价

根据表 3-4 的内容进行自我学习评价。

表 3-4　学习评价表

评价内容	优	良	中	差
能应用表格样式				
能清除表格样式				
能新建表格样式				
能设置表格边框				
能添加表格底纹				
能设置表格中文本的对齐方式				

任务 4　数据计算和排序

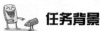

任务背景

　　在前面创建的工资表中，有"实发工资"、"合计"栏需要进行数据计算。对于一些有序的表格，也经常遇到对表格按某列数据进行排序等。

任务分析

　　Word 2007 提供了强大的计算功能，可以完成大部分的表格计算，表格数据计算需要使用公式，使用公式计算节省了大量的手工操作，也避免了由此带来的计算错误。

任务实施

操作 1　表格数据计算

　　例如，计算工资表中每位职工的实发工资和每项的工资合计，操作步骤如下。

　　（1）在如图 3-74 所示的工资表中，单击要放置求和结果的单元格，如"马东明"的"实发工资"单元格。

公司职工工资表

部门	姓名	基本工资	奖金	补助	实发工资
设计部	马东明	2235	1380	200	
	张　浩	2240	1800	300	
	王　清	2235	1500	300	
营销部	刘　平	3100	1320	200	
	李思云	2100	2400	200	
	刘明清	3000	1400	300	
	赵伟东	3000	2000	500	
合　计					

图 3-74　表格数据计算

（2）切换到"布局"选项卡，在"数据"选项组中单击"公式"按钮，打开"公式"对话框，如图 3-75 所示。

在"公式"文本框中输入计算实发工资所用的公式，这里系统默认显示为"=SUM（LEFT）"，表示对左边的各项数据求和，其中公式以"="开头，SUM 函数可以从"粘贴函数"下拉列表框中选择。

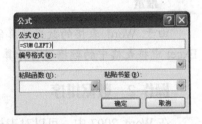

图 3-75　"公式"对话框

（3）单击"确定"按钮，第一个职工的实发工资即可计算出来，结果如图 3-76 所示。

公司职工工资表

工资 部门　姓名		基本工资	奖金	补助	实发工资
设计部	马东明	2235	1380	200	3815
	张浩	2240	1800	300	
	王清	2235	1500	300	
营销部	刘平	3100	1320	200	
	李思云	2100	2400	200	
	刘明清	3000	1400	300	
	赵伟东	3000	2000	500	
合　计					

图 3-76　计算实发工资

用同样的方法，依次计算后面每位职工的实发工资。

（4）计算"基本工资"的合计，单击"合计"的"基本工资"单元格，在"数据"选项组中单击"公式"按钮，打开"公式"对话框，在"公式"文本框中输入"=SUM（ABOVE）"，单击"确定"按钮即可。

用同样的方法，计算"奖金"、"补助"、"实发工资"的合计数，结果如图 3-77 所示。

公司职工工资表

工资 部门　姓名		基本工资	奖金	补助	实发工资
设计部	马东明	2235	1380	200	3815
	张浩	2240	1800	300	4340
	王清	2235	1500	300	4035
营销部	刘平	3100	1320	200	4620
	李思云	2100	2400	200	4700
	刘明清	3000	1400	300	4700
	赵伟东	3000	2000	500	5500
合　计		17910	11800	2000	31710

图 3-77　表格数据计算

提示

由于 Word 表格的数据计算能力有限，当表格中的数据需要较复杂的计算时，可以先在 Excel 中将表格中的数据进行计算，然后将 Excel 表格的单元格复制到 Word 文档中。

操作2　数据排序

在 Word 2007 中，可以对表格中的数据进行排序，排序方式有升序和降序两种，排序可以按拼音、笔画、数字和日期四种类型进行操作。

例如，在如图 3-78 所示的图书销售统计表中，按"总额"降序排列，当"总额"相同时，再按"售出数量"降序排列，操作步骤如下。

图书销售统计表

编号	书名	类别	单价	售出数量	总额
501	西游记	文学	20.00	150	3000
502	水浒传	文学	20.00	180	3600
403	甲午战史	军事	25.00	260	6500
601	网站设计	教育	18.00	300	3600
405	现代军械	军事	30.00	180	5400

图 3-78　图书销售统计表

（1）选中表格 1～6 行，切换到"开始"选项卡，单击"段落"选项组中的"排序"按钮；或切换到"布局"选项卡，单击"数据"选项组中的"排序"按钮，打开的"排序"对话框，如图 3-79 所示。

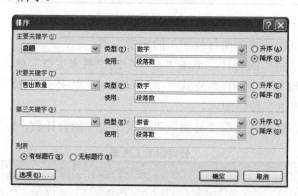

图 3-79　"排序"对话框

（2）"列表"选项组中有两个选项：有标题行和无标题行。

● "有标题行"选项：对表格排序时不包括首行。

● "无标题行"选项：对表格中所有行排序，包括首行。

这里选中"有标题行"单选按钮。

在"主要关键字"下拉列表框中选择"总额"选项，在"类型"下拉列表框中选择"数字"选项，选中"降序"单选按钮；在"次要关键字"下拉列表框中选择"售出数量"选项，在"类型"下拉列表框中选择"数字"选项，选中"降序"单选按钮。

（3）单击"确定"按钮，排序结果如图 3-80 所示。

图书销售统计表

编号	书名	类别	单价	售出数量	总额
403	甲午战史	军事	25.00	260	6500
405	现代军械	军事	30.00	180	5400
601	网站设计	教育	18.00	300	3600
502	水浒传	文学	20.00	180	3600
501	西游记	文学	20.00	150	3000

图 3-80　排序后的图书销售统计表

 提示

不能对含有合并单元格的数据表格进行排序。

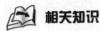 **相关知识**

1. 使用公式

公式就是简单地使用不同单元格中的数值（或其他类型数据）进行计算。公式主要由函数、单元格引用和运算符构成。

（1）函数：内置的数学公式，提供求和、求平均值等计算公式。

（2）单元格引用：用行列坐标来表示表格中特定的或某个范围的单元格。表格中的列以字母 A、B、C 等标识，行以数字 1、2、3 等标识，与 Excel 电子表格行列标识相似。例如，表格中第一个单元格引用值为"A1"，同行右侧的单元格引用值为"B1"，如图 3-81 所示。

	A	B	C	D
1	A1	B1	C1	D1
2	A2	B2	C2	D2
3	A3	B3	C3	D3

图 3-81　单元格地址引用

（3）运算符：常用的运算符有加（+）、减（-）、乘（*）、除（/）。

一个公式以等号"="为开始标识，公式计算以指数运算为高级，其次是乘除运算，最后是加减运算，括号拥有高于其他运算符的计算优先级。

要标识一个连续范围的单元格，首位单元格地址之间用冒号（:）间隔，如"B1:D3"，标识 B1～D3 范围内的所有单元格，即 9 个单元格。对于不连续的单元格，单元格之间用逗号间隔。如"B1,C2"，标识 B1、C2 两个单元格。

内置的公式用于一些常用的计算。在"公式"对话框中的"粘贴函数"列表框中可以选择所需要的函数。常用的函数如下：

=SUM( )	求和
=AVERAGE( )	求平均值
=MINIMUM( )	求最小值
=MAXIMUM( )	求最大值

=COUNT( )　　　　　　　　统计个数

例如，在图 3-75 所示的"公式"文本框中公式为"=SUM（LEFT）"，还可以输入"=SUM（C2:E2）"；计算"基本工资"的合计数，在"公式"文本框中还可以输入"=SUM（C2:C8）"。

公式可以被复制到其他单元格中，但仍需要编辑复制后的公式，以保证单元格地址的正确性，否则，在粘贴公式的单元格中仍会进行同样的公式计算。

2．更新公式计算结果

在单元格中创建公式后，有时单元格中的数值会被更新，而公式域不会自动更新。此时需要用手工方式进行更新公式域，更新公式域的方法如下。

（1）按 F9 键。

（2）按 Alt+Shift+U 组合键。

（3）在公式上右击，在快捷菜单中选择"更新域"命令。

 课堂训练

（1）在如图 3-82 所示的成绩表中，在右侧插入"总分"列，在最后一行插入"平均分"行。

成绩表

科目 姓名	德育	语文	数学	英语	网站设计	网络管理维护	图形图像处理
孙浩文	85	95	85	85	86	87	82
张颖丽	85	89	91	83	84	87	85
李文文	94	95	92	86	84	82	82
葛建新	92	93	87	84	81	82	85
吴婷婷	87	84	81	82	83	91	93
王春苗	85	87	86	82	91	92	94

图 3-82　成绩表

（2）使用公式计算每位同学的总分。

（3）使用函数计算各门学科的平均分。

（4）按"总分"降序排序，其中"平均分"行不参加排序。

 任务评价

根据表 3-5 的内容进行自我学习评价。

表 3-5　学习评价表

评 价 内 容	优	良	中	差
了解表格中公式及函数的使用方法				
能对表格中的数据进行数学计算				
能对表格数据进行升序或降序排序				

思考与练习

一、思考题

1．什么情况下使用"绘制表格"命令来替代"插入表格"命令？

2．举例说明如何调整行高？

3．举例说明如何合并单元格和拆分单元格？

4．举例说明如何在表格中插入一行？插入一个单元格？

5．表格中的文本对齐方式有哪几种？

6．数据计算中的求和、求平均值、统计、条件函数分别是什么？

二、操作题

1．创建一个如图 3-83 所示的动车时刻表，并输入表格中的数据。

北京至上海动车时刻表

车次	类别	出发时间	到达时间	终点站	历时
D29	动车组	07:47	18:52	上海	11 小时 5 分钟
D301	动车组	21:41	07:30	上海东	9 小时 49 分钟
D305	动车组	21:46	07:35	上海东	9 小时 49 分钟
D307	动车组	21:36	07:25	上海东	9 小时 49 分钟
D31	动车组	11:05	21:23	上海	10 小时 18 分钟
D313	动车组	21:26	07:20	上海东	9 小时 54 分钟
D321	动车组	21:21	07:15	上海东	9 小时 54 分钟
D71	动车组	09:00	19:59	上海	10 小时 59 分钟

图 3-83　动车时刻表

2．在标题"类别"和"出发时间"列之间插入一个"始发站"列，其他各行内容均为"北京南"。

3．给上述表格标题设置底纹，颜色自定。

4．给上述表格应用表格样式，并使相邻行之间使用不同的底纹。

5．计算商品采购统计表中的"金额"列和"合计"行数据，如图 3-84 所示。

商品采购统计表

名称	类别	单价	数量	金额
圆珠笔	办公用品	8.00	380	
蓝墨水	办公用品	3.00	320	
硬皮本	办公用品	5.00	580	
活页纸	办公用品	20.00	180	
香　皂	洗涤用品	4.50	420	
洗洁精	洗涤用品	12.00	210	
合计				

图 3-84　商品采购统计表

6．自行设计班级课程表，并进行美化操作。

7．根据如图 3-85 所示的“个人简历”内容设计一个表格，各项内容呈现在表格中。

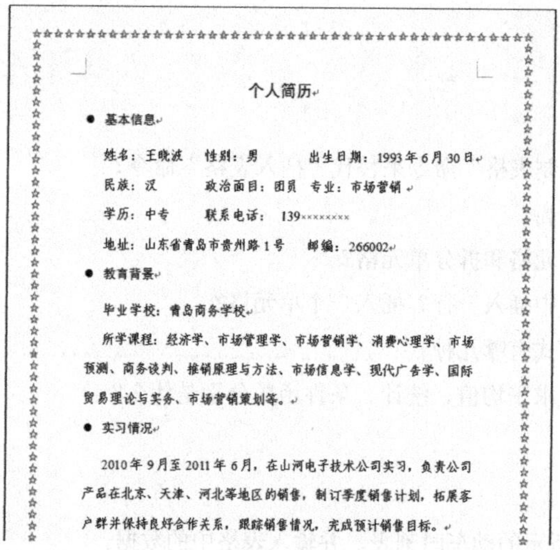

个人简历

● 基本信息

姓名：王晓波　性别：男　　出生日期：1993 年 6 月 30 日

民族：汉　　政治面目：团员　专业：市场营销

学历：中专　　联系电话：139××××××××

地址：山东省青岛市贵州路 1 号　　邮编：266002

● 教育背景

毕业学校：青岛商务学校

所学课程：经济学、市场管理学、市场营销学、消费心理学、市场预测、商务谈判、推销原理与方法、市场信息学、现代广告学、国际贸易理论与实务、市场营销策划等。

● 实习情况

2010 年 9 月至 2011 年 6 月，在山河电子技术公司实习，负责公司产品在北京、天津、河北等地区的销售，制订季度销售计划，拓展客户群并保持良好合作关系，跟踪销售情况，完成预计销售目标。

图 3-85　个人简历

第4章 图文混排

Word 2007 软件提供了比较强大的图文混排功能，以实现文本与图形的混合排版。完成本章学习后，应该掌握以下内容。

- 绘制图形：包括设置图形的样式、填充颜色，在图形中添加文字，设置图形的效果及编辑形状的方法等。
- 绘制 SmartArt 图形：包括添加 SmartArt 图形形状、更改图形布局、样式、颜色及填充效果等。
- 插入艺术字：包括设置艺术字的样式、阴影效果、三维效果、文字环绕方式及插入公式等。
- 使用文本框：包括设置文本框的样式、阴影效果、三维效果、文字环绕方式、文本框之间的链接等。
- 插入图片。调整图片在文档中的位置和大小，设置文字环绕方式、图片的格式、样式、形状、边框、效果以及图片的排列方式等，文档的图、文、表混排。

任务1 绘制图形

 任务背景

小王经常为公司制作宣传报刊，为使报刊栏目美观，需要在宣传报刊中绘制一些图形等，如图 4-1 所示。

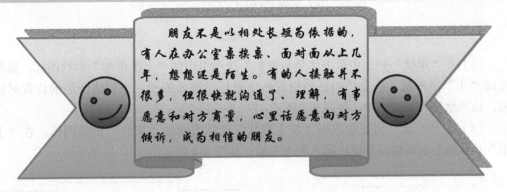

图 4-1 绘制的图形

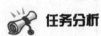 **任务分析**

Word 2007 提供了自选图形功能，包含有大量的常用图形，在文档编辑中可以选择图形，随意进行绘制。完成本任务需经过插入形状、添加文字以及图形编辑操作。

任务实施

操作 1　插入形状

（1）打开已有文档或新建 Word 文档。

（2）切换到"插入"选项卡，在"插图"选项组中，单击"形状"按钮，打开"形状"列表，如图 4-2 所示。

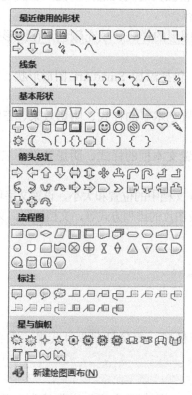

图 4-2　"形状"列表

（3）在"形状"列表中单击"星与旗帜"选项组中的"上凸带形"形状图标，鼠标指针变成"十"字形状，在文档的适当位置按下鼠标左键并拖动，当到达合适的位置时松开鼠标，该形状插入到文档中，如图 4-3 所示。

（4）在"形状"列表中单击"基本形状"选项组中的"笑脸"形状图标，在"上凸带形"形状的左右两侧位置依次插入两个笑脸，如图 4-4 所示。

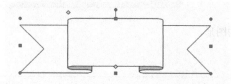

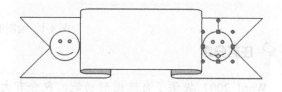

图 4-3　插入"上凸带形"形状　　　　　　　图 4-4　插入"笑脸"图形

提示

在插入第 2 个笑脸图形时，可以采用将第 1 个图形进行复制的方法，这样能够确保复制的大小和形状相同。

（5）分别选中笑脸图形，将鼠标放到绿色"旋转控点"处，进行笑脸图形的旋转操作至合适位置，效果如图 4-5 所示。

操作 2 添加文字

（1）右击"上凸带形"形状，在弹出的快捷菜单中选择"添加文字"选项，输入文字。

（2）选中输入的文字，切换到"开始"选项卡，在"字体"选项组中设置字体为"华文行楷"、字号为"五号"，如图 4-6 所示。

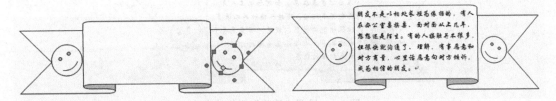

图 4-5 旋转"笑脸"图形   图 4-6 在形状中输入的文字

在形状中输入的文字将成为该图形的一部分，如果移到添加文字的形状，文字也跟着一起移动。

操作 3 编辑图形

（1）单击已插入的"上凸带形"形状，切换到"格式"选项卡，在"文本框样式"选项组中，单击"形状填充"下拉按钮，从列表中选择"标准色"中的"橙色"，在"渐变"命令菜单的"浅色变体"中选择"线性向上"选项，效果如图 4-7 所示。

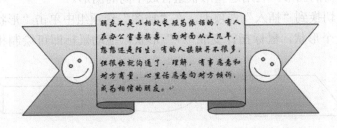

图 4-7 设置形状填充

（2）在"文本框样式"选项组中，单击"形状轮廓"下拉按钮，选择"标准色"中的"浅蓝色"，在"粗细"命令菜单中选择 1.5 磅。

（3）在"格式"选项卡的"阴影效果"选项组中，单击"阴影效果"下拉按钮，选择"投影"选项中的"阴影样式 2"，效果如图 4-8 所示。

图 4-8　设置阴影效果

（4）按住 Shift 键，依次单击形状中的两个"笑脸"，在"形状样式"选项组中，单击"形状填充"下拉按钮，选择"标准色"中的"红色"，在"渐变"命令菜单的"浅色变体"中选择"线性向上"，效果如图 4-9 所示。

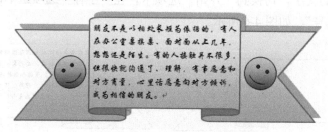

图 4-9　设置"笑脸"形状填充

（5）在"形状样式"选项组中，单击"形状轮廓"下拉按钮，选择"标准色"中的"深蓝"，在"粗细"命令菜单中选择 1 磅，效果如图 4-1 所示。

（6）最后保存该文档。

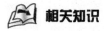 相关知识

1．绘制图形

Word 2007 不仅文字处理功能非常强大，还提供了强大的绘制图形工具，使用该工具能在文档中绘制出所需的图形。利用这些形状组合成不同的图形。

绘制图形时，切换到"插入"选项卡，在"插图"选项组中单击"形状"按钮，在"形状"列表中单击一个形状，鼠标指针变成"+"形状，拖动鼠标即可绘制相应的图形，如图4-10 所示。

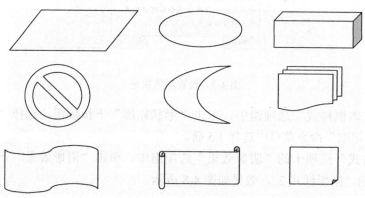

图 4-10　绘制不同的图形

提示

要创建全对称的对象，如正方形或圆形（或限制其他形状的尺寸），在拖动的同时按住 Shift 键。

2. 图形编辑

（1）调整图形位置和大小

调整图形位置时，先选中该图形，鼠标指针变为 形状时，按住鼠标左键并进行拖动，图形就会随之移动。

选中绘制的图形后，图形周围分别出现 4 个浅蓝色的小圆圈和小方块，称为"尺寸控点"，顶部出现一个绿色小圆圈，称为"旋转控点"；有些形状还会出现一个黄色的菱形框，称为"形态控点"，如图 4-11 所示。

在调整图形尺寸大小时，4 个角上的控点用于调整图形的宽度和高度，上下两边中间的控点用于调整图形的高度，左右两边中间的控点用于调整图形的宽度。

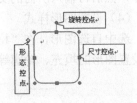

图 4-11　选中图形示意图

提示

如果在调整图形尺寸时想锁定长宽比例，可以选中图形后按住 Shift 键，再用鼠标指针拖动 4 个角上的控点即可。如果调整图形尺寸时需要固定图形的中心位置，可在选中图形后按住 Ctrl 键，再用鼠标指针调整任何一个控点，图形就以中心对称形式进行缩放。

（2）旋转图形

对文档中的自选图形可以进行旋转或翻转。旋转图形时，先选中一个图形，然后切换到"格式"选项卡，单击"排列"选项组中的"旋转"按钮，从下拉菜单中选择旋转或翻转方式，如图 4-12 所示。

图形旋转可以左转（逆时针 90°）或右转（顺时针 90°），还可以进行水平或垂直翻转（180°）。例如，将如图 4-13 所示的两个自选图形进行右转，即顺时针旋转 90°，旋转后的效果如图 4-14 所示。

图 4-12　"旋转"下拉菜单

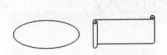

图 4-13　绘制的图形

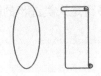

图 4-14　"右转"的效果

同样也可以进行水平翻转或垂直翻转（180°）。

除了使图形左转、右转或翻转外，还可以进行任意角度的旋转。按任意角度旋转图形时，选中要旋转的图形，图形上方都有一个旋转控制点。将鼠标指针移到绿色圆形控制点上，此时指针变为一个顺时针的环形箭头，按住鼠标左键并顺时针或逆时针旋转即可。例如，将如图 4-15 所示的"横卷形"图形进行任意旋转，旋转后的效果如图 4-16 所示。

图 4-15　选中旋转图形

图 4-16　任意旋转后的效果

如果图形中有文字，在旋转自选图形时，文字不会跟着一起旋转。

（3）添加文字

在自选图形中添加文字，鼠标右击该自选图形，在弹出的快捷菜单中选择"添加文字"命令，然后再输入所需的文字，所添加的文字就成为该图形的一部分。

（4）设置图形样式

选中自选图形，在"格式"选项卡的"文本框样式"选项组中可以选择一种样式，还可以设置图形的填充、轮廓等。例如，将六边形分别选择不同的样式，效果如图 4-17 所示。

图 4-17　设置不同样式的六边形

将六边形分别进行颜色、图片、渐变、纹理和图片填充，效果如图 4-18 所示。

图 4-18　六边形不同的填充效果

（5）设置图形阴影效果

选中自选图形，在"格式"选项卡的"阴影效果"选项组中可以设置阴影的样式、颜色等，效果如图 4-19 所示。

图 4-19　设置图形阴影效果

（6）设置叠放次序

当绘制的多个自选图形位置相同时，它们会层层重叠起来，但不会相互排斥。此时，可以调整图形的叠放次序，产生不同的效果。

切换到"格式"选项卡，在"排列"选项组中单击"置于顶层"下拉箭头，打开如图 4-20 所示的"置于顶层"下拉菜单；也可以单击"置于底层"下拉箭头，打开如图 4-21 所示的"置于底层"下拉菜单。

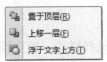

图 4-20   "置于顶层"下拉菜单

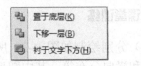

图 4-21   "置于底层"下拉菜单

例如，将不同的自选图形选择样式和填充颜色后，设置不同的叠放次序，效果分别如图 4-22～图 4-24 所示。

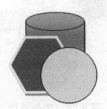

图 4-22   圆置于顶层

图 4-23   圆置于底层

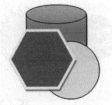

图 4-24   圆上移一层

（7）组合图形

如果在文档中绘制了一组图形，要将这一组图形移动位置，但又不想使图形间有相互移动，这时可以使用组合功能将各个图形组合成一个图形。

在文档中添加并设置好多个图形的格式后，按住 Shift 键，选中要组合的图形，此时每个图形周边出现 8 个控制点，如图 4-25 所示。切换到"格式"选项卡，在"排列"选项组中单击"组合"按钮，打开"组合"下拉菜单，选择"组合"命令，此时选中的一组图形只在最外围出现 8 个控制点，这一组图形已成为一个整体，如图 4-26 所示。

图 4-25   组合前的图形

图 4-26   组合后的图形

如果要重新组合图形，选中组合的图形后，在"排列"选项组中单击"组合"按钮，打开"组合"下拉菜单，选择"取消组合"命令，可以调整图形间的位置。

（8）对齐和排列图形

当文档中有多个图形时，经常要对这些图形进行对齐和排列分布。对齐图形时，先选中要排列的多个图形，在"排列"选项组中单击"对齐"按钮，在"对齐"下拉菜单中选择一种对齐方式即可，如图 4-27 所示。

排列图形对象，是指使图形相互之间等距离分布，有横向分布和纵向分布两种，但选择要排列的图形对象必须在 3 个及以上。

图 4-27   "对齐"下拉菜单

课堂训练

（1）分别绘制如图 4-28 所示的图形，并进行文字填充、选择样式、填充颜色、设置顶端对齐和横向分布等，其中圆形用红色填充，角星用黄色填充。

（2）调整各图形的大小和位置，并进行适当的旋转。

（3）将图形两两进行叠放，如图 4-29 所示。

图 4-28　绘制的图形

图 4-29　图形叠放

（4）将 4 个图形组合成一个图形。

（5）自行绘制一个图形，并应用不同的三维效果，观察结果。

 任务评价

根据表 4-1 的内容进行自我学习评价。

表 4-1　学习评价表

评 价 内 容	优	良	中	差
能绘制自选图形				
能设置图形的样式、填充颜色				
能在图形中输入文字				
能设置图形的阴影效果				
能设置图形的三维效果				
能对图形进行排列及组合图形				
能根据文档内容自行绘制一个图形				

任务 2　绘制 SmartArt 图形

 **任务背景**

　　小王经常编制公司的业务流程图，为使业务流程图清晰、美观，除了使用形状外，还需要绘制 SmartArt 图形，图 4-30 所示的是一个简单的公司销售业务流程图。

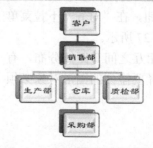

图 4-30　公司销售业务流程图

任务分析

创建 SmartArt 图形时，系统将提示选择一种 SmartArt 图形类型，例如"流程"、"层次结构"、"循环"或"关系"，每种类型包含几种不同的布局。选择 SmartArt 图形布局时，明确需要传达什么信息以及是否希望信息以某种特定方式显示。由于切换布局非常方便，因此可以尝试不同类型的不同布局，直至找到一个最适合对信息进行图解的布局为止。当切换布局时，大部分文字和其他内容、颜色、样式、效果和文本格式会自动带入新布局中。

任务实施

SmartArt 图形是信息和观点的视觉表示形式。可以通过从多种不同布局中进行选择来创建 SmartArt 图形，从而快速、轻松、有效地传达信息。SmartArt 图形主要用于演示流程、层次结构、循环或关系等。

切换到"插入"选项卡，单击"插图"选项组中的"SmartArt"按钮，在 Word 文档兼容模式下，打开"图示库"对话框，如图 4-31 所示。在"图示库"对话框中有 6 种图示类型。在非兼容模式下，打开"选择 SmartArt 图形"对话框，如图 4-32 所示。内置的 SmartArt 图形有列表、流程、循环、层次结构、关系、矩阵、棱锥图 7 种类型，80 余种不同的模板。

图 4-31   "图示库"对话框

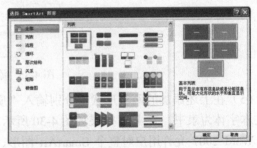

图 4-32   "选择 SmartArt 图形"对话框

- 列表：包括蛇形、图片、垂直、水平、流程、层次、目标、棱锥等，用来显示非有序信息块或分组信息块的图表。
- 流程：包括水平流程、列表、垂直、蛇形、箭头、公式、漏斗、齿轮等，用来在流程或时间线中显示步骤的图表。
- 循环：包括图表、齿轮、射线等，用来显示连续的流程图表。
- 层次结构：包含组织结构，用来创建组织结构图或显示决策树的图表。
- 关系：包括漏斗、齿轮、箭头、棱锥、层次、目标、列表流程、公式、射线、循环、目标、维恩图等，用来对连接进行图解的图表。
- 矩阵：以象限的方式显示整体与局部的关系。
- 棱锥图：用于显示包含、互连或层级等关系

例如，创建如图 4-30 所示的流程图，该流程图是一种层次结构，操作步骤如下。

（1）创建一个非兼容模式的 Word 文档，切换到"插入"选项卡，在"插图"选项组中单击 SmartArt 按钮，打开如图 4-32 所示的"选择 SmartArt 图形"对话框。

（2）选择"层次结构"列表中的"层次结构"选项，单击"确定"按钮，图示出现在文档中，并自动切换到"设计"选项卡，在"SmartArt 样式"选项卡中单击"更改颜色"按

钮，选择图示的颜色为"彩色-强调文字颜色"选项，再设置 SmartArt 样式为"嵌入"效果，如图 4-33 所示。

（3）单击第 2 层右侧的"文本"形状，连续按两次 Delete 键，删除右侧的分支，单击图形中的"文本"，分别输入文字，如图 4-34 所示。

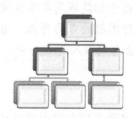

图 4-33   图形"嵌入"样式

图 4-34   删除形状并输入文字

（4）选中"仓库"形状，切换到"格式"选项卡，在"创建图形"选项组的"添加形状"下拉菜单中选择"在后方添加形状"命令；用同样的方法，选中"仓库"形状，在其下方添加一个形状，如图 4-35 所示。

图 4-35   添加形状

（5）在上述添加的两个形状中分别输入"质检部"和"采购部"文本，并设置各形状中的文本字体为隶书、12 号，效果如图 4-30 所示。

Word 2007 允许用户对整个 SmartArt 图形、文字和构成 SmartArt 的子图形分别进行设置和修改，可以改变各部分的大小，进行图形区内的文字格式的填充、修改和改变形状等效果。

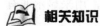 **相关知识**

1．添加 SmartArt 图形形状

一般的 SmartArt 图形是由一条一条的形状组成的，有些 SmartArt 图形的形状是固定不变的，而很多则是可以修改的。如果默认的形状不够用，可以添加。当选中 SmartArt 图形图表中的某个项目时，在"设计"选项卡中单击"添加形状"按钮，通过下拉菜单中的"在前面添加形状"、"在后面添加形状"、"在上方添加形状"与"在下方添加形状"命令即可添加形状。如果要删除形状，只需选中构成图形中的形状，按 Delete 键即可。

2．更改 SmartArt 图形布局

SmartArt 图形的布局就是图形的基本形状，也就是在刚开始插入 SmartArt 图形时选择的图形类别和形状。如果用户对 SmartArt 图形的布局不满意，可以在"设计"选项卡的"布局"选项组中选择一种样式，如图 4-36 所示。也可以单击"其他"按钮，从下拉列表框中选择一种布局样式，如图 4-37 所示。例如，将图 4-30 的业务流程图样式更改为水平层次结构，效果如图 4-38 所示。

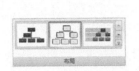

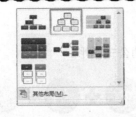

图 4-36 "布局"选项组　　　　图 4-37 "层次结构"图形样式　　图 4-38 "水平层次结构"流程图

3. 更改 SmartArt 图形样式

"SmartArt 工具"的"设计"选项卡中的"SmartArt 样式"选项组是动态的，它会随着用户插入的 SmartArt 图形自动变化，从中可以选择合适的样式，如图 4-39 所示。例如，将如图 4-38 所示的"水平层次结构"流程图更改为"砖块场景"样式，效果如图 4-40 所示。

图 4-39 "SmartArt 样式"选项组　　　　　　　图 4-40 "砖块场景"样式流程图

4. 更改 SmartArt 图形颜色

在"SmartArt 工具"的"设计"功能区内单击"更改颜色"按钮，在"更改颜色"下拉菜单中显示出所有的图形颜色样式，用户在颜色样式列表中选择合适的颜色即可，如图 4-41 所示。

5. 设置 SmartArt 图形填充效果

在"SmartArt 工具"的"格式"选项卡的"形状样式"选项组中，单击"形状填充"按钮，弹出"形状填充"下拉菜单，如图 4-42 所示。通过其中的命令可以为 SmartArt 图形设置填充色、填充纹理或填充图片。

6. 设置 SmartArt 图形形状效果

在"SmartArt 工具"的"格式"选项卡的"形状样式"选项组，单击"形状效果"按钮，弹出"形状效果"下拉菜单，如图 4-43 所示。用户可以通过其中的命令为 SmartArt 图形设置阴影、映像、发光、柔化边缘、棱台、三维旋转等效果。

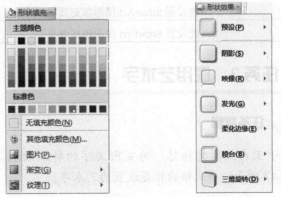

图 4-41 "更改颜色"下拉菜单　　图 4-42 "形状填充"下拉菜单　　图 4-43 "形状效果"下拉菜单

课堂训练

（1）绘制一个如图 4-44 所示的成功公式图形。

图 4-44　绘制的成功公式图形

（2）绘制一个如图 4-45 所示的课程体系 SmartArt 图形。

（3）绘制一个如图 4-46 所示的太阳系八大行星示意图。

图 4-45　课程体系图形

图 4-46　太阳系八大行星示意图

 任务评价

根据表 4-2 的内容进行自我学习评价。

表 4-2　学习评价表

评 价 内 容	优	良	中	差
能根据需要绘制 SmartArt 图形				
能添加 SmartArt 图形形状				
能更改 SmartArt 图形布局				
能更改 SmartArt 图形样式				
能设置 SmartArt 图形颜色				
能设置 SmartArt 图形填充效果				
能设置 SmartArt 图形形状效果				

任务 3　使用艺术字

 任务背景

　　小王在编辑文档时，为突出文字的特殊效果，常在文档的显著位置插入艺术字，如图 4-47 所示，将文档的标题设置为艺术字。

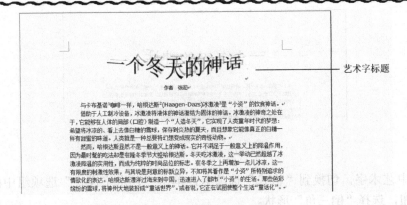

图 4-47　设置艺术字效果

　任务分析

艺术字是经过艺术加工的汉字变形字体，字体特点符合文字含义、具有美观有趣、易认易识、醒目张扬等特性，是一种有图案意味或装饰意味的字体变形。艺术字经过变体后，千姿百态，变化万千，是一种字体艺术的创新。

　任务实施

操作 1　插入艺术字

（1）打开"一个冬天的神话"文档，将插入点移到标题位置，在"插入"选项卡的"文本"选项组中，单击"艺术字"按钮，打开"艺术字"样式库，如图 4-48 所示。

（2）单击选择一种艺术字样式，如"艺术字样式 4"，打开"编辑艺术字文字"对话框，如图 4-49 所示。在"文本框"中输入需要编辑的文字，例如，输入"一个冬天的神话"，还可以设置字体、字号等。

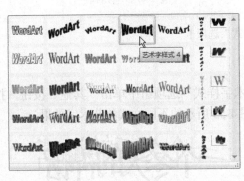

图 4-48　　"艺术字"样式库

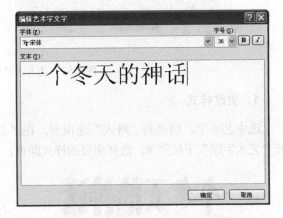

图 4-49　　"编辑艺术字文字"对话框

如果在文档中输入标题，可以选中该标题，打开"编辑艺术字文字"对话框时，在"文本框"中直接显示该标题内容。

（3）单击"确定"按钮，得到艺术字效果，如图 4-50 所示。

一个冬天的神话

作者　张闲

与卡布基诺[1]咖啡一样，哈根达斯[2](Haagen-Dazs)冰激凌[3]是“小资”的饮食神话。

借助于人工制冷设备，冰激凌将液体的神话凝结为固体的神话。冰激凌的神奇之处在于，它能够在人体的局部（口腔）制造一个“人造冬天”，它实现了人类童年时代的梦想：希望将冰凉的、看上去像白糖的雪球，保存到炎热的夏天，而且想象它能像真正的白糖一样有甜蜜的味道。人类就是一种总要将幻想变成现实的奇怪动物。

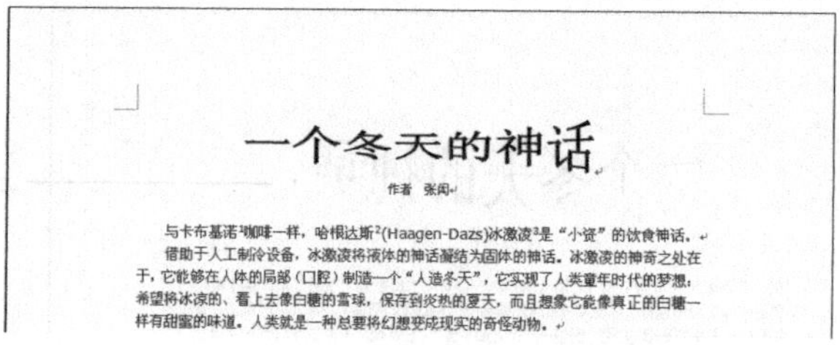

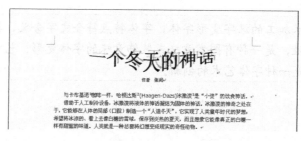

图 4-50　插入艺术字效果

（4）选中艺术字，切换到“格式”选项卡，单击“艺术字样式”选项组中的“更改形状”下拉按钮，选择“倒三角”形状。

（5）单击“阴影效果”下拉按钮，选择一种效果，如选择“阴影样式 2”，效果如图 4-51 所示。

一个冬天的神话

作者　张闲

与卡布基诺[1]咖啡一样，哈根达斯[2](Haagen-Dazs)冰激凌[3]是“小资”的饮食神话。

借助于人工制冷设备，冰激凌将液体的神话凝结为固体的神话。冰激凌的神奇之处在于，它能够在人体的局部（口腔）制造一个“人造冬天”，它实现了人类童年时代的梦想：希望将冰凉的、看上去像白糖的雪球，保存到炎热的夏天，而且想象它能像真正的白糖一样有甜蜜的味道。人类就是一种总要将幻想变成现实的奇怪动物。

图 4-51　设置艺术字效果

操作 2　艺术字设置

如果对艺术字的设置效果不满意，还可以进行修改。选中艺术字，切换到“格式”选项卡，如图 4-52 所示。可以对艺术字进行设置，包括对艺术字进行编辑、调整字间距、更改艺术字样式、设置艺术字效果、艺术字形状、文字环绕方式等。

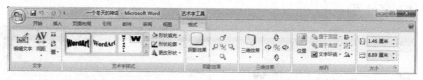

图 4-52　艺术字“格式”选项卡

1. 更改样式

选中艺术字，切换到“格式”选项卡，在“艺术字样式”选项组中单击“其他”按钮，打开“艺术字库”下拉菜单，选择所要的样式即可，图 4-53 所示的不同样式的艺术字效果。

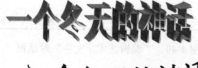

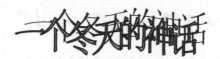

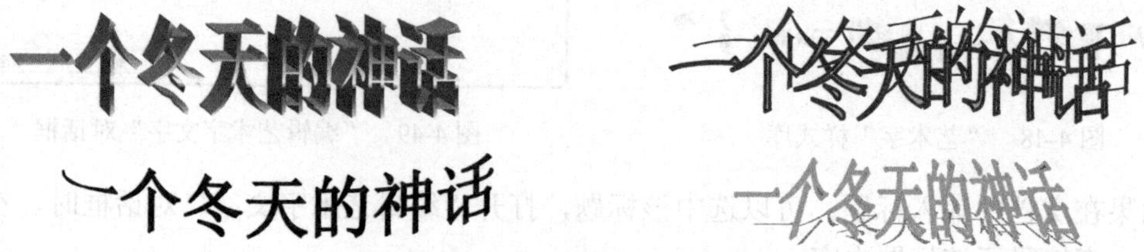

图 4-53　艺术字样式效果示例

有些艺术字样式已经带有阴影和三维效果，如果对这些样式不满意，也可以通过"艺术字工具"下的"格式"选项卡的"阴影效果"和"三维效果"选项组给艺术字设置阴影和三维效果，分别如图 4-54 和图 4-55 所示。

图 4-54　艺术字阴影效果示例

图 4-55　艺术字三维效果示例

2．更改格式

选中艺术字，切换到"格式"选项卡，单击"大小"选项组中的启动器按钮，打开"设置艺术字格式"对话框，如图 4-56 所示。

在该对话框中可以分别设置艺术字的填充颜色、大小、位置和文字环绕方式等。例如，在文档中插入艺术字"哈根达斯"，样式为"艺术字样式 24"，并设置楷体、字号为 36；环绕方式为"浮于文字上方"，效果如图 4-57 所示。

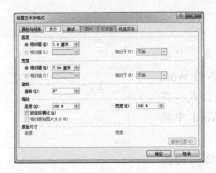

图 4-56　"设置艺术字格式"对话框

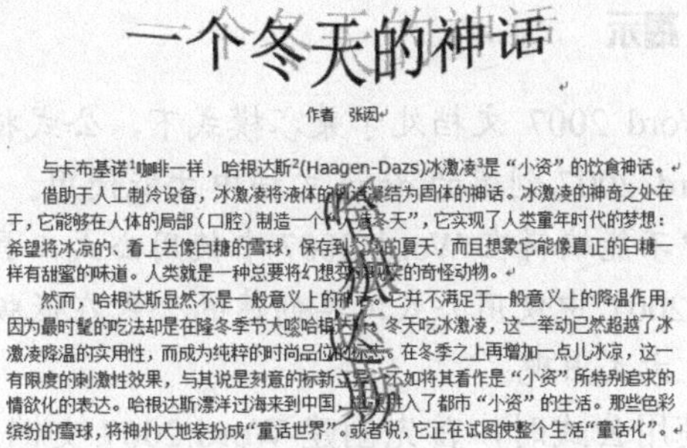

图 4-57　设置艺术字效果示例

3．更改形状

选中艺术字，切换到"格式"选项卡，在"艺术字样式"选项组中单击"更改形状"按钮，打开"艺术字形状"下拉菜单，如图 4-58 所示。选择一种形状，即可得到一种修改后的艺术字效果，如图 4-59 所示。

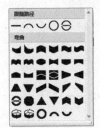

图 4-58　"艺术字形状"下拉菜单

图 4-59　艺术字形状效果示例

艺术字还常广泛应用于宣传、广告、商标、标语、黑板报、企业名称、会场布置、展览会，以及商品包装和装潢，各类广告、报刊杂志和书籍的装帖上等，越来越被大众喜欢。例如，在制作贺卡中使用艺术字，交果如图 4-60 所示。

图 4-60　贺卡中应用艺术字效果示例

 **相关知识**

在 Word 文档中有时需要插入一些数学、物理公式，如 $(1+x)^n = 1 + \dfrac{nx}{1!} + \dfrac{n(n-1)}{2!} + \dots$、

$(x+a)^n = \sum_{k=0}^{n} \binom{n}{k} x^k a^{n-k}$ 、 $x = \dfrac{-b \pm \sqrt{b^2 - 4ac}}{2a}$ 等。为方便排版，Word 2007 提供了强大的公式编辑工具方便用户使用。

提示

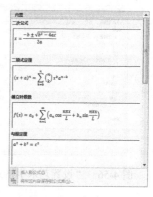

图 4-61　内置的公式

Word 2007 文档处于兼容模式下，公式将无法使用，只能在 Word 2007 创建的.docx 文档中才能使用。在低版本的 Word 文档中不能编辑在 Word 2007 中使用公式工具创建的公式，在 Word 2007 中使用公式工具创建的公式在低版本的 Word 中将以图片方式出现。

使用公式时，首先创建 Word 2007 文档.docx，然后切换到"插入"选项卡，在"符号"选项组中单击"公式"按钮，系统内置了一些常见的公式，选择后可以直接插入公式，如图 4-61 所示。插入公式后的"设计"选项卡，如图 4-62 所示。

图 4-62　"设计"选项卡

例如，在文档中插入数学公式：

$$\sin x = x - \frac{x^3}{3!} + \frac{x^5}{5!} \dots + (-1)^{n-2} \frac{x^{2n-1}}{(2n-1)\colon} + \dots (-\infty < x < +\infty)^{n-2}$$

操作步骤如下：

（1）切换到"插入"选项卡，在"符号"选项组中单击"公式"按钮，切换到"设计"选项卡，在"结构"选项组中单击"函数"按钮，从"函数"下拉菜单中选择"正弦函数"选项，如图 4-63 所示。

（2）插入函数后，在"公式框"中出现 sin，在 sin 后的虚框中输入 x，再将光标置于 x 后，输入=x-，此时"公式框"为 sinx = x-。

（3）在"结构"选项组中单击"分数"按钮，从"分数"下拉菜单中选择"分数（竖式）"选项，如图 4-64 所示。

图 4-63　"函数"下拉菜单

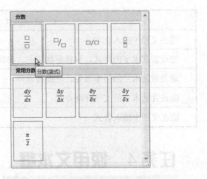

图 4-64　　"分数"下拉菜单

（4）插入"分数（竖式）"后，"公式框"内容为 sinx = x-□/□，上下各有一个虚框分别用来输入分子和分母，单击分母虚框，并输入 3!；再单击分子虚框，切换到"结构"选项组中单击"上下标"按钮，从"上下标"下拉菜单中选择"上标"选项，如图 4-65 所示。然后输入分子 x^3，"公式框"内容为 $sinx = x - \dfrac{x^3}{3!}$。

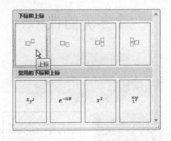

图 4-65　"上下标"下拉菜单

（5）重复上述操作，在"公式框"中输入公式 $sinx = x - \dfrac{x^3}{3!} + \dfrac{x^5}{5!} - \cdots + (-1)^{n-1}\dfrac{x^{2n-1}}{(2n-1)!} + \cdots$，然后通过键盘和"设计"选项卡中的"符号"选项组，输入 $(-\infty < x < +\infty)$，此时已完成整个公式的输入 $sinx = x - \dfrac{x^3}{3!} + \dfrac{x^5}{5!} - \cdots + (-1)^{n-1}\dfrac{x^{2n-1}}{(2n-1)!} + \cdots, (-\infty < x < +\infty)$。

课堂训练

（1）将"我的母亲"文档中的标题设置为艺术字，并进行形状、阴影效果、三维效果修饰。

（2）将插入的艺术字设置不同的环绕方式，并查看效果。

（3）制作一个新年贺卡，并在贺卡中插入艺术字。

（4）在文档中插入公式：$\sum_{n=1}^{\infty} \dfrac{(-1)^{n-2}}{n} = \ln 2$

（5）在文档中插入公式：$\dfrac{(a+1)(a+2)\dots(a+n)}{n!}=\dfrac{(a+n)!}{a!n!}$（$a\geq 0$）

 任务评价

根据表 4-3 的内容进行自我学习评价。

表 4-3　学习评价表

评价内容	优	良	中	差
能在文档中插入艺术字				
能设置艺术字的样式，包括形状填充、形状轮廓以及更改形状等				
能设置艺术字的阴影效果、三维效果等				
能设置艺术字的文字环绕方式				
能在文档中插入公式				

任务4　使用文本框

 任务背景

　　在文档编辑过程中，为突出文档的效果，常在文档中添加文本框，使页面更加生动活泼，如图 4-66 所示。

图 4-66　使用文本框的文档

 任务分析

　　Word 中的文本框是指一种可移动、可调大小的文字或图形容器。使用文本框，可以在一页上放置数个文字块，或使文字按与文档中其他文字不同的方向排列。在如图 4-66 所示的文档中，共添加了 3 个文本框。使用文本框时，一般要经过插入文本框、输入文本、设置格式等步骤。

任务实施

操作 1 插入文本框

在文档中要使用文本框的位置插入一个文本框，然后再在文本框中输入文字。

（1）打开文档，切换到"插入"选项卡，在"文本"选项组中单击"文本框"按钮，打开"文本框"下拉菜单，如图 4-67 所示。

（2）Word 2007 提供了 30 多种样式的文本框模板供用户选择，主要在排版的位置、颜色、大小有所区别，可根据需要选择一种。例如，在文档正文开始位置插入内置的"现代型引述"文本框，效果如图 4-68 所示。

图 4-67　"文本框"下拉菜单

图 4-68　插入内置的文本框

（3）拖动文本框左侧或右侧的控制按钮，使其变为椭圆形状，再在文本框中输入文本内容并设置文本格式，如图 4-69 所示。

（4）在如图 4-67 所示的"文本框"下拉菜单中，选择"绘制文本框"选项，鼠标指针变为"＋"形状，在文档中要插入文本框的位置按住鼠标左键并拖动，即可绘制出一个文本框，同时在文本框中出现一个插入点，然后输入文本，并在文本框"格式"选项卡的"文本"选项组中设置文字方向为竖排，其效果如图 4-70 所示。

图 4-69　在文本框中输入文本

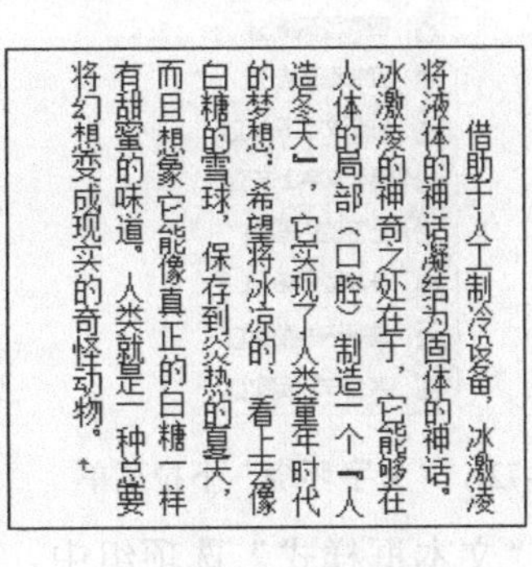

图 4-70　绘制的文本框

操作 2　设置文本框格式

在文档中插入文本框后，通常还需要设置文本框的格式，如设置文本框的大小、环绕方式、样式、填充、边框颜色、边框线型及形状等。设置文本框格式在"格式"选项卡中进行操作设置，如图 4-71 所示。

图 4-71　文本框"格式"选项卡

1．设置文本框大小

将鼠标指针移到文本框的边框，单击鼠标，选中文本框，此时边缘上出现 8 个控制点，将鼠标指针移到控制点上，单击拖动边框的控制点可放大或缩小文本框。

2．设置文字环绕方式

在文档中绘制文本框后，默认的文字环绕方式是"浮于文字上方"，这时将覆盖文档中的部分内容，也不能将文本框设置为"衬于文字下方"。在文档中绘制文本框后，根据排版的需要设置文字环绕方式可以是"嵌入型"、"四周型环绕"、"紧密型环绕"、"上下型环绕"与"穿越型环绕"等，如图 4-72 所示。例如，将如图 4-70 所示的文本框设置为"四周型环绕"方式。

3．设置文本框样式

Word 2007 为文本框预设了多种样式，在"格式"选项卡的"文本框样式"选项组中可以选择文本框的样式，也可以单击"其他"按钮，打开"文本框"样式库，如图 4-73 所示，选择所需要的样式。例如，将如图 4-70 所示的文本框设置为"透视阴影-强调文字颜色6"样式，效果如图 4-74 所示。

图 4-72　"文字环绕"下拉菜单

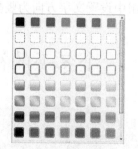

图 4-73　"文本框"样式库

在"文本框样式"选项组中，单击"更改形状"按钮，可以设置文本框的形状；单击"形状轮廓"按钮，可以设置文本框的边框颜色、粗细、虚线、箭头、图案等。单击右下角的"高级工具"按钮，打开"设置文本框格式"对话框，如图 4-75 所示。在"颜色与线条"选项卡中，设置填充颜色的透明度为 68%。

4．设置文本框填充

选中要填充的文本框，在"文本框样式"选项组中单击"形状填充"按钮，打开"形状填充"下拉菜单，如图 4-76 所示，可以添加或更改文本框的填充颜色。单击"渐变"按钮，打开如图 4-77 所示的"渐变"样式库，选择所需的渐变样式，也可以自定义渐变样式。单击"形状填充"下拉菜单中的"纹理"按钮，打开如图 4-78 所示的"纹理"样式库，可以添加或更改填充纹理。

图 4-74   设置文本框样式的效果

图 4-75   "设置文本框格式"对话框

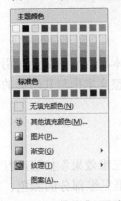

图 4-76   "形状填充"下拉菜单

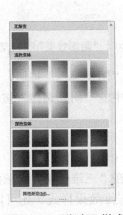

图 4-77   "渐变"样式库

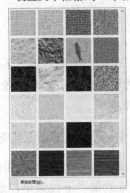

图 4-78   "纹理"样式库

另外，还可以给文本框添加填充图片和图案效果。单击"形状填充"下拉菜单中的"图片"按钮，打开"选择图片"对话框，查找并选择所需要的图片。单击"形状填充"下拉菜单中的"图案"按钮，打开"填充效果"对话框，在"图案"选项卡中选择所需要的图案，如图 4-79 所示。

图 4-79   "图案"选项卡

5. 设置文本框阴影

选中要添加阴影效果的文本框，在"格式"选项卡的"阴影效果"选项组中单击"阴影效果"按钮，打开如图 4-80 所示的"阴影效果"下拉菜单，选择所需要的阴影效果。

图 4-80　"阴影效果"下拉菜单

单击"阴影效果"下拉菜单中的"阴影颜色"按钮，可以设置文本框的阴影颜色与阴影的透明度。单击"阴影效果"选项组中的"阴影调控"按钮，可以调整文本框与其阴影的距离等。

6. 设置文本框三维效果

选中要添加三维效果的文本框，在"三维效果"选项组中单击"三维效果"按钮，打开"三维效果"下拉菜单，选择所需的三维效果样式。还可以设置文本框三维部分的颜色、三维立体部分的深度、三维立体部分的方向、三维光源的照明方向以及表图效果等。例如，分别设置文本框三维颜色、深度和方向，效果如图 4-81 所示。

图 4-81　设置文本框三维效果

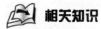 **相关知识**

文本框之间可以建立链接，通过链接文本框可以将多个文本框内容链接成一个整体，即当一个文本框中的内容容纳不下时，自动移到下一个文本框中；当在一个文本框中添加文本时，其中原有的文本会自动排入到下一个文本框；当删除一个文本框中的文本时，下一个文本框的内容将上移。

1. 建立文本框链接

（1）打开文档，切换到"插入"选项卡，在"文本"选项组中单击"文本框"按钮，从打开的"文本框"下拉菜单中选择一种文本样式，插入第一个文本框。

（2）重复步骤（1）操作，在其他需要插入的位置，插入多个文本框。

（3）右击第一个文本框，从快捷菜单中选择"创建文本框链接"选项，或切换到"格式"选项卡，在"文本"选项组中单击"创建链接"按钮，此时文档区域中的光标形状变为杯状🥤。

（4）移动鼠标指针到需要链接的第二个文本框上，此时直立的杯状鼠标指针形状🥤将变为倾斜的杯状鼠标指针形状🥤，然后单击。这样第一个文本框就与第二个文本框建立起链接。

 提示

这里的第一个、第二个文本框是指链接的顺序，而不是文本框在文档中的真实的位置次序，两个文本框可以不在同一页上。要链接的文本框必须是空的，而且未链接到其他文档部分。

步骤

（5）要链接第三个文本框，单击要链接文本框的前一个文本框，然后重复步骤（3）和（4），直至所有需要链接的文本框全部链接起来。

（6）建立链接文本框后，在第一个文本框中输入文本时，如果该文本框中已输满，文本将会自动输入到已经链接的其他文本框中。

选择"创建文本框链接"选项或单击"创建链接"按钮后，如果此时不想建立链接，可以按 Esc 键取消该操作。文本框链接在一起后，对文本框的格式操作仍然是独立的。

2. 浏览链接文本框

创建链接的文本框后，当浏览各文本框的内容时，选择链接文本框中的任意一个，右击该文本框，在快捷菜单中选择"下一个文本框"选项，如图 4-82 所示。Word 自动跳转到当前文本框的下一个链接文本框。如果已到达链接文本框的最后一个文本框，该按钮会自动失效。同样，右击文本框，在快捷菜单中选择"前一个文本框"选项，如图 4-83 所示，Word 就会自动跳转到当前文本框的前一个链接文本框。如果已到达链接文本框的第一个文本框，该按钮会自动失效。

图 4-82　选择"下一个文本框"选项　　　图 4-83　选择"前一个文本框"选项

3. 断开和删除文本框链接

图 4-84　使用文本框绘制的日历

 任务评价

根据表 4-4 的内容进行自我学习评价。

表 4-4　学习评价表

评价内容	优	良	中	差
能绘制文本框				
能插入内置的文本框				
能设置文本框的样式				
能设置文本框的阴影效果、三维效果等				
能设置文本框的文字环绕方式				
会创建文本框之间的链接				

任务 5　插入图片

 **任务背景**

在报刊、杂志、宣传资料中，最常见的是图文并茂。为使文档更加形象、直观，表达文档的具体内容、生动，常在文档中插入图片，如图 4-85 所示。

图 4-85　在文档中插入图片

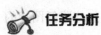
任务分析

文字、图片素材准备好后，就可以利用 Word 提供的插入图片及图片编辑功能，制作出图文混排的效果。图片可以来自网络、数码相机、文档或从他人处复制而来。在如图 4-85 所示的文档中，包括文本、艺术字、文本框、形状、图片等对象。在文档中插入图片效果一般要经过插入图片、设置图片格式、图片样式设置、文字环绕等版式设置。

任务实施

操作 1　插入图片

打开文档，将插入点移到要插入图片的位置，切换到"插入"选项卡，在"插图"选项组中单击"图片"按钮，打开"插入图片"对话框，查找并选择一张要插入的图片（文档中的"哈根达斯"图片可以从网上下载），单击"插入"按钮，将图片插入到文档中，效果如图 4-86 所示。

图 4-86　插入的图片

在如图 4-85 所示文档的右下角插入的是一个形状，在该形状中添加文字后，再插入图片，设置图片的文字环绕方式，如设置为"浮于文字上方"或"穿越型环绕"方式。

用同样的方法，可以在文档中插入其他图片。

操作 2　设置图片格式

插入到文档中的图片往往需要进行格式设置，常见的操作有图片的位置、大小、形状、文字环绕方式等。

选中插入文档中的图片，自动出现"图片工具"的"格式"选项卡，如图 4-87 所示

图 4-87　"格式"选项卡

1. 调整图片格式

在"格式"选项卡的"调整"选项组可以调整图片的格式。

（1）亮度：单击该按钮，打开"亮度"下拉菜单，如图 4-88 所示，增加或降低图片的亮度。

（2）对比度：单击该按钮，打开"对比度"下拉菜单，如图 4-89 所示，增加或降低图片的对比度。

图 4-88　"亮度"下拉菜单　　图 4-89　"对比度"下拉菜单　　图 4-90　"重新着色"下拉菜单

（3）重新着色：单击该按钮，打开"重新着色"下拉菜单，如图 4-90 所示，可以对图片进行颜色变体设置，图 4-91 分别给出了一幅图片的原始效果、"冲蚀"、"黑白"和"强调文字颜色 5 浅色"4 种效果。

图 4-91　图片不同着色效果的对比

提示

在 Word 2007 兼容模式下，系统提供了"自动"、"灰度"、"黑白"、"冲蚀"和"设置透明色"命令，可以对图片进行重新着色。其中"自动"模式是指图片颜色与插入前图片的颜色一致；"灰度"模式是指各颜色按照灰度变成相应的灰色；"黑白"模式是指图片只有黑白两种颜色；"冲蚀"模式是指图片具有水印效果。

设置透明色，选中要设置透明色的图片，从"重新着色"下拉菜单中选择"设置透明色"命令，光标变为笔形状。用笔形状光标单击图片上的要设置透明色的区域，单击位置的颜色将变为透明色的效果，此时透出来的背景为白色，图 4-92 所示是将同一图片的不同位置设置为透明色。

图 4-92　设置不同位置的透明色

设置透明色就是将图片的背景色设置为透明色，前提是原始图片必须全部着色，不能有未着色的区域和点。显示时透明色与背景色相同；打印时，透明色与纸张颜色相同，并只能将一种颜色设置为透明色。

（1）压缩图片：单击该按钮，打开"压缩图片"对话框，对图片进行压缩，压缩后的图片会降低图片的质量。

（2）更改图片：重新选择图片。

（3）重设图片：将图片的颜色、尺寸等格式恢复到原始图片形状。

2．设置图片样式

Word 2007 提供了 28 种图片样式。

（1）图片样式：选中文档中的图片，在"图片样式"选项组中单击"其他"按钮，从打开的"图片"样式库中选择要设置图片的边框样式，如图 4-93 所示。例如，对一张图片设置不同的样式，效果如图 4-94 所示。

图 4-93 "图片"样式库

图 4-94 设置图片不同样式效果示例

（2）图片形状：单击该按钮，打开"图片形状"下拉菜单，如图 4-95 所示，选择要更改的图片形状。例如，对于一张图片选择不同的"公式形状"，效果如图 4-96 所示。

图 4-95 "图片形状"下拉菜单

图 4-96 图片形状效果示例

（3）图片边框：单击该按钮，打开"图片边框"下拉菜单，选择形状轮廓的颜色、宽度和虚线等。

（4）图片效果：单击该按钮，打开"图片效果"下拉菜单，设置图片的视觉效果，如图 4-97 所示。例如，对一张图片设置不同的视觉效果，如图 4-98 所示。

图 4-97   "图片效果"下拉菜单

图 4-98   图片效果示例

3. 设置排列效果

在"排列"选项组中可以设置图片的文字环绕、对齐方式、组合与旋转等。

（1）位置：单击该按钮，打开"位置"下拉菜单，设置图片的文字环绕方式。

（2）置于顶层：可将所选对象上移一层，或将所选对象置于所有对象前面，如图 4-99 所示，图片位于文本框上层。

（3）置于底层：可将所选对象下移一层，或将所选对象置于所有对象后面，如图 4-100 所示，图片位于文本框底层。

图 4-99   图片置于顶层

图 4-100   图片置于底层

（4）文字环绕：单击该按钮，打开"文字环绕"下拉菜单，设置文字环绕方式，如图 4-101 所示，按该文字环绕方式重新排列图片周围的文字。例如，在文档中分别设置了"四周型环绕"、"紧密型环绕"、"浮于文字上方"和"穿越型环绕"4 种不同的方式，如图 4-102 所示。

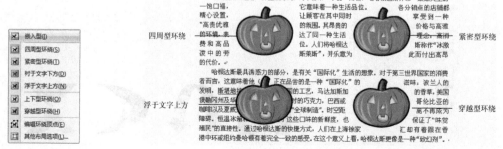

图 4-101   "文字环绕"下拉菜单

图 4-102   4 种不同的文字环绕方式示例

（5）对齐：单击该按钮，打开"对齐"下拉菜单，如图 4-103 所示，选择对象对齐方式，使所选的多个对象的边缘对齐。

（6）组合：单击该按钮，打开"组合"下拉菜单，选择对象的组合方式，将所选的多个对象组合到一起，将它作为一个对象进行处理。

（7）旋转：单击该按钮，打开"旋转"下拉菜单，选择对象的旋转方式，如图 4-104 所示。图 4-105 给出了同一图片不同方向旋转效果示例。

4．设置图片大小

在"大小"选项组中可以剪裁图片、设置图片的旋转角度、缩放比例、高度和宽度等。

（1）裁剪：单击该按钮，鼠标指针变成裁剪工具，单击尺寸控点并拖动鼠标，将隐藏部分图形。这部分图形在屏幕和打印时都不会显示（隐藏的部分实际上仍然存在，只是在屏幕和打印时都不会显示，只要再次单击"剪裁"按钮并拖动尺寸控点到它们原来的尺寸，就可以恢复隐藏的图形）。

（2）设置图形大小：单击"大小"选项组中的启动器按钮，打开"大小"对话框，如图 4-106 所示，设置图片大小。

图 4-103　"对齐"下拉菜单　　　　　图 4-104　"旋转"下拉菜单

图 4-105　设置不同方向旋转效果示例

在设置图片大小时，图片的"形状高度"和"形状宽度"命令是默认联动的，即锁定纵横比，只改变高度或宽度即可。

另外，单击"图片样式"选项组中的启动器按钮，打开"设置图片格式"对话框，如图 4-107 所示，设置图片的格式。

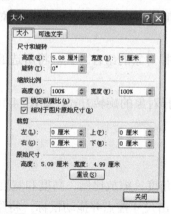

图 4-106　"大小"对话框

图 4-107　"设置图片格式"对话框

 相关知识

1．插入剪贴画

Word 提供了一个剪辑管理器，包含涉及背景、标记、建筑物、人物、科技等各领域的剪贴画。例如，在文档中插入剪贴画，效果如图 4-108 所示。

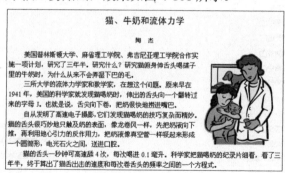

图 4-108　插入剪贴画

（1）先将插入点移到文档中要插入剪贴画的位置，切换到"插入"选项卡，在"插图"选项组中单击"剪贴画"按钮，打开"剪贴画"任务窗格，如图 4-109 所示。

（2）在"搜索文字"文本框中输入要查找的剪贴画名称，在"搜索范围"和"结果类型"下拉列表框中，选择要搜索范围和文件的类型，例如，搜索"猫"剪贴画，效果如图 4-110 所示。

图 4-109　"剪贴画"任务窗格

图 4-110　剪贴画搜索预览

（3）将鼠标指针移到所需要的剪贴画上，在剪贴画右侧出现向下箭头按钮，单击该按钮，从菜单中选择"插入"选项即可将当前选择的剪贴画插入到文档中。

（4）调整剪贴画大小和位置。右击插入文档中的剪贴画，选择"设置图片格式"选项，打开"设置图片格式"对话框，在"大小"选项卡"缩放"栏的"高度"框中，输入要调整的数值。

（5）在"版式"选项卡中选择"紧密型"方式，如图 4-111 所示。在文档中拖动剪贴画至适当位置即可。

如果不知道要插入剪贴画的名称，在"剪贴画"任务窗格中选择"管理剪辑"选项，打开"Microsoft 剪辑管理器"窗口，如图 4-112 所示。从"收藏集列表"的"Office 收藏集"中选择要插入的剪贴画，从右侧的扩展按钮的快捷菜单中选择"复制"选项，然后在文档中要插入的位置右击，从快捷菜单中选择"粘贴"选项即可。

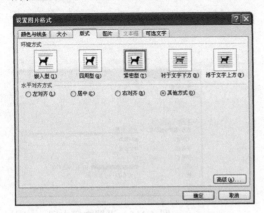

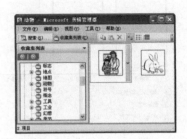

图 4-111　"版式"选项卡　　　　　　图 4-112　"Microsoft 剪辑管理器"窗口

2．制作水印效果

在打印一些重要文件时给文档加上水印，例如"绝密"、"保密"的字样，可以让获得文件的人都知道该文档的重要性。Word 2007 具有添加文字和图片两种类型水印的功能，而且能够随意设置大小、位置等。水印将显示在打印文档文字的下面，它是可视的，但不会影响文字的显示效果。

（1）添加文字水印。例如，在文档中添加文字水印"猫咪乖乖"，效果如图 4-113 所示。

图 4-113　添加文字水印

① 打开文档，在"页面布局"选项卡的"页面背景"选项组中，单击"水印"按钮，

打开"水印"下拉菜单，如图 4-114 所示。

② 选择"自定义水印"选项，出现"水印"对话框，选中"文字水印"单选按钮，在"文字"文本框中输入水印的文字内容，设置文字水印的字体、字号、颜色、透明度和版式，如图 4-115 所示。

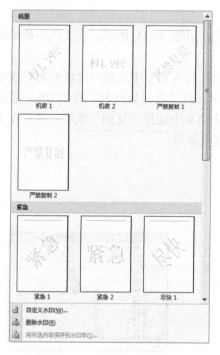

图 4-114　"水印"下拉菜单

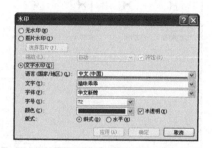

图 4-115　设置文字水印

③ 单击"应用"或"确定"按钮，即可看到文本中已经生成了设定的水印字样。

（2）添加图片水印。在"水印"对话框中选中"图片水印"单选按钮，再单击"选择图片"按钮，查找作为水印图案的图片。添加后，设置图片的缩放比例、是否冲蚀。冲蚀的作用是让添加的图片在文字后面降低透明度显示，以免影响文字的显示效果。设置图片水印的效果如图 4-116 所示。

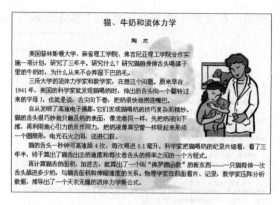

图 4-116　设置图片水印效果

Word 只支持在一个文档添加一种水印，若是添加文字水印后又添加了图片水印，则文字水印会被图片水印替换，在文档内只会显示最后制作的那个水印。

提示

在"打印"对话框中，单击"选项"按钮，选择"显示"选项，在右侧窗格的"打印选项"中，选中"打印背景色和图像"复选框，文档打印时连同水印一起打印出来。

课堂训练

（1）完成如图 4-85 所示文档的图文混排。

（2）创建一个如图 4-117 所示的奖状，要求背景为图片，插入形状、艺术字、图片等。

图 4-117　奖状

（3）搜集 2012 年伦敦奥运场馆图片及相关文字素材，制作一篇介绍伦敦奥运会的宣传文章。

 任务评价

根据表 4-5 的内容进行自我学习评价。

表 4-5　学习评价表

评 价 内 容	优	良	中	差
能在文档中插入图片				
能调整图片在文档中的位置和大小				
能设置图片的格式				
能设置图片的样式				
能设置图片的形状、边框、效果等				
能设置图片的排列方式，包括文字环绕、组合等				
能在文档中插入剪贴画				
能对文档进行图、文、表的混排				

思考与练习

一、思考题

1．文档中的形状有哪几种控点？各有什么作用？

2．能否在所有的形状中添加文字？

3．如何在文档中绘制一个全对称的图形，如正方形、圆形、三角形？

4．使用位置命令和文字环绕命令有什么区别？

5．如何在文档中插入一个公式？

6．什么情况下使用 SmartArt 图形？

7．什么情况下使用链接文本框？

8．如何对图片按一个指定的角度旋转？

二、操作题

1．制作一个如图 4-118 所示的节约用水的宣传张贴画。

图 4-118　节约用水的宣传张贴画

2．根据下列给出的文字和图片，编辑一个有关吸烟有害健康的海报。

吸烟的危害

　　烟草的烟雾中至少含有三种危险的化学物质：焦油，尼古丁和一氧化碳，焦油是由好几种物质混合成的物质，在肺中会浓缩成一种粘性物质。尼古丁是一种能使人成瘾的药物，由肺部吸收，主要是对神经系统产生影响。一氧化碳能减低红血球将氧输送到全身的能力。

　　尼古丁是一种难闻、味苦、无色透明的油质液体，挥发性强，在空气中极易氧化成暗灰色，能迅速溶于水及酒精中，通过口鼻支气管粘膜很容易被机体吸收。粘在皮肤表面的尼古丁亦可被吸收渗入体内。一支香烟所含的尼古丁可毒死一只小白鼠，20 支香烟的尼古丁可毒死一头牛。人的致死量是 50~70 毫克，相当于 20~25 支香烟的尼古丁的含量。如果将一支雪茄烟或三支香烟的尼古丁注入人的静脉内 3~5 分钟即可死亡。烟草不但对高等动物有害，对低等动物也有害，因此也是农业杀虫剂的主要成份。所以说：毒蛇不咬烟鬼，因为它们闻到吸烟所挥发出来的苦臭味，就避而高飞远走。同样道理被动吸烟者对烟臭味也有不适的感觉。

　　那么为什么有些人吸烟量较大并不中毒呢？每日吸卷烟一盒（20 支）以上的人很多，其中尼古丁含量大大超过人的致死量，但急性中毒死亡者却很少，原因是烟草中的部分尼古丁被烟雾中的毒物甲醛中和了，而且大多数不是连续吸烟，这些尼古丁是间断缓慢进入人体的。此外纸烟点燃后 50%的尼古丁随烟雾扩散到空气中，5%随烟头被扔掉，25%被燃烧破坏，只有 20%被机体吸收。而尼古丁在体内很快被解毒随尿排出。再加上长期吸烟者，体内对尼古丁产生耐受性，瘾癖性，而使人嗜烟如命。

　　吸烟的危害，尽人皆知。全世界每年因吸烟死亡达 250 万人之多，烟是人类第一杀手。自觉养成不吸烟的个人卫生习惯，不仅有益于健康，而且也是一种高尚公共卫生道德的体现。在吸烟的房间里，尤其是在冬天门窗紧闭的环境里，室内不仅充满了人体呼出的二氧化碳，还有吸烟者呼出的一氧化碳，会使人感到头痛、倦怠，工作效率下降，更为严重的是在吸烟者吐出来的冷烟雾中，烟焦油和烟碱的含量比吸烟者吸入的热烟含量多 1 倍，苯并芘多 2 倍，一氧化碳多 4 倍，氨多 50 倍。

　　吸烟害己害人，应该自觉养成不吸烟的良好卫生习惯。

3．按照如图 4-119 所示，对文档进行图文混排。

图 4-119　图文混排效果

第5章 使用 Excel 2007

Excel 2007 是微软公司推出的电子表格软件，它与 Word 2007、PowerPoint 2007 等组件一起，构成了一套完整的 Office 2007 办公软件系统。它不仅具有友好的用户界面、操作简单、易学易懂等特点，还具有强大的数据组织、计算、分折和统计功能，还可以通过图表、图形等多种形式形象地显示处理结果，更能够方便地与 Office 2007 其他组件相互调用数据，实现资源共享，广泛地应用于管理、统计财经、金融等众多领域。完成本章学习后，应该掌握以下内容。

- 创建数据表：包括了解 Excel 工作表的窗口组成，新建工作表、利用模板创建工作表，以及在工作表输入数据的简单方法。
- 输入数据：包括在工作表中输入文本、数值、公式、日期时间、自动填充数据，设置数据的有效性等。
- 工作表的基本操作：包括选取单元格区域、行与列，单元格数据的复制、粘贴等编辑操作，调整行高和列宽，工作表的操作等。

任务 1 创建数据表

 任务背景

小张所在的单位是一家家用电器专卖店，每到月底需要统计各种家电的销售量、销售金额等。小张以前学过 Excel，因此，决定使用 Excel 2007 进行报表统计，如图 5-1 所示。

图 5-1　商品统计

任务分析

使用 Excel 2007 创建电子表格非常方便，规划好表格的行和列后，可以直接在表格中输入数据。本任务包括新建工作簿、输入单元格数据、保存工作表等操作。

任务实施

操作 1　新建工作簿

（1）启动与退出 Excel 2007。启动 Excel 2007 的方法很多，执行"开始"→"所有程序"→"Microsoft Office"→"Microsoft Office Excel 2007"菜单命令，启动 Excel 2007。

（2）建立工作簿。启动 Excel 2007 后，系统自动建立一个空的工作簿，它的名字是"Book1"，如图 5-2 所示。

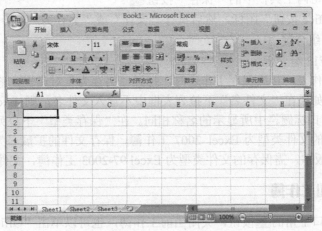

图 5-2　Excel 2007 窗口

如果此时退出 Excel 2007，则不会提示用户保存文件。如果在工作簿中输入了数据或做了修改，则在退出 Excel 2007 时就会提示用户是否保存该文件。

操作 2　输入单元格数据

（1）单击 A1 单元格，输入"10 月份商品销售统计"，输入结束后按 Enter 键。用同样的方法分别在 A2、B2、…、E2 单元格中分别输入"名称"、"型号"、…、"销售量"等标题。

（2）在 A3:A7、B3:B7、…、D3:D7 单元格中分别输入相应的数据，效果如图 5-3 所示。

	A	B	C	D	E
1		10月份商品销售统计表			
2	名称	型号	类别	单价	销售量
3	联想计算机	扬天V461A-IFI	笔记本	6700	
4	联想计算机	G461A-ITH	笔记本	4800	
5	联想计算机	G455A M321	笔记本	3750	
6	方正计算机	T400IG	笔记本	4600	
7	方正计算机	R621Y	笔记本	3500	
8					
9					
10					
11					

图 5-3　输入的数据

当输入的内容超过单元格的宽度，其右边单元格中没有内容时，Excel 将超出的内容显示在右边的单元格中；如果右边单元格已有内容，超出的部分将会自动隐藏，但它仍存储在单元格中。只要单元格处于激活状态，就可以在编辑栏中看到全部内容。

操作 3　单元格合并

选中 A1 单元格，按下鼠标左键并拖动鼠标至 E1 单元格，然后在"开始"选项卡的"对齐方式"选项组中单击"合并后居中"按钮，将 A1～E1 单元格区域合并为一个单元格，标题"10 月份商品销售统计"居中显示，如图 5-1 所示。

操作 4　保存工作表

在工作表中输入数据后，需要将工作表保存起来，保存文件名为"商品统计"。保存工作表可以使用下列方法之一：

（1）单击快速访问工具栏中的"保存"按钮 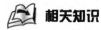。

（2）单击"Office 按钮"图标，然后执行"保存"或"另存为"命令。

（3）按 Ctrl+S 组合键。

（4）按 Shift+F12 组合键。

如果是新建工作表，初次保存工作表时，打开"另存为"对话框，输入保存的文件名和选择保存的类型。如果在"文件名"下拉列表框中不输入文件名，则 Excel 自动进行命名，其名称与 Excel 窗口标题栏中所显示的名称相同。在"保存类型"下拉列表框中选择要保存的文件类型，默认的文件类型为 Excel 2007 工作簿，保存文件的扩展名为.xlsx。如果要兼容 Excel 2003 及以前版本，需保存的文件类型为 Excel 97-2003 工作簿，文件扩展名为.xls。

操作 5　关闭工作簿

单击工作簿窗口上角的 ☒ 按钮，关闭当前工作簿，也可以单击"Office 按钮"图标，执行"关闭"命令。如果单击"Office 按钮"图标，执行"退出 Excel"命令，则关闭所有打开的工作簿，退出 Excel。

相关知识

1. Excel 2007 窗口组成

启动 Excel 2007 时，如果只启动程序而未打开任何 Excel 文件，系统将自动建立一个名为 Book1 的空白工作簿，如图 5-4 所示。

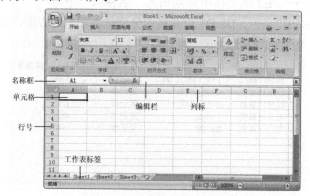

图 5-4　Excel 2007 窗口的组成

Excel 2007 的所有功能在动态工具栏及其上面的动态菜单栏中几乎都能找到，将操作功能进行逻辑分类，将"功能菜单选项"放在相应的"带形功能区"中，共分 10 类，其中 7 类固定显示，即"开始"、"插入"、"页面布局"、"公式"、"数据"、"审阅"和"视图"，而"开发工具"和"加载项"可以在"Excel 选项"对话框中决定是否显示，"图表工具"只能在插入图表后激活。

Excel 2007 窗口除了有如同 Word 2007 窗口的 Office 按钮、快速访问工具栏、标题栏、功能区、状态栏外，还包括名称框、编辑栏、行号、列标、单元格和工作表标签等。

（1）名称框：用来定位和选择单元格或区域名。

（2）编辑栏：编辑栏用来显示、输入、修改单元格中的数据或编辑公式。

（3）行号：位于工作表的左侧，它上面标注有 1、2、3、…、1 048 576，表示单元格所在的行，单击行号可以选择该行。

（4）列标：位于工作表的上侧，它上面标注大写字母 A、B、C、…，表示单元格所在的列，单击标列可以选择该列。列标从大写英文字母 A 开始编起，到 Z 列之后使用多字母表示，如 AA、AB、…、AZ 和 BA、BB、…、XFD，共计 16384 列。

（5）单元格：工作表的基本单位，它是由行和列交叉而成的，它是组成表格的最小单位，单个数据的输入和修改都是在单元格中进行的。工作表的行用 1、2、3、4 等数字来标识，列用 A、B、C、D 等字母来标识。单元格在工作表中的位置称为单元格地址，每个单元格的地址是唯一的。单元格地址的编号规则是："列标+行号"。例如，A4 表示由第 A 列与第 4 行所确定的单元格，A4 既是它的地址，又是它的名称。每个 Excel 工作表约有 170 亿个单元格。当前正在输入数据的单元格或者当前选择的单元格成为活动单元格，活动单元格由黑边框包围着，而且单元格引用会显示在名称框中。用鼠标单击某个单元格就可以使之成为活动单元格。

2．工作簿和工作表

一个 Excel 文件就是一个工作簿，其中 Excel 2007 文件类型为.xlsx。如果新建工作簿，系统自动命名为"Book1"。一个工作簿可以包含多张工作表，也可以仅包含一张工作表。新建一个 Excel 文件时默认包含 3 张工作表，工作表名默认为 Sheet1、Sheet2 和 Sheet3。工作表是由单元格组成的，纵向称为列，以字母 A、B、C 等来命名；横向称为行，以数字 1、2、3 等来命名。在工作表中，用户可以输入数据和公式，进行数据计算、统计及分析等操作。在 Excel 中工作簿与工作表的关系就像是日常的账簿和账页的关系。

3．利用模板创建工作表

在 Excel 2007 还可以使用模板新建工作簿，系统提供了关于账单、个人月预算、销售报表等多种模板。

（1）单击"Office 按钮"图标，选择"新建"选项，打开"新建工作簿"对话框。

（2）在"模板"窗格中单击"已安装的模板"按钮，在中间窗格中显示已安装的模板，如图 5-5 所示。

（3）选择一种模板，如选择"货款分期付款"选项，单击"创建"按钮，则创建一个名为"货款分期付款 1"的工作簿，如图 5-6 所示。

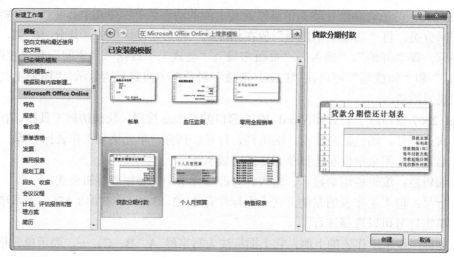

图 5-5　选择已安装的模板

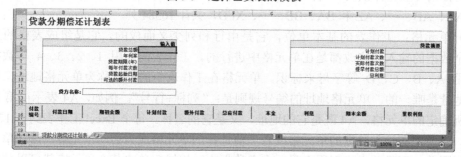

图 5-6　使用模板建立的工作簿

除了选择 Excel 中自带的模板外，也可以通过网上下载最新的模板，即直接连接到微软的网站上下载 Office Online 模板。

4．打开工作簿

如果要使用以前保存的工作簿，首先要将其打开。常用的方法是在文件夹窗口中直接双击要打开的 Excel 文件（又称为电子表格文件），系统将启动 Excel，并打开文件。

在 Excel 中单击"Office 按钮"图标，在弹出的菜单右侧"最近使用的文档"文件列表中选择要打开的文件。打开工作簿后，就可以对其中的工作表进行操作。在打开工作簿的情况下，仍可以同时创建多个工作簿。

5．自动保存

Excel 还提供了自动保存文件的功能，以防止因突然死机或停电造成的损失。

（1）单击"Office 按钮"图标，执行"Excel 选项"命令，打开"Excel 选项"对话框，在"保存"选项卡中选中"保存自动恢复信息时间间隔"复选框，如图 5-7 所示。

（2）在"分钟"微调框中，输入保存文件的时间间隔，表示每几分钟自动保存一次。

（3）单击"确定"按钮。

　课堂训练

（1）启动 Excel 2007，打开一个空白的工作表，熟悉选项卡的组成，以及每个选项卡中各选项组。

（2）新建一个工作表，输入数据，并以文件名“降雨量”保存，如图 5-8 所示。

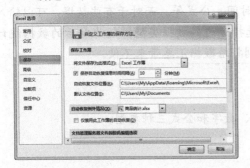

图 5-7 “Excel 选项”对话框

	A	B	C	D	E	F	G
1				降雨量			
2	日期：3月6日~12日						
3		市南	市北	四方	李沧	高新	总计
4	周日	1.2	1.3	3.0	4.4	5.9	
5	周一	9.2	3.5	2.6	9.1	1.0	
6	周二	8.5	7.0	4.2	10.0	5.0	
7	周三	0.2	0.3	0.3	0.5	0.5	
8	周四	0.6	1.2	2.0	6.0	3.5	
9	周五	3.5	4.5	5.0	6.2	5.3	
10	周六	7.2	1.1	5.4	6.9	8.5	
11	本周降雨量总计						
12							
13							

图 5-8 “降雨量”工作表

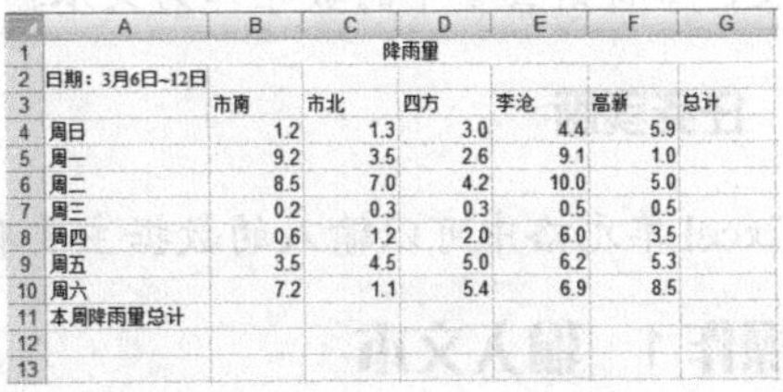

（3）关闭工作表，再退出 Excel 2007。

任务评价

根据表 5-1 的内容进行自我学习评价。

表 5-1 学习评价表

评 价 内 容	优	良	中	差
能用不同的方法启动 Excel				
能新建工作簿文件				
能在工作表中输入简单的数据				
会打开已有的工作簿文件				
会保存工作簿文件				

任务 2 输入数据

任务背景

小张在使用 Excel 过程中发现，在工作表中输入数据的类型多种多样，除了汉字、数字外，还有日期等，如图 5-9 所示。而不同类型的数据输入方法也不相同，如何正确输入工作表中的数据呢？

	A	B	C	D	E	F
1		10月份商品销售统计表				
2	名称	型号	类别	单价	销售量	销售金额
3	联想计算机	扬天V461A-IFI	笔记本	6700.00	20	
4	联想计算机	G461A-ITH	笔记本	4800.00	34	
5	联想计算机	G455A M321	笔记本	3750.00	50	
6	方正计算机	T400IG	笔记本	4600.00	100	
7	方正计算机	R621Y	笔记本	3500.00	50	
8	惠普打印机	LaserJet P1505	激光打印机	1800.00	12	
9	惠普打印机	LaserJet 5200	激光打印机	8000.00	35	
10	诺基亚手机	5800XM	手机	1900.00	50	
11	诺基亚手机	X6 16GB	手机	2300.00	78	
12	MOTO手机	A1800	手机	1800.00	90	
13	MOTO手机	A1890	手机	2000.00	120	
14	佳能相机	SX210 IS	数码相机	2500.00	50	
15	佳能相机	EOS 5D Mark II	数码相机	22000.00	20	
16						
17	统计日期：	2011/1/20				
18						

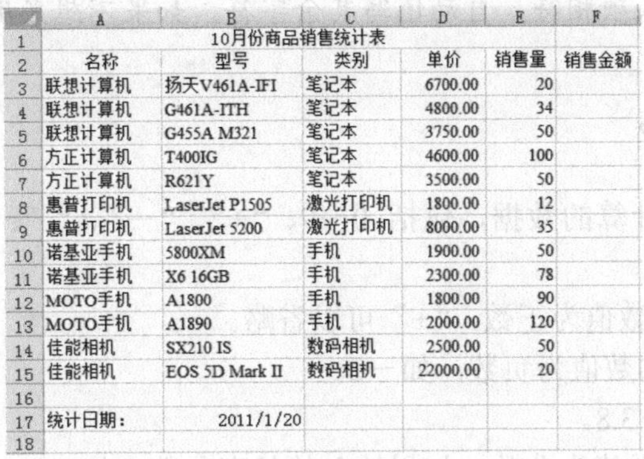

图 5-9 “商品统计”工作表

任务分析

在 Excel 工作表中可以输入文本、数字、时间、公式等。而对于有些数据，可以输入文本，也可以输入数字（如单价、销售量等），选择合适的数据类型，能为以后的数据统计提供方便，如将销售量中的数字作为文本输入，则将给数据汇总带来不便。

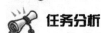 **任务实施**

Excel 单元格中可以输入的数据主要有文本、数字和公式三种类型。

操作 1　输入文本

输入数据，必须将鼠标指针移到指定的单元格上单击，然后再输入数据。如果出现输入错误，可按 Backspace 键删除输入的错误。当数据输入完成后，按 Enter 键，系统将自动移至下一个单元格。

Excel 单元格中的文本可以是数字、空格和键盘符号的组合，包括中文、英文字母等。每个单元格最多可包含 32767 个字符。输入的文本在单元格内自动居左对齐。如果要把数字作为文本的输入，例如，电话号码等，为了与数值有所区别，在输入时要用半角单引号"'"引导。例如，输入电话号码"053289092838"，则应在单元格中输入"'053289092838"。

如果输入的内容比单元格的宽度长，在按 Enter 键后，如果右侧的单元格没有内容，输入的内容就会延伸到相邻的单元格中显示。如果右侧的单元格已有内容，则输入的内容将在右侧单元格的左边缘处被截断。

除了直接在当前单元格中输入或编辑数据外，也可以在编辑栏输入数据，后者常用于输入较长的数据。一般情况下，数据在活动单元格和编辑栏两个位置上都有显示。

在如图 5-9 所示的统计表中，标题行、A 列、B 列、C 列等都是文本类型数据，可以直接输入。

 提示

（1）快速输入而不用鼠标来进行单元格之间的切换的方法是：用鼠标选定一个区域后，按 Tab 键可使活动单元格向后移，按 Shift+Tab 键可向前移。这样就可以在键盘上连续输入一组数据而不需用鼠标，从而提高输入速度。

（2）Excel 具有在同一数据列中自动填写重复录入项的功能，如果在单元格中输入的起始字符与该列已有的录入项相符，自动填写其余字符。如果不想采用自动提供的字符，就继续输入其余的字符。

操作 2　输入数字

数字是指可以用来计算的数据，包括 0～9、"+"、"－"、"."、"%"、"$"、"E"、"e"、"("、")"等字符。

（1）+：表示输入的数值为正数，"+"可以省略。

（2）－：表示输入的数值为负数，如－2。

（3）.：小数点，如 3.8。

（4）/：表示输入的数值为分数。如果输入的是真分数（如 2/5），则前导 0 后加空格，例如，0 2/5。如果仅输入 2/5，Excel 把它解释为一个日期"2 月 5 日"。

（5）（）：用括号括起来的数字表示为负数，例如，（16）和－16 是相同的。

（6）E 和 e：用科学计数法表示数据，例如，1.23E+04 表示数据 12300。

如果单元格容纳不下一长串数字时，自动用科学计数法显示该数据。数值在工作表的单元格中自动居右对齐。

例如，在如图 5-9 所示的统计表中，单价和销售量是数值型数据。

操作 3　输入日期和时间

日期和时间是特殊的数字，在输入日期时，用斜杠或减号分隔日期的年、月、日部分，例如，可以输入 2011/04/1 或 Apr-2011。时间必须包括小时和分钟，格式为“小时:分钟”（hh:mm）。如果按 12 小时制输入时间，在时间数字后空一格，并输入字母 AM（上午）或 PM（下午），例如，9:00 PM。否则，如果只输入时间数字，Excel 将按 AM（上午）处理。在同一单元格中输入日期和时间，它们之间用空格隔开。

如果输入一个包括年、月、日的完整日期时，默认情况下日期显示为：年/月/日。日期可以不是完整的年月日，也可以是月日（格式为月/日）或年月（格式为年/月）。查看 Excel 所支持的日期格式，可以切换到“开始”选项卡，在“数字”选项组中单击“设置单元格格式”启动器按钮，打开“设置单元格格式”对话框，在“数字”选项卡中选择“日期”选项，则在右侧的“类型”列表中显示日期的格式，如图 5-10 所示。

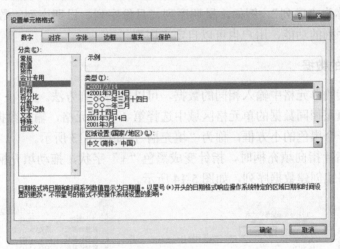

图 5-10　“数字”选项卡

> **提示**
>
> 如果要在单元格内输入当前的系统日期，可同时按下 Ctrl +; 键；如果要输入当前的系统时间，可同时按下 Ctrl + Shift +; 键；如果要输入当前的日期和时间，按 Ctrl +;，然后按 Space 键，最后按 Ctrl+Shift+; 键。

操作四　输入公式

输入公式时要先在单元格中输入等号（=），再输入公式内容。输入公式后按 Enter 键，单元格中会显示出计算的结果。运算中的加、减、乘、除对应于键盘上的+、－、*、/。例如，计算销售金额，在 F3 单元格中输入：=D3*E3（如图 5-11 所示），然后按 Enter 键，则在 F3 单元格中显示出计算数据，如图 5-12 所示。

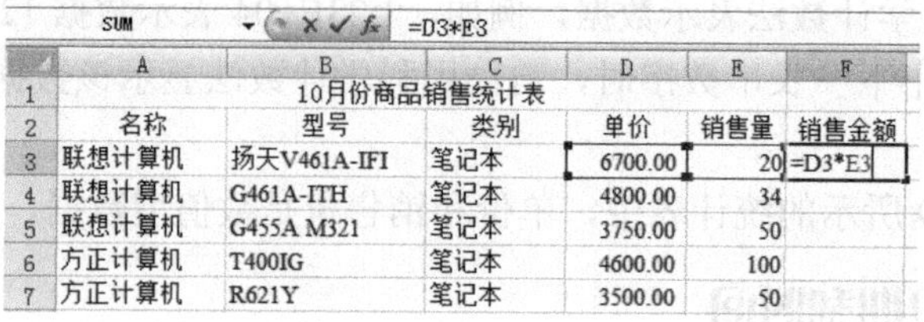

图 5-11　输入公式

图 5-12　计算结果

操作 5　自动填充数据

当输入的数据在行或列上呈现有规律的变化时，用户可以使用 Excel 的填充功能。这些有规律的数据，称为"序列"。例如，星期序列、月份序列、日期序列、数字序列等。Excel 提供了自动填充序列的功能，用户也可以自定义序列。

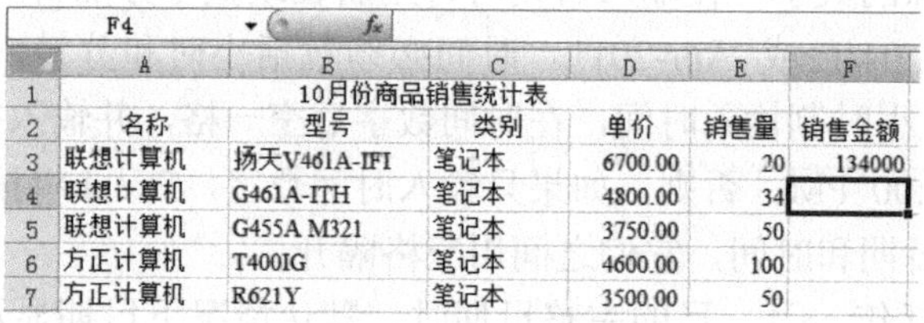

1．填充相同的数据

如果要在连续的单元格中输入相同的数据，可以采用下列方法。

（1）在需要填充相同数据的单元格区域中选择第 1 个单元格，输入数据，该选中单元格区域右下角出现一个黑色的小方框，称为"填充柄"，如图 5-13 所示。

（2）将鼠标指针指向填充柄时，指针变成黑色"+"字状，拖动填充柄可以复制单元格内容到相邻单元格或创建数据序列，如图 5-14 所示。

图 5-13　填充柄

图 5-14　拖动填充柄

（3）释放鼠标，填充后的效果如图 5-15 所示。

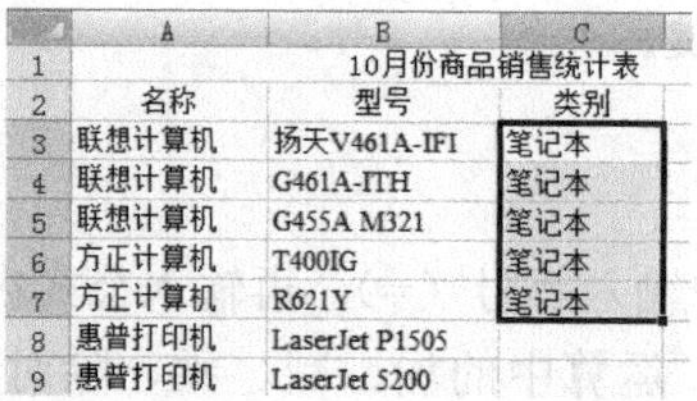

图 5-15　填充连续单元格后的效果

如果要在不连续的单元格中一次输入相同的数据，可以采用下列方法。

（1）使用 **Ctrl** 键选中需要输入相同数据的单元格，直接输入数据，如输入 50，如图 5-16 所示。

（2）按 **Ctrl+Enter** 组合键，输入的数据自动填充到其他选中的单元格中，如图 5-17 所示。

	A	B	C	D	E
1		10月份商品销售统计表			
2	名称	型号	类别	单价	销售量
3	联想计算机	扬天V461A-IFI	笔记本	6700.00	20
4	联想计算机	G461A-ITH	笔记本	4800.00	34
5	联想计算机	G455A M321	笔记本	3750.00	
6	方正计算机	T400IG	笔记本	4600.00	100
7	方正计算机	R621Y	笔记本	3500.00	
8	惠普打印机	LaserJet P1505	激光打印机	1800.00	12
9	惠普打印机	LaserJet 5200	激光打印机	8000.00	35
10	诺基亚手机	5800XM	手机	1900.00	
11	诺基亚手机	X6 16GB	手机	2300.00	78
12	MOTO手机	A1800	手机	1800.00	90
13	MOTO手机	A1890	手机	2000.00	120
14	佳能相机	SX210 IS	数码相机	2500.00	50
15	佳能相机	EOS 5D Mark II	数码相机	22000.00	20

图 5-16　选中多个不连续的单元格并输入数据

	A	B	C	D	E
1		10月份商品销售统计表			
2	名称	型号	类别	单价	销售量
3	联想计算机	扬天V461A-IFI	笔记本	6700.00	20
4	联想计算机	G461A-ITH	笔记本	4800.00	34
5	联想计算机	G455A M321	笔记本	3750.00	50
6	方正计算机	T400IG	笔记本	4600.00	100
7	方正计算机	R621Y	笔记本	3500.00	50
8	惠普打印机	LaserJet P1505	激光打印机	1800.00	12
9	惠普打印机	LaserJet 5200	激光打印机	8000.00	35
10	诺基亚手机	5800XM	手机	1900.00	50
11	诺基亚手机	X6 16GB	手机	2300.00	78
12	MOTO手机	A1800	手机	1800.00	90
13	MOTO手机	A1890	手机	2000.00	120
14	佳能相机	SX210 IS	数码相机	2500.00	50
15	佳能相机	EOS 5D Mark II	数码相机	22000.00	20

图 5-17　输入数据后的效果

2．填充递增（递减）数据

如果选中区域包含数字、日期或时间，可以自动按规律填充。表 5-2 列举了部分填充序列，初始值为选中区域的序列，后续填充序列值表示处于相邻的单元格中。

表 5-2　填充序列举例

初始值	后续填充序列值
1、2、3	4、5、6、7、8、…
9:00	10:00、11:00、12:00、…
Mon	Tue、Wed、Thu、…
星期一	星期二、星期三、星期四、…
Jan	Feb、Mar、Apr、…
一月、四月	七月、十月、一月、…
Jan-2011、Apr-2011	Jul-11、Oct-11、Jan-12、…
甲、乙	丙、丁、戊、己、…

例如，在相邻单元格中输入数据，并选中该连续区域，如图 5-18 所示。按住鼠标左键向下拖动填充柄至需要的行，释放鼠标左键，效果如图 5-19 所示。

图 5-18　选择填充连续单元格

图 5-19　填充后的数据列

除了填充数字外，还可以填充日期、时间等。例如，选择 B2 单元格，并输入"一月"，向右拖动填充，结果效图 5-20 所示。

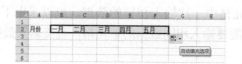

图 5-20　填充月份后的数据序列

如果填充的日期为完整的年、月、日，则还可以选择按"年"、"月"或"日"的序列来填充。例如，先输入一个完整的年月日的日期，在进行拖动填充，填充后在单元格区域的右下角单击"自动填充选项"下拉箭头，"自动填充选项"打开下拉列表，然后选择填充选项，如图 5-21 所示。

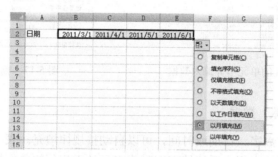

图 5-21　按月填充后的数据列

3．建立自定义数据填充序列

自定义数据填充序列是指 Excel 内部序列之外的序列，用户可以自定义添加序列，如：

| 篮球 | 排球 | 足球 | | | | |

北京　　　上海　　　天津　　　重庆

公牛热火魔术老鹰山猫雄鹿76 人　　奇才骑士

在 Excel 2007 中，添加自定义序列的方法如下。

（1）单击"Office 按钮"图标，再选择"Excel 选项"选项，打开"Excel 选项"对话框，如图 5-22 所示。然后在"常用"选项的"使用 Excel 时采用的首选项"下单击"编辑自定义列表"按钮。

图 5-22　"Excegl 选项"对话框

（2）打开"自定义序列"对话框，如图 5-23 所示。选择"自定义序列"框中的"新序列"选项，然后在"输入序列"框中输入各个项，从第一个项开始，按 Enter 键确认每项。

图 5-23 "自定义序列"对话框

（3）数据序列输入完成后，单击"添加"按钮，然后单击"确定"按钮。

这样就可以使用这个自定义的序列来填充数据了。

相关知识

在 Excel 工作表中可以设置单元格数据的有效性，对单元格数据进行输入限制，当输入的数据不满足要求时，给出错误提示信息。例如，对"商品统计"工作表中的 E3 单元格（如图 5-9 所示），设置销售量的数据输入范围为 0～1000，操作步骤如下。

（1）选中 E3 单元格，切换到"数据"选项卡，在"数据工具"选项组中单击"数据有效性"按钮，打开"数据有效性"对话框，在"设置"选项卡中，展开"允许"下拉列表框，选择要设置数据的类型，如图 5-24 所示。

（2）由于 E3 对应的单元格是销售量，在"允许"下拉列表中选择"整数"选项，设置数据介于 0 到 1000 之间，即最小值为 0，最大值为 1000，如图 5-25 所示。

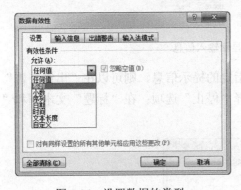

图 5-24 设置数据的类型

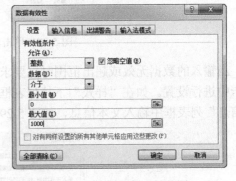

图 5-25 设置数据的有效范围

（3）指定单元格是否可以为空白单元格。如果允许空白单元格，选中"忽略空值"复选框；如果避免输入空值，则取消选中"忽略空值"复选框。

（4）单击"确定"按钮，则该单元格的数据有效性范围就设置好了。

在 E3 单元格中输入数据时，输入数据的范围必须为 0～1000，否则给出出错信息，如图 5-26 所示。

图 5-26　输入错误提示信息

在输入数据时，如果单击一个单元格后给出一个输入提示，则可以在如图 5-24 所示的
"数据有效性"对话框中选择"输入信息"选项卡，选中"选定单元格时显示输入信息"复
选框，然后输入该提示信息的标题和正文，如图 5-27 所示。

图 5-27　输入提示信息

当在该单元格输入数据时，出现提示信息，如图 5-28 所示。

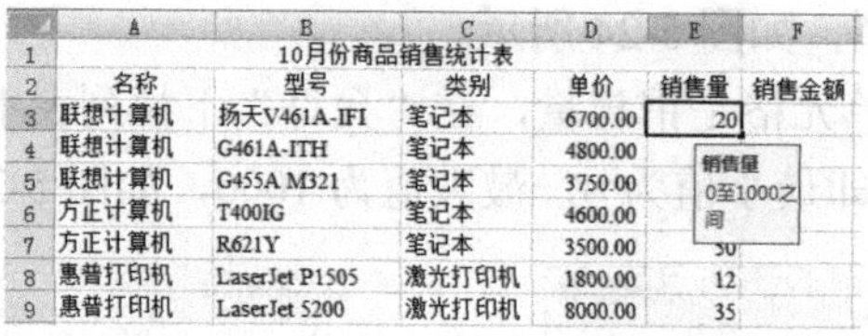

图 5-28　单击单元格显示输入信息

当输入的数据无效或超出范围时，要求给出指定的提示信息，则可以在"出错警告"选
项卡中进行设置。如在"样式"下拉列表框中选择"停止"选项；在"标题"文本框和"错
误信息"列表框中输入文本信息，如图 5-29 所示。

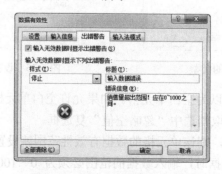

图 5-29　设置"出错警告"信息

当在该单元格输入一个无效的数据时，给出如图 5-30 所示的信息框提示输入数据错误。

图 5-30 输入无效数据的响应

如果不再需要对数据设置有效性，则可以在"数据有效性"对话框的"设置"选项卡中单击"全部清除"按钮即可。

 课堂训练

（1）输入如图 5-31 所示工作表中的文本和数字。

代码	名称	成交价	涨跌	涨幅	金额	总手
600152	维科精华	9.3	0.85	10.06%	15586	171149
600429	三元股份	8.33	0.76	10.04%	24387	295913
601377	兴业证券	19	1.73	10.02%	79246	432350
600111	包钢稀土	97.26	8.84	10.00%	450121	479797
600397	安源股份	18.27	1.66	9.99%	24048	133177
600051	宁波联合	15.63	1.42	9.99%	60114	404508

2011年4月6日沪市A股涨幅榜

图 5-31 沪市 A 股涨幅榜

（2）输入如图 5-32 所示工作表中的文本和数字，对排名数据序列要求填充输入。

2010年广州亚运会奖牌榜

排名	国家/地区	金牌	银牌	铜牌	总计
1	中国	199	119	98	
2	韩国	76	65	91	
3	日本	48	74	94	
4	伊朗	20	14	25	
5	哈萨克斯坦	18	23	38	
6	印度	14	17	33	
7	中华台北	13	16	38	
8	乌兹别克	11	22	32	
9	泰国	11	9	32	
10	马来西亚	9	18	14	
11	中国香港	8	15	17	
12	朝鲜	6	10	20	

图 5-32 广州亚运会奖版榜

（3）输入学生成绩表，如图 5-33 所示。

成绩表

姓名	语文	数学	英语	网络	操作	总分
李莉	85	95	85	86	87	
张颖颖	73	89	91	84	91	
李文凯	94	95	92	84	77	
展新涛	92	93	87	75	82	
吴瑜	87	73	91	83	91	
王春苗	85	87	86	91	92	
平均分						

图 5-33 成绩表

（4）在 B2、B3、B4、…单元格中依次输入如下日期数据（假设你的计算机日期格式为年/月/日）：

2011-4-16

4-16

16-Apr

16-Apr-2011

11-4-16

（5）在 D2、D3、D4、…单元格中依次输入如下时间数据：

　　　　14:25

　　　　14:25:10

　　　　2:25:10 PM

　　　　2:25

任务评价

根据表 5-3 的内容进行自我学习评价。

表 5-3　学习评价表

评 价 内 容	优	良	中	差
能判定数据是文本还是数字输入				
能在工作表中正确输入文本				
能在工作表中输入日期				
能在工作表中输入时间				
能对规律性数据进行填充输入				

任务 3　工作表基本操作

任务背景

　　小张在建立工作表后，还经常对数据进行复制、粘贴操作，在工作表中插入或删除行、列或单元格，例如，在"商品统计"工作表中插入"库存量"列，如图 5-34 所示。

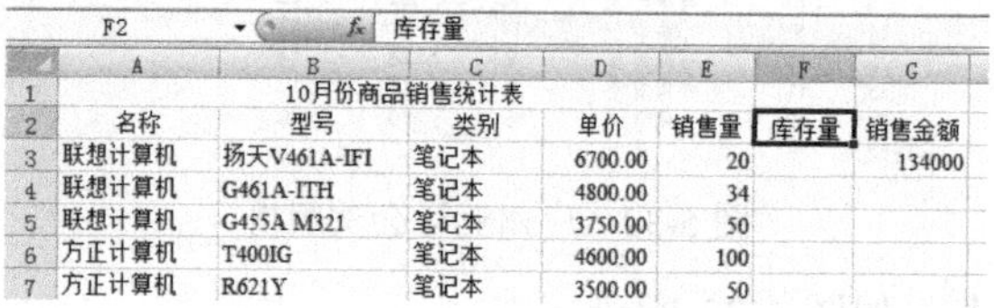

图 5-34　插入"库存量"列

任务分析

　　在 Excel 工作表的基本操作中，如单元格的复制与删除、插入或删除行、列或单元格操作等，一般先要选中行、列或单元格，再进行相应的操作。

任务实施

操作 1　选取单元格、行或列

　　在工作表中输入数据或对数据进行修改之前，应选取单元格，选取的单元格称为活动单元格，然后再进行其他操作。

1．选取单元格

活动单元格是要进行数据输入的当前单元格，它被粗边框围绕，一次操作只能有一个是活动的。

（1）选取单个单元格。用鼠标选取单元格是最常用的方法，只需在单元格上单击，其边框以黑色粗线标识，如图 5-34 所示的 F2 单元格。如果在名称框中输入单元格引用"F2"，按 Enter 键，也可以定位该单元格。

 提示

在名称框中也可以为单元格命名，将鼠标指针移至名称框中单击，输入单元格的名称，按 Enter 键即可。

（2）选取单元格区域。选取单元格区域常用于复制、移动、删除等操作。区域是指工作表中的两个或多个单元格，区域中的单元格可以相邻，也可以不相邻。

① 选取相邻区域的单元格。单击要选中该区域的第一个单元格，然后拖动鼠标至选中的最后一个单元格。例如，选择 B6:D9 连续单元格区域，被选中的单元格区域变成蓝灰色（其中第 1 个选定的单元格是白色），如图 5-35 所示。

	A	B	C	D	E	F
1			10月份商品销售统计表			
2	名称	型号	类别	单价	销售量	库存量
3	联想计算机	扬天V461A-IFI	笔记本	6700.00	20	
4	联想计算机	G461A-ITH	笔记本	4800.00	34	
5	联想计算机	G455A M321	笔记本	3750.00	50	
6	方正计算机	T400IG	笔记本	4600.00	100	
7	方正计算机	R621Y	笔记本	3500.00	50	
8	惠普打印机	LaserJet P1505	激光打印机	1800.00	12	
9	惠普打印机	LaserJet 5200	激光打印机	8000.00	35	
10	诺基亚手机	5800XM	手机	1900.00	50	
11	诺基亚手机	X6 16GB	手机	2300.00	78	

图 5-35　选取相邻区域单元格

② 选取不相邻区域的单元格。先选中第一个单元格，然后按住 Ctrl 键，再选中其他的单元格区域。例如，选中 B3、D3、B8:C9、C13 单元格，被选中的最后一个单元格为白色，其余为蓝灰色，如图 5-36 所示。

	A	B	C	D	E	F
1			10月份商品销售统计表			
2	名称	型号	类别	单价	销售量	库存量
3	联想计算机	扬天V461A-IFI	笔记本	6700.00	20	
4	联想计算机	G461A-ITH	笔记本	4800.00	34	
5	联想计算机	G455A M321	笔记本	3750.00	50	
6	方正计算机	T400IG	笔记本	4600.00	100	
7	方正计算机	R621Y	笔记本	3500.00	50	
8	惠普打印机	LaserJet P1505	激光打印机	1800.00	12	
9	惠普打印机	LaserJet 5200	激光打印机	8000.00	35	
10	诺基亚手机	5800XM	手机	1900.00	50	
11	诺基亚手机	X6 16GB	手机	2300.00	78	
12	MOTO手机	A1800	手机	1800.00	90	
13	MOTO手机	A1890	手机	2000.00	120	
14	佳能相机	SX210 IS	数码相机	2500.00	50	
15	佳能相机	EOS 5D Mark II	数码相机	22000.00	20	

图 5-36　选取不相邻区域单元格

提示

如果要选取较大的单元格区域，在单击选中该区域的第一个单元格后，先按住 Shift 键，再单击区域中的最后一个单元格即可。

2．选取行与列

单击要选取行的行号，即可选取该行，按住鼠标左键拖动鼠标，可以选取连续的多行。单击要选取列的列标，即可选取该列，按住鼠标左键拖动鼠标，可以选取连续的多列。

3．选取整个工作表

单击工作表左上角的全选按钮（行与列的交叉处），即可选中整个工作表。

4．隐藏行与列

用鼠标指向要隐藏列的列标右边界，当出现 ┿ 形状指针时，拖动右边界向左移动使之与左边界重叠，这样该列就被隐藏起来了。例如，隐藏 C 列后的工作表如图 5-37 所示。

图 5-37　隐藏 C 列后的工作表

恢复隐藏列时，光标指向重叠边界，当出现 ┿ 形状指针时，按下鼠标左键并向右拖动，即可恢复隐藏的列。

操作 2　编辑数据

1．编辑单元格数据

工作表中输入数据后，通常需要对数据进行编辑，编辑数据主要包括修改、复制、移动、粘贴、插入、删除等操作。

（1）编辑单元格。编辑单元格有两种方法：一种是在编辑栏内修改，先选中单元格，再单击编辑栏，直接修改数据，单击"√"图标确认或者按 Enter 键确认；另一种是在单元格内直接修改，双击要修改数据的单元格，将光标移到要修改数据的位置，数据修改后按 Enter 键确认。

如果要撤销或恢复前面的操作，可以使用的快速访问工具栏上的撤销或恢复按钮。

（2）清除单元格。清除单元格数据是指将单元格中的内容、格式、公式、批注等清除，但单元格本身仍然存在，它与删除单元格不同。选中要清除数据的单元格或区域，切换到"开始"选项卡，单击"编辑"选项组中的"清除"按钮，从"清除"下拉菜单中选择"全部清除"、"清除格式"、"清除内容"或"清除批注"选项，如图 5-38 所示。

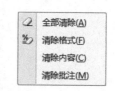

图 5-38　"清除"下拉菜单

各选项的含义如下。

- 全部清除：清除指定单元格区域内的所有信息。
- 清除格式：清除指定单元格区域内的格式，如边框、颜色等。
- 清除内容：清除指定单元格区域内的文字及公式。

● 清除批注：只清除指定单元格区域内的批注。

如果清除了某个单元格的内容或全部，Excel 对该单元格进行引用的公式将接收到一个零值。

 提示

如果选中的单元格后按 Delete 键或 Backspace 键，只清除单元格中的内容，而保留单元格格式和批注。

2．移动、复制单元格数据

使用"开始"选项卡的"剪贴板"选项组中的"剪切"、"复制"和"粘贴"命令来完成对单元格内容的移动和复制操作，也可以使用下面的方法，完成对一些特殊内容的操作。

（1）移动操作。选中要移动的单元格，将鼠标指针移动到所选单元格的边框上，使指针形状变为✛箭头，按下左键并拖动鼠标，将所选内容拖动至指定的位置。

（2）复制单元格。选中要复制的单元格，使用"开始"选项卡的"剪贴板"选项组中的"复制"命令，然后选中要粘贴的单元格，再执行"粘贴"命令即可。也可以将鼠标指针移动到所选单元格的边框上，按住 Ctrl 键并拖动鼠标，将所选内容拖动复制至指定的位置。

（3）选择性粘贴。对单元格进行复制操作后，目标单元格可以选择所粘贴的项目，如粘贴原单元格的公式、格式、数值等特定内容。方法是选中要复制的单元格或区域，执行"剪贴板"选项组中的"复制"命令，然后选中要粘贴位置的起始单元格，再执行"粘贴"下拉菜单中的"选择性粘贴"命令（如图 5-39 所示），打开"选择性粘贴"对话框，如图 5-40 所示。选择要进行的操作，如"转置"，单击"确定"按钮，例如，将 A2:E5 区域转置后得到 A8:D12 区域，如图 5-41 所示。

图 5-39 "粘贴"下拉菜单

图 5-40 "选择性粘贴"对话框

	A	B	C	D	E	F	G	H	I
1				成绩表					
2	姓名	语文	数学	英语	网络	操作	总分		
3	李莉	85	95	85	86	87			
4	张颖颖	73	89	91	84	91			
5	李文凯	94	95	92	84	77			
6	展新涛	92	93	87	75	82			
7	吴瑜	87	73	91	83	91			
8	王春苗	85	87	86	91	92			
9	平均分								
10									
11									
12	姓名	李莉	张颖颖	李文凯	展新涛	吴瑜	王春苗	平均分	
13	语文	85	73	94	92	87	85		
14	数学	95	89	95	93	73	87		
15	英语	85	91	92	87	91	86		
16	网络	86	84	84	75	83	91		
17	操作	87	91	77	82	91	92		
18	总分								
19									
20									

图 5-41 选择性粘贴的"转置"操作

3．插入或删除行、列和单元格

（1）插入行、列和单元格。右击要插入行、列或单元格的位置，从快捷菜单中选择"插入"选项，出现"插入"对话框，如图 5-42 示。选择一个要插入的选项，单击"确定"按钮。例如，在"商品统计"工作表的 F 列中，插入"库存量"列，如图 5-34 所示。

选中多个单元格、行或列，可以插入多个空白的单元格、行或列。插入单元格后，会影响后续的行或列，破坏现有单元格之间的对应关系。

（2）删除行、列和单元格。操作方法与插入单元格、行或列的方法相反，右击要删除行、列或单元格，从快捷菜单中选择"删除"选项，出现"删除"对话框，如图 5-43 所示。

图 5-42　"插入"对话框

图 5-43　"删除"对话框

删除单元格后，周围的单元格将移动并填补删除后的空缺。Excel 通过调整移动对移动后单元格的引用来更新公式。但是，如果公式中引用的单元格已被删除，该公式将显示错误值"#REF!"。

如果选择快捷菜单中的"清除内容"选项，只能清除所选单元格中的数据，不改变其他单元格的位置，删除则会改变其他单元格的位置。在清除单元格内容时，也可以按 Delete键，即可清除单元格内容。

操作 3　调整列宽和行高

在使用 Excel 时，通过调整列宽和行高可以显示更多或更少的字符。

1．调整列宽

在工作表中，当前列宽可能不足以容纳单元格中的文本。在改变列宽时，单元格中的内容不变，只是改变可以显示出来内容的多少。

如果输入的数字长度只是略大于当前列宽，Excel 会自动增加列宽以显示当前单元格中所有数字。如果输入的数字长度大于当前列宽很多，Excel 自动改变单元格格式为科学计数法。如果用户已经缩小已有数据的列宽，Excel 将无法再显示数据。这种情况下，单元格会出现标识（####）提示用户。调整列宽使当前列可以容纳这些数字后，数字将被重新显示出来。

改变列宽时，在"开始"选项卡，单击"单元格"选项组中的"格式"下拉按钮，打开"格式"下拉菜单，选择"列宽"选项，如图 5-44 所示。另一种方法是将鼠标指针放在列标之间的垂直线上，当鼠标指针变为 ✛ 时形状，按住鼠标左键并拖动即可调整宽度。

图 5-44　"格式"下拉菜单

提示

自动调整列宽可以使每个单元格的全部内容清楚完整地显示出来。在"开始"选项卡，单击"单元格"选项组中的"格式"下拉按钮，打开"格式"下拉菜单，选择"自动调整列宽"选项。另一种方法是将鼠标指针放在列标之间的垂直线上，当鼠标指针变为 ✛ 形状时，双击列标右侧的竖线。

2．调整行高

与列宽一样，行高也可以通过手工或自动功能来调整。在"开始"选项卡，单击"单元格"选项组中的"格式"下拉按钮，打开"格式"下拉菜单，选择"行高"选项。另一种方法是将鼠标指针放在行号下面的横线上，当鼠标指针变为 ✚ 形状时，按住鼠标左键并拖动即可调整高度。

调整行高也可以自动调整，让每行适应单元格的内容。在"开始"选项卡，单击"单元格"选项组中的"格式"下拉按钮，打开"格式"下拉菜单选择"自动调整行高"选项。另一种方法是将鼠标指针放在行号下面的横线上，当鼠标指针变为 ✛ 时双击即可。

操作 4　插入或删除工作表

默认情况下，一个工作簿包含 Sheet1、Sheet2 和 Sheet3 三个工作表。用户可以根据需要插入、删除工作表，或对工作表进行其他操作。

1．插入工作表

单击工作表标签右侧的"插入工作表"按钮 ，就可以在工作簿中插入新的工作表。例如，插入一个 Sheet4 标签的工作表，如图 5-45 所示。

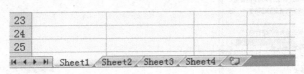

图 5-45　插入 Sheet4 工作表

2．删除工作表

右击要删除的工作表标签，在弹出的快捷菜单中选择"删除"命令，即可删除该工作表。

3．重命名工作表名称

工作表默认的名称为 Sheet1、Sheet2、Sheet3 等，有时为了直观地表示工作表的内容，如"成绩表"、"亚运奖牌榜"等，这就需要对工作表重命名。方法为双击要重命名的工作表标签，输入新的标签名即可，如图 5-46 所示。

图 5-46　重命名的工作表名称

4. 隐藏工作表

如果不希望别人查看某些工作表，可以把这些工作表隐藏起来。隐藏工作表的方法是右击要隐藏的工作表标签，在快捷菜单中选择"隐藏"选项即可。

隐藏的工作表也可以取消隐藏，右击某一个工作表标签，在快捷菜单中选择"取消隐藏"选项，在打开的"取消隐藏"对话框中选择要取消隐藏的工作表即可。

Excel 不允许隐藏一个工作簿中的所有工作表。

 相关知识

设置对工作表和工作簿的保护，可以防止未授权的用户对文档的访问，避免工作表中的数据被破坏和信息发生泄露。

1. 保护工作表

切换到要保护的工作表，在"审阅"选项卡的"更改"选项组中，单击"保护工作表"按钮，在打开的"保护工作表"对话框中选择相应的选项，如图 5-47 所示。

2. 保护工作簿

使用保护工作簿功能可以对工作簿中的各元素对象进行保护，还可以保护工作簿文件不被查看和修改。其步骤如下：

切换到要保护的工作簿，在"审阅"选项卡的"更改"选项组中，单击"保护工作簿"按钮，在打开的"保护工作簿"下拉菜单中选择"保护结构和窗口"选项，然后在"保护结构和窗口"对话框中设置相应的选项，如图 5-48 所示。

图 5-47　"保护工作表"对话框　　　　　　　　图 5-48　"保护结构和窗口"对话框

各选项含义如下：

● 　结构：保护工作簿的结构，防止删除、移动、隐藏、取消隐藏、重命名工作表或插入工作表。

● 　窗口：防止工作表的窗口被移动、缩放、隐藏、取消隐藏或关闭。

● 　密码（可选）：防止别人取消对工作簿的保护。

 课堂训练

（1）选取一个单元格区域，再分别将该单元格区域复制和移动到另一个位置。

（2）选取工作表的一行、一列、相邻的多行和多列。

（3）将工作表中的第 3、4 行移到 7、8 行的位置。

（4）将工作表中的第 B、C 列数据移到 E、F 列相应的位置。

（5）分别清除和删除复制的单元格或区域中的数据，观察两者操作的区别。

（6）选择一列，分别扩大或缩小列宽，观察该列中数据显示的变化。

（7）选择一行，分别扩大或缩小行高，观察该行中数据显示的变化。

（8）在"成绩表"中插入数据，效果如图 5-49 所示。

	A	B	C	D	E	F	G
1				成绩表			
2	姓名	语文	数学	英语	网络	操作	总分
3	李莉	85	95	85	86	87	
4	张颖颖	73	89	91	84	91	
5	李文凯	94	95	92	84	77	
6	王海洋	78	56	87	92	88	
7	孙红林	87	77	75	80	82	
8	展新涛	92	93	87	75	82	
9	吴瑜	87	73	91	83	91	
10	王春苗	85	87	86	91	92	
11	平均分						
12							

图 5-49　"成绩表"工作表

（9）在"成绩表"工作簿中添加一个工作表，并将该工作表命名为"学籍表"。

（10）隐藏一个"学籍表"工作表，然后再取消隐藏。

 任务评价

根据表 5-4 的内容进行自我学习评价。

表 5-4　学习评价表

评价内容	优	良	中	差
能快速选择行、列或单元格区域				
能对单元格中的数据进行修改、复制、删除				
能在工作表中插入或删除行、列或单元格				
能调整行高或列宽				
能在工作簿中插入或删除工作表，并对工作表命名				

思考与练习

一、思考题

1. Excel 中的工作簿与工作表有什么区别？

2. 默认状态下一个 Excel 工作簿包含有几个工作表？标签名分别是什么？

3. 如何在工作表中输入 2/3、0.5，以及特殊符号§、№等？

4. 如何在工作表中选择多个不连续的单元格区域？

5. 如何将工作表中两列位置进行交换？如 A 列与 C 列交换。

6. 如何调整工作表的行高与列宽？

7. 清除单元格内容与删除单元格内容有什么不同？

二、操作题

1. 新建一个如图 5-50 所示的"图书排行榜"工作表。

	A	B	C	D
1	新京报图书排行榜（2011年第4周）			
2	书名	作者	出版社	定价
3	姥姥语录	倪萍	中华书局	26.00
4	喜羊羊与灰太狼电影连环画3	广东原创动力文化传播有限公司	人民邮电出版社	19.80
5	爵迹·燃魂书	郭敬明等	长江文艺出版社	18.80
6	中国共产党历史（第二卷）	中共中央党史研究室	中共党史出版社	150.00
7	蔡康永的说话之道	蔡康永	沈阳出版社	25.00
8	货币战争3：金融高边疆	宋鸿兵	中华工商联合出版社	39.90
9	微博改变一切	李开复	上海财经大学出版社	28.00
10	临界·爵迹II	郭敬明	长江文艺出版社	22.80
11	我与地坛	史铁生	人民文学出版社	23.00
12	幸福了吗？	白岩松	长江文艺出版社	29.00
13				
14				

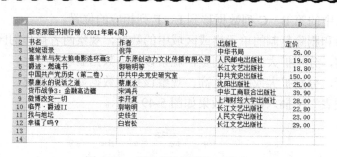

图 5-50　“图书排行榜”工作表

2．在“图书排行榜”工作表 A2 至 A12 插入“序号”列，并对数据进行填充，如图 5-51 所示。

	A	B	C	D	E
1	新京报图书排行榜（2011年第4周）				
2	序号	书名	作者	出版社	定价
3	1	姥姥语录	倪萍	中华书局	26.00
4	2	喜羊羊与灰太狼电影连环画3	广东原创动力文化传播有限公司	人民邮电出版社	19.80
5	3	爵迹·燃魂书	郭敬明等	长江文艺出版社	18.80
6	4	中国共产党历史（第二卷）	中共中央党史研究室	中共党史出版社	150.00
7	5	蔡康永的说话之道	蔡康永	沈阳出版社	25.00
8	6	货币战争3：金融高边疆	宋鸿兵	中华工商联合出版社	39.90
9	7	微博改变一切	李开复	上海财经大学出版社	28.00
10	8	临界·爵迹II	郭敬明	长江文艺出版社	22.80
11	9	我与地坛	史铁生	人民文学出版社	23.00
12	10	幸福了吗？	白岩松	长江文艺出版社	29.00
13					

图 5-51　插入单元格区域

3．自动调整各列的列宽。

4．新建一个如图 5-52 所示的“公司支出”工作表。

5．在“公司支出”工作表的第 5 行插入“交通补贴”，并输入相应的数据，如图 5-53 所示。

	A	B	C	D	E	F
1	公司支出明细					
2		一月	二月	三月		
3	房租	15000	15000	15000		
4	电话费	4000	3500	4200		
5	水费	1200	1000	1200		
6	快递	500	300	450		
7	办公用品	300	100	350		
8	报刊	150	150	150		
9	餐费	1500	1000	1600		
10	差旅	7800	2000	8000		
11						
12						

图 5-52　“公司支出”工作表

	A	B	C	D	E	F
1	公司支出明细					
2		一月	二月	三月		
3	房租	15000	15000	15000		
4	电话费	4000	3500	4200		
5	交通补贴	4500	4500	4500		
6	水费	1200	1000	1200		
7	快递	500	300	450		
8	办公用品	300	100	350		
9	报刊	150	150	150		
10	餐费	1500	1000	1600		
11	差旅	7800	2000	8000		
12						
13						

图 5-53　插入数据行

6．新建一个同学通讯录，如图 5-54 所示，自行输入数据。

	A	B	C	D	E	F	G	H
1	通讯录							
2	姓名	性别	民族	出生日期	身高	QQ	电子邮箱	家庭住址
3								
4								
5								
6								

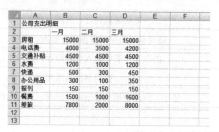

图 5-54　“通讯录”工作簿

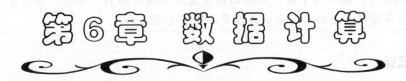

第6章 数据计算

综合运用 Excel 公式、函数不仅能进行一般的数值运算，还能解决复杂的管理问题和用 Excel 处理及分析不同来源、不同类型的各种数据，以及灵活运用 Excel 的各种功能进行数据分析和管理，真正让 Excel 成为用户工作得心应手的工具。完成本章学习后，应该掌握以下内容。

- 使用公式进行数据计算。了解什么是 Excel 公式，公式的基本表示形式，如何创建和编辑公式，公式中运算符的使用等。
- 使用函数进行数据计算。学习公式中常用函数的使用方法，如 SUM()函数、SUMIF()函数、IF()函数、COUNT()函数、COUNTIF()函数、AVERAGE()函数等。
- 单元格的引用：包括单元格的相对引用、绝对引用和混合引用，以及创建和删除工作簿的链接。

任务1 使用公式计算

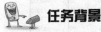 **任务背景**

小张在公司中经常统计商品的销售量、销售金额，以及销售总量、销售总金额等，如根据 10 月份各种电器的销售量，计算销售金额、销售总量，以及销售总金额等，如图 6-1 所示。

	A	B	C	D	E	F
1		10月份商品销售统计表				
2	名称	型号	单价	销售量	销售金额	
3	联想计算机	扬天V461A-IFI	6700.00	20		
4	联想计算机	G461A-ITH	4800.00	34		
5	联想计算机	G455A M321	3750.00	50		
6	方正计算机	T400IG	4600.00	100		
7	方正计算机	R621Y	3500.00	50		
8	惠普打印机	LaserJet P1505	1800.00	12		
9	惠普打印机	LaserJet 5200	8000.00	35		
10	诺基亚手机	5800XM	1900.00	50		
11	诺基亚手机	X6 16GB	2300.00	78		
12	MOTO手机	A1800	1800.00	90		
13	MOTO手机	A1890	2000.00	120		
14	佳能相机	SX210 IS	2500.00	50		
15	佳能相机	EOS 5D Mark II	22000.00	20		
16	合计					
17						

图 6-1 商品销售统计

 任务分析

Excel 具有强大的数据计算、数据分析功能，通常使用公式进行数据计算。公式是在工作表中对数据进行分析的等式。它可以对工作表数值进行加法、减法或乘法等运算，还可以引用同一工作表中的其他单元格、同一工作簿不同工作表中的单元格或者其他工作簿的工作表中的单元格。因此，在计算前要明确根据哪些数据进行计算，计算的一般公式是什么，结果存放的单元格等。本任务中每种商品的销售金额为该商品的"单价×销售量"，销售总量为各商品的销售量之和，销售总金额为各商品销售金额之和。

 任务实施

操作 1　计算销售金额

下面使用在单元格中输入公式的方法计算每种商品的销售金额，即销售金额为"单价*销售量"。在单元格中输入公式时，首先输入"="，作为输入公式的开始。

（1）在"商品统计"工作表中，选中 F3 单元格，输入公式：=D3*E3，如图 6-2 所示。

（2）按 Enter 键，计算出该商品的销售金额，并显示在 F3 单元格中。

（3）单击并拖动 F3 单元格填充柄至 F15 单元格，计算出每种商品的销售金额，如图 6-3 所示。也可以在 F3 单元格中输入公式后，选中并复制该单元格，然后再粘贴到 F4:F15 区域即可。

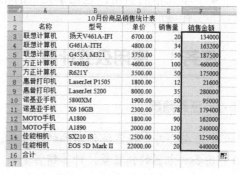

图 6-2　在单元格中输入公式　　　　　图 6-3　计算销售金额

当 D 列或 E 列单元格数值发生变化时，工作表中 F 列的公式会自动随着这些变化做出相应的调整。

 提示

在输入公式过程时，如果先选定一个区域，再输入公式，然后按 Ctrl+Enter 组合键，则在选定区域内的所有单元格中输入了同一公式。上述例子中，也可以先选中 F3:F15 区域，再输入公式：=D3*E3，然后按 Ctrl+Enter 键，同样计算出每种商品的销售金额。

另外，也可以直接在编辑栏中输入计算公式。上述例子中，先选中 F3 单元格，在编辑栏输入公式：=D3*E3，按 Enter 键，再将 F3 单元格公式复制到 F4:F15 单元格区域即可。

如果要修改单元格中的计算公式，选中要修改公式的单元格，然后在编辑栏中直接进行修改。如果要删除单元格中的公式，选中要删除公式的单元格，然后按 Delete 键。

操作 2　计算销售总量、总金额

在"商品统计"工作表中计算销售总量时，最原始的方法是将每种商品的销售量相加，计算的求和结果即为销售总量，即在 E16 单元格中输入公式：=E3+E4 + E5+ E6+ E7+ E8+ E9+

E10+ E11+ E12+ E13+ E14+ E15，如图 6-4 所示，按 Enter 键后，即可计算出求和结果。

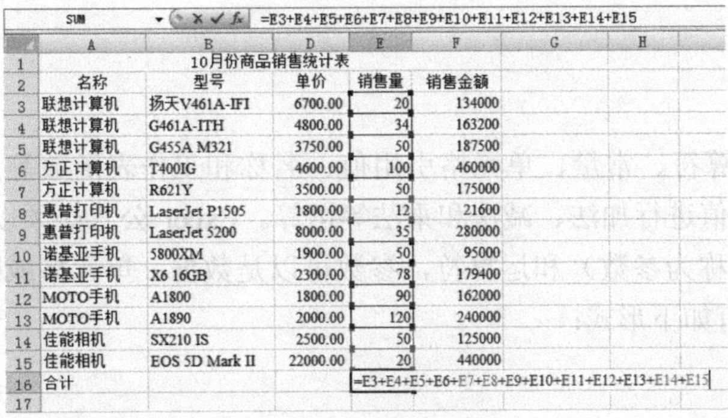

SUM =E3+E4+E5+E6+E7+E8+E9+E10+E11+E12+E13+E14+E15

	A	B	D	E	F	G	H
1		10月份商品销售统计表					
2	名称	型号	单价	销售量	销售金额		
3	联想计算机	扬天V461A-IFI	6700.00	20	134000		
4	联想计算机	G461A-ITH	4800.00	34	163200		
5	联想计算机	G455A M321	3750.00	50	187500		
6	方正计算机	T400IG	4600.00	100	460000		
7	方正计算机	R621Y	3500.00	50	175000		
8	惠普打印机	LaserJet P1505	1800.00	12	21600		
9	惠普打印机	LaserJet 5200	8000.00	35	280000		
10	诺基亚手机	5800XM	1900.00	50	95000		
11	诺基亚手机	X6 16GB	2300.00	78	179400		
12	MOTO手机	A1800	1800.00	90	162000		
13	MOTO手机	A1890	2000.00	120	240000		
14	佳能相机	SX210 IS	2500.00	50	125000		
15	佳能相机	EOS 5D Mark II	22000.00	20	440000		
16	合计			=E3+E4+E5+E6+E7+E8+E9+E10+E11+E12+E13+E14+E15			
17							

图 6-4 计算销售总量

用同样的方法，计算销售总金额时，在 F16 单元格中输入公式：=F3+F4 + F5+ F6+ F7+ F8+ F9+ F10+ F11+ F12+ F13+ F14+ F15，按 Enter 键后，即可计算出销售总金额，如图 6-5 所示。

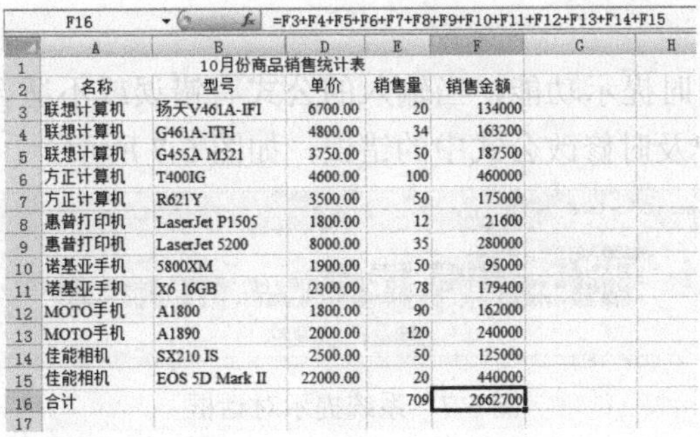

F16 =F3+F4+F5+F6+F7+F8+F9+F10+F11+F12+F13+F14+F15

	A	B	D	E	F	G	H
1		10月份商品销售统计表					
2	名称	型号	单价	销售量	销售金额		
3	联想计算机	扬天V461A-IFI	6700.00	20	134000		
4	联想计算机	G461A-ITH	4800.00	34	163200		
5	联想计算机	G455A M321	3750.00	50	187500		
6	方正计算机	T400IG	4600.00	100	460000		
7	方正计算机	R621Y	3500.00	50	175000		
8	惠普打印机	LaserJet P1505	1800.00	12	21600		
9	惠普打印机	LaserJet 5200	8000.00	35	280000		
10	诺基亚手机	5800XM	1900.00	50	95000		
11	诺基亚手机	X6 16GB	2300.00	78	179400		
12	MOTO手机	A1800	1800.00	90	162000		
13	MOTO手机	A1890	2000.00	120	240000		
14	佳能相机	SX210 IS	2500.00	50	125000		
15	佳能相机	EOS 5D Mark II	22000.00	20	440000		
16	合计			709	2662700		
17							

图 6-5 计算销售总金额

在上述计算求和时可以发现，如果在公式中引用的单元格较多，逐个输入时，既非常烦琐，又容易出错。为此，Excel 提供了一种简便快速求和方法，利用 “自动求和”按钮 Σ 即可。

选中需要放置求和结果的单元格，在“开始”选项卡的“编辑”选项组中，单击“自动求和”按钮 Σ，选中求和数据所在的单元格区域，该区域用虚线表示，如选中 E3:F15 区域，如图 6-6 所示，然后按 Enter 键，显示计算结果。

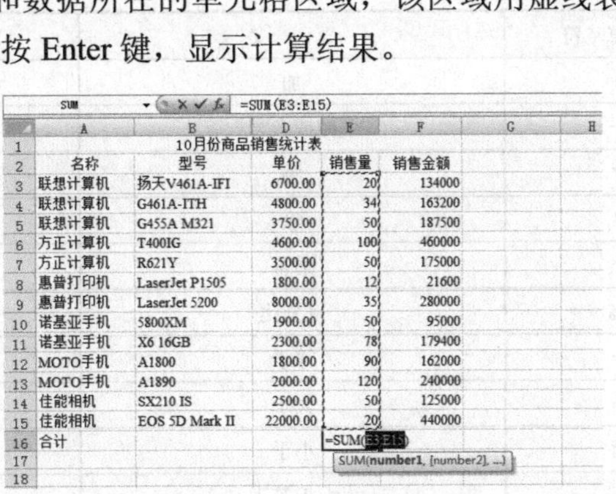

SUM =SUM(E3:E15)

	A	B	D	E	F	G	H
1		10月份商品销售统计表					
2	名称	型号	单价	销售量	销售金额		
3	联想计算机	扬天V461A-IFI	6700.00	20	134000		
4	联想计算机	G461A-ITH	4800.00	34	163200		
5	联想计算机	G455A M321	3750.00	50	187500		
6	方正计算机	T400IG	4600.00	100	460000		
7	方正计算机	R621Y	3500.00	50	175000		
8	惠普打印机	LaserJet P1505	1800.00	12	21600		
9	惠普打印机	LaserJet 5200	8000.00	35	280000		
10	诺基亚手机	5800XM	1900.00	50	95000		
11	诺基亚手机	X6 16GB	2300.00	78	179400		
12	MOTO手机	A1800	1800.00	90	162000		
13	MOTO手机	A1890	2000.00	120	240000		
14	佳能相机	SX210 IS	2500.00	50	125000		
15	佳能相机	EOS 5D Mark II	22000.00	20	440000		
16	合计			=SUM(E3:E15)			
17				SUM(number1, [number2], ...)			
18							

图 6-6 使用“自动求和”计算

这种方法适用于计算数据所在的单元格区域是连续区域。

 **相关知识**

1．Excel 公式

Excel 公式由运算符、常量、单元格引用值、名称和工作表函数等元素构成。使用公式可以实现对单元格数值进行加法、减法和乘法等运算。Excel 公式必须以等号"="开始，等号后面是运算对象（称为参数）和运算符，参数可以是数据、单元格或区域的名称、函数、文字等。Excel 公式有如下形式：

=3+2*5

=10+A3

=10*A3

=A1+B2

=A1+$B$2+$C2

=SUM（A1:A3）

......

Excel 提供了一个即时提示功能，当输入的公式有错误或不适合要求时，系统会自动弹出一个对话框，提示用户及时修改公式中的错误，如图 6-7 所示。

图 6-7　系统提示对话框

2．公式中的运算

Excel 中的运算有算术运算、比较运算、文本运算和引用运算 4 种类型。表 6-1 给出了 Excel 公式中常用的运算及示例。

表 6-1　Excel 公式中的运算及示例

类　型	运　算　符	含　义	示　例
算术运算	+	加	10+5
	—	减或负号	10-5，−8
	*	乘	2*4
	/	除	12/4
	^	乘幂	3^2
	%	百分比	75.3%
比较运算	=	等于	A2=60
	>	大于	A2>60
	<	小于	A2<60
	>=	大于等于	A2>=C3
	<=	小于等于	A2<=C3
	<>	不等于	A2<>C3

类 型	运 算 符	含 义	示 例
文本运算	&	将两个文本连接起来	"伦敦" & "奥运会"结果为"伦敦奥运会"
引用运算	:	区域运算符，表示对两个引用之间，包括两个引用在内的所有区域的单元格进行引用	SUM（B1:D5），表示计算 B1 到 D5 之间的单元格数值和
	,	联合运算符，表示将多个引用合并为一个引用	SUM（B5,B15,D5,D15），表示计算 B5、B15、D5、D5 单元格数值和
	空格	交叉运算符，表示产生同时隶属于两个引用的单元格区域的引用	SUM（A1:A7 A5:C5），结果为 A5 单元格的值，单元格 A5 同时隶属于两个区域

（1）算术运算：完成基本的数学运算，如加、减、乘、除等，并产生数字结果。

（2）比较运算：比较运算符用来对两个数值进行比较，产生的结果为逻辑值 True（真）或 False（假）。

（3）文本运算：将一个或多个文本连接成为一个组合文本，文本运算符为&。

（4）引用运算：将单元格区域合并运算。

如果公式中同时用到了多个运算符，如"=A4+B5*C3/2-E3^2"，运算符之间有运算优先顺序。表 6-2 给出了 Excel 中常用的运算符及运算优先级。

表 6-2   运算符及运算优先级

运算符（由高到低）	说 明
:	范围：如 A1:A4（从 A1 到 A4）
空格	交集：如 A1:A4 A3:C3（结果为 A3）
,	并集：如 A1:A3,A3:A5（结果为 A1 到 A5）
—	负号：如—21
%	百分比
^	指数
*、/	乘、除
+、—	加、减
&	文本连接：如"大" & "小"（结果为"大小"）
= > < >= <= <>	比较运算符

如果公式中包含了相同优先级的运算符，Excel 将从左到右进行计算。如果要修改计算的顺序，公式中需要首先运算的部分括在圆括号内。

3．显示与隐藏公式

在采用公式进行计算的工作表中，用户需要的可能就是公式本身，而不是其计算结果，这时可以在单元格中显示相应的公式。默认状态下在单元格中显示公式的计算结果。设置在单元格中显示公式的具体方法：单击"Office 按钮"图标，执行"Excel 选项"→"高级"命令，选中"在单元格中显示公式而非其计算结果"复选框，如图 6-8 所示，则在单元格中显示公式，如图 6-9 所示。

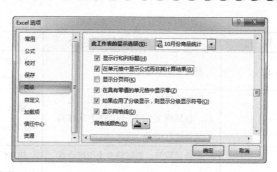

图 6-8　设置显示公式选项

	A	B	D	E	F
1		10月份商品销售统计表			
2	名称	型号	单价	销售量	销售金额
3	联想计算机	扬天V461A-IFI	6700	20	=D3*E3
4	联想计算机	G461A-ITH	4800	34	=D4*E4
5	联想计算机	G455A M321	3750	50	=D5*E5
6	方正计算机	T400IG	4600	100	=D6*E6
7	方正计算机	R621Y	3500	50	=D7*E7
8	惠普打印机	LaserJet P1505	1800	12	=D8*E8
9	惠普打印机	LaserJet 5200	8000	35	=D9*E9
10	诺基亚手机	5800XM	1900	50	=D10*E10
11	诺基亚手机	X6 16GB	2300	78	=D11*E11
12	MOTO手机	A1800	1800	90	=D12*E12
13	MOTO手机	A1890	2000	120	=D13*E13
14	佳能相机	SX210 IS	2500	50	=D14*E14
15	佳能相机	EOS 5D Mark II	22000	20	=D15*E15
16	合计			=SUM(E3:E15)	=F3+F4 + F5+ F6+ F7+
17					

图 6-9　显示公式

在"公式"选项卡的"公式审核"选项组中，单击"显示公式"按钮也可以在公式与结果之间进行切换。

4. 单元格的引用

在 Excel 的公式运算中，通常要涉及对单元格的引用。引用的作用就在于标识工作表上的单元格或单元格区域，并指明所使用的数据的位置。

在进行公式复制时就会发现：经过复制的公式有时会发生变化。这是由于在创建公式时使用了单元格引用。在公式中，可以引用同一工作表中的其他单元格、同一工作簿中不同工作表中的单元格或是其他工作簿的工作表中的单元格。

在 Excel 中，通常使用 A1 单元格引用方式，即以字母来标识列，以数字来标识行，引用某个单元格时，只要输入列字母与行数字即可。表 6-3 给出了 Excel 引用示例说明，示例中使用行列标识组合来代表单元格。

表 6-3　单元格引用示例说明

引 用 说 明	引 用 示 例
列 A 和行 5 交叉处的单元格	A5
在列 A 和行 5 到行 10 之间的单元格区域	A5:A10
在行 10 和列 B 到列 E 之间的单元格区域	B10:E10
行中的全部单元格	5:5
行 5 到行 10 之间的全部单元格	5:10
列 H 中的全部单元格	H:H
列 H 到列 J 之间的全部单元格	H:J
列 A 到列 E 和行 10 到行 20 之间的单元格区域	A10:E20

课堂训练

（1）在"亚运奖牌榜"工作表中（如图 6-10 所示），使用公式分别计算各国家或地区金、银、铜牌的总数，将结果存放在"总计"单元格中。

图 6-10　计算奖牌总数

（2）使用"自动求和"功能计算各国家或地区奖牌总数。

（3）使用公式计算"成绩表"中每位学生的总分、各门课程的平均分，并将结果分别存放在对应的单元格中，如图 6-11 所示。

图 6-11　计算学生成绩

（4）使用"自动求和"功能分别计算"成绩表"中各学生的总分、总平均分及各门课程的平均分，并将结果分别存放在对应的单元格中。

（5）在"成绩表"中已计算出班级总平均分为 85.1，如图 6-12 所示，计算每个学生的总平均分是否超过班级总平均分，在"班级线"单元格中分别显示"True"或"False"。

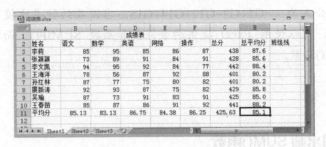

图 6-12　学生总平均分分析

 任务评价

根据表 6-4 的内容进行自我学习评价。

表6-4　学习评价表

评 价 内 容	优	良	中	差
能根据要求，确定要计算的公式				
能确定公式中要确定的计算区域				
能在单元格中正确输入公式				
能在编辑栏中正确输入公式				
能将单元格中的公式复制到其他单元格中				
能对公式进行修改、删除等编辑				

任务 2　使用函数计算

 任务背景

　　小张在公司中除了统计公司商品的销售总量、销售总金额外，还要统计各个商店的销售量和销售金额，如图 6-13 所示，分别统计"台东店"、"上海路店"、"香港路店"的销售金额。

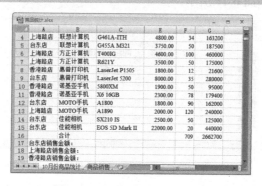

图 6-13　"商品统计"工作表

 任务分析

　　计算各个商店的销售金额，如"台东店"，可以使用前面学过的公式计算，将各种商品的销售金额相加，公式为：=G5+G9+G12+G14+G15。当商品的种类比较多时，使用这种方法很不方便。因此，可以使用 Excel 提供的条件求和函数 SUMIF()。而对于一般的求和计算，可以使用 SUM()函数。

 任务实施

操作 1　使用求和 SUM()函数

　　例如，在"亚运奖牌榜"工作表中，使用 SUM()函数计算各国家或地区奖牌总数，如图 6-10 所示。

　　（1）选中 F3 单元格，再输入公式：=SUM（C3:E3），然后按 Enter 键，将计算结果显示在 F3 单元格中。

（2）向下拖动 F3 单元格填充柄，可以得到其他国家或地区的奖牌总数，结果如图 6-14 所示。

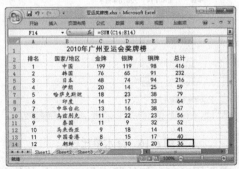

图 6-14　使用 SUM()函数计算奖牌总数

操作 2　使用条件求和 SUMIF()函数

在如图 6-13 所示的商品统计表中，统计各个商店的销售金额，如果使用 SUM( )函数，则为：=SUM（G5,G9,G12,G14,G15）。当计算的记录数很多，单元格不确定的情况下，可以使用条件求和 SUMIF()函数。

例如，计算"台东店"的销售金额，选中 C17 单元格，输入公式：=SUMIF（A3:A15,"台东店",G3:G15），结果如图 6-15 所示。

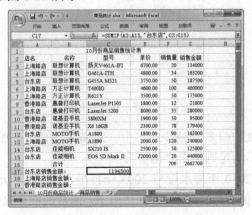

图 6-15　使用 SUMIF()函数计算销售金额

在公式"=SUMIF（A3:A15,"台东店",G3:G15）"中，A3:A15 为用于条件判断的单元格区域；"台东店"为确定哪些单元格将被相加求和的条件，其形式可以为数字、表达式或文本。例如，条件可以表示为 100、"100"、">100" 或 "手机"。G3:G15 是需要求和的实际单元格区域。因此，SUMIF()函数只有在指定区域中相应的单元格符合条件的情况下，才能对区域的单元格数值求和。

用上述方法，在 C18 单元格中输入公式：=SUMIF（A3:A15,"上海路店",G3:G15）；在 C19 单元格中输入公式：=SUMIF（A3:A15,"香港路店",G3:G15）。

操作 3　使用 IF()函数

例如，某市近年来降水量如图 6-16 所示，2010 年全年降水量为 450，计算 2010 年与其他年份降水量相比，是偏多还是偏少。

图 6-16　降水量比较

这是一个逻辑判断题，需要用 2010 年的降水量 450 与其他各年份相比，根据比较的结果（逻辑表达式的真假），返回不同的结果。这就需要用到 Excel 的 IF()函数。

选中 C3 单元格，输入公式：=IF（450>B3,"偏多","偏少"），再将该单元格复制到 C4:C12 区域，结果如图 6-17 所示。

图 6-17　降水量比较结果

在公式"=IF（450>B3,"偏多","偏少"）"中，对满足条件"450>B3"进行数据比较，条件满足则输出"偏多"，不满足则输出"偏少"。

分析上述比较结果，2010 年降水量与 2003 年持平，在 C6 单元格中应填充"持平"，而不应该填充"偏多"或"偏少"。因此，可以使用 IF()函数的嵌套来解决。将 C3 单元格中的公式更改为：=IF（450>=B3,IF（450>B3,"偏多","持平"），"偏少"），再将该公式填充 C4:C12 区域，结果如图 6-18 所示。

图 6-18　使用 IF()函数嵌套比较降水量

在 IF（450>=B3,IF（450>B3,"偏多","持平"），"偏少"）函数中，如果 450 大于等于 B3 单

元格数值，则执行第 2 个参数：IF（450>B3,"偏多","持平"），这里为嵌套函数，继续判断 450 是否大于 B3 单元格数值，如果条件成立，则在单元格 C3 中显示"偏多"，不成立则显示"持平"；如果不满足条件：450>=B3，则执行第 3 个参数，即在单元格 C3 中显示"偏少"。

相关知识

Excel 函数是一些预定义的公式，它使用特定数值按特定的顺序或结构进行计算。可以直接用它对某个区域内的数值进行一系列运算，如求和计算、确定贷款的支付额、确定单元格中的数据类型、计算平均值、排序显示和运算文本数据等。例如，SUM()函数对单元格或单元格区域进行求和运算。

1．函数

函数由函数名和参数两个部分组成。函数名通常由大写字母组成，一般可以通过函数名来了解函数的功能。例如，SUM 函数对单元格或单元格区域进行求和运算。参数是函数中用来执行操作或计算的数值，参数的类型与具体的函数有关。函数中使用的参数包括数值、文本、单元格引用、单元格区域、名称、标志和嵌套函数等。

函数的格式：

　　　　　　=函数名（参数 1,参数 2,…）

函数的结构如图 6-19 所示。

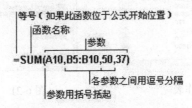

图 6-19　函数的结构

输入函数时应注意：

- 所有的函数都要以"="开始。
- 函数名和括号之间没有空格，参数之间用逗号隔开。
- 每一函数都包括一个语法行，需要的参数必须提供。
- 名称后带有一组空格号的函数不需任何参数，但是使用时必须带括号，以使 Excel 能识别该函数。

2．输入函数

对于一些简单的函数，可以采用手工输入的方法。手工输入函数的方法同在单元格中输入公式的方法一样，可以先在编辑栏中输入一个等号（=），然后直接输入函数本身。例如，计算单元格 A10、单元格区域 B5:B10 和数字 50、37 的数据总和，可以在单元格中输入 SUM 函数和参数：

　　=SUM（A10,B5:B10,50,37）

表 6-5 列出了函数参数的类型及示例。

表 6-5　函数参数的类型及示例

参数类型	示例
单元格	=SUM（A1,B5）
数值	=SUM（1,2）
范围	=SUM（A1:A10）
嵌套函数	=SUM（SUM（A1:A10），SIN（B5））

对于比较复杂的函数，可使用函数对话框来输入，以避免在输入过程中产生错误。例如，计算 "超市"工作表中各超市的年销售总额，如图 6-20 所示。

（1）打开"超市"工作表，选中 F3 单元格，切换到"公式"选项卡，在"函数库"选项组中单击"插入函数"按钮或单击编辑栏左侧的"插入函数"按钮 f_x，打开"插入函数"对话框，如图 6-21 所示。

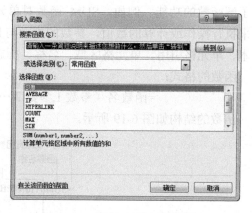

图 6-20　"超市"工作表　　　　　　　　　　　图 6-21　"插入函数"对话框

（2）在"或选择类别"下拉列表框中选择要输入的函数类别，如选择"常用函数"选项；在"选择函数"列表中选择需要的函数，如选择 SUM()函数。

（3）单击"确定"按钮，打开如图 6-22 所示的"函数参数"对话框，输入参数，也可以单击文本框右侧的按钮选择单元格区域。

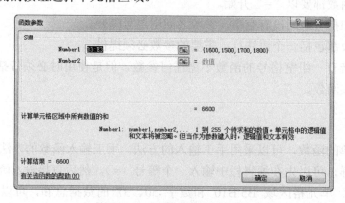

图 6-22　"函数参数"对话框

（4）单击"确定"按钮，得到 SUM()函数的结果，如图 6-23 所示。

图 6-23 使用 SUM()函数计算

修改函数参数时，可以先选中含有公式的单元格，再单击编辑栏，或直接双击含有公式的单元格，这时公式进入编辑状态，所选函数的单元格区域有一个蓝色边框。拖动蓝色边框可以重新选择一个单元格区域来变更参数。也可以单击编辑栏左侧的"函数"按钮的下拉箭头，弹出常用函数下拉列表，在所需函数上单击即可更改所使用的函数。

如果在单元格区域求和时，需要满足多个条件，可以使用 SUMIFS()函数。其格式如下：

SUMIFS（sum_range, criteria_range1, criteria1, [criteria_range2, criteria2],…）

其中，criteria_range1 为用于条件 1 判断的单元格区域；criteria1 为条件 1。

criteria_range2 为用于条件 2 判断的单元格区域；criteria2 为条件 2。

sum_range 是要求和的实际单元格区域。

例如，如果需要对区域 A1:A20 中符合以下条件的单元格的数值求和：B1:B20 中的相应数值大于 10 且 C1:C20 中的相应数值小于 100，则可以使用以下公式：

=SUMIFS（A1:A20, B1:B20, ">10", C1:C20, "<100"）

SUMIFS()和 SUMIF()函数的参数顺序有所不同。sum_range 参数在 SUMIFS()函数中是第一个参数，而在 SUMIF()函数中则是第三个参数。如果要复制和编辑这些相似函数，需确保按正确的顺序设置参数。

3. 使用 AVERAGE()函数求平均值

格式：AVERAGE（number1,number2,…）。

功能：求指定单元格区域中所有数值的平均值。

例如，使用 AVERAGE ()函数计算"超市"工作表中每季度平均销售额。

（1）在 G3 单元格中输入公式：=AVERAGE（B3:E3）或= AVERAGE（F3/4），然后按 Enter 键。

（2）拖动 G3 单元格填充柄填充 G4:G8 区域，得到其他相应项的平均值，结果如图 6-24 所示。

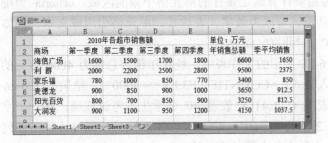

图 6-24 用 AVERAGE()函数计算平均值

4．使用 MAX()和 MIN()函数求最大值和最小值

格式：MAX（number1,number2,…）

MIN（number1,number2,…）

功能：求指定单元格区域中所有数值的最大值和最小值。

例如，=MAX（D3:D8），表示求 D3 至 D8 连续 6 个单元格中的最大值。

=MIN（B3:E8），表示求 B3 至 E8 这 24 个单元格区域中的最小值。

5．使用 COUNT()函数统计数字个数

格式：COUNT（value1,value2,…）

功能：返回数字参数的个数。它可以统计数组或单元格区域中含有数字的单元格个数。

其中 value1，value2，…是包含或引用各种类型数据的参数（1～30 个），其中只有数字类型的数据才能被统计。

例如，在如图 6-25 所示的工作表中，A 列的 A1 空，A2、A7 是中文而非数字，B 列全部是数字。

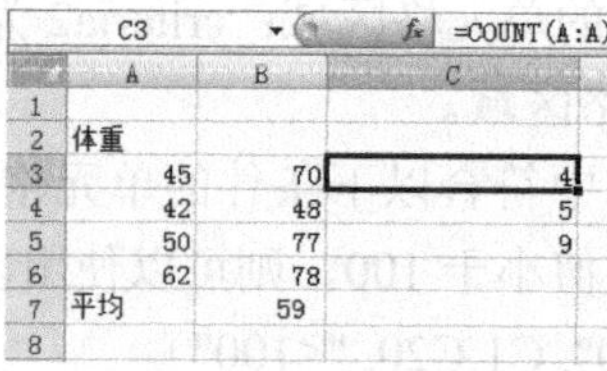
C3 =COUNT(A:A)

	A	B	C	D
1				
2	体重			
3	45	70	4	
4	42	48	5	
5	50	77	9	
6	62	78		
7	平均	59		
8				

图 6-25 统计函数 COUNT()使用示例

在 C3 单元格中输入公式：=COUNT（A:A），则返回统计出 A 列所有数字的单元格个数为 4。

在 C4 单元格中输入公式：=COUNT（B:B），则返回统计出 B 列所有数字的单元格个数为 5。

在 C5 单元格中输入公式：=COUNT（A:A,B:B），则返回统计出 A、B 两列所有数字的单元格个数为 9。

6．使用条件 COUNTIF()函数统计个数

格式：COUNTIF（range,criteria）

功能：返回满足条件的单元格个数。

其中，range 为需要计算满足条件的单元格个数的区域；criteria 为确定哪些单元格将被计算在内的条件，其形式可以为数字、表达式、单元格引用或文本。例如，条件可以表示为 100、"100"、">100" 、"北京" 或 A1。

例如，在如图 6-24 所示的工作表中，统计年销售总额为 4000 万元的超市数量，则可以在空白单元格中输入公式：=COUNTIF（F3:F8,">=4000"），结果如图 6-26 所示。

又例如，工作表中 C2:C41 存放着 40 名学生的考试成绩，在一个空白单元格内输入公式：=COUNTIF（C2:C41, ">=60"）/COUNT（C2:C41），即可计算出该列成绩的及格率（即分数为 60 及以上的人数占总人数的百分比）。

	B10		fx	=COUNTIF(F3:F8,">=4000")		
	A	B	C	D	E	F	G
1	2010年各超市销售额					单位：万元	
2	商场	第一季度	第二季度	第三季度	第四季度	年销售总额	季平均销售
3	海信广场	1600	1500	1700	1800	6600	1650
4	利 群	2000	2200	2500	2800	9500	2375
5	家乐福	780	1000	850	770	3400	850
6	麦德龙	900	850	900	1000	3650	912.5
7	阳光百货	800	700	850	900	3250	812.5
8	大润发	900	1100	950	1200	4150	1037.5
9							
10		3					
11							

图 6-26   条件统计函数 COUNTIF()使用示例

如果要计算某个区域中满足多重条件的单元格数目，可以使用 COUNTIFS()函数，其格式为：

COUNTIFS（range1，criteria1，range2，criteria2，…）

其中，range1，range2，…是计算关联条件的 1～127 个区域。每个区域中的单元格必须是数字或包含数字的名称、数组或引用。空值和文本值会被忽略。criteria1，criteria2,…是数字、表达式、单元格引用或文本形式的 1～127 个条件，用于定义要对哪些单元格进行计算。

例如，=COUNTIFS（B3:B8,">=900",C3:C8,">1000"），表示第一季度销售额在 900 以上，并且第二季度销售额在 1000 以上的商场个数。

7．使用 PMT()函数计算等额偿还贷款

格式：PMT （rate, nper, pv, [fv],[type]）

功能：该函数用来计算等额还款条件下每期应偿还的金额，这部分金额由本金及利息组成。

其中，rate 为贷款利率；nper 为总还款期数；pv 为贷款金额；fv 为在最后一次付款后希望得到的现金余额，默认值为 0；type 用以指定各期的付款时间是在期初还是期末。如果为 0 或默认，表明是期末付款，如果为 1，表明是期初付款。

例如，张某从银行贷款 50 万元购买住房，按月偿还贷款，20 年还清贷款，贷款年利率为 6.8%，计算平均每月需要偿还的金额（包括当期应偿还的本金与利息）。

因年利率为 6.8%，则贷款月利率为 6.8%/12，即 0.5667%；贷款期限 20 年，按月偿还贷款，则总还款期数为20*12；贷款金额为 50 万元，则每月偿还金额的公式为：

=PMT（6.8%/12,240,500000），月偿还金额为－3816.70。

由于 Excel 提供的函数很多，在此不一一列举，有兴趣的同学可以查阅参考有关资料。

课堂训练

（1）在如图 6-27 所示的"公司支出"工作表中，使用函数计算"一季度合计"、每月合计及一季度总支出，并将结果填在相应单元格中。

图 6-27   "公司支出"工作表

（2）在如图 6-28 所示的"降雨量"工作表中，使用函数计算 G 列单元格的降雨量合计、11 行周降雨量总计。

图 6-28　"降雨量"工作表

（3）在如图 6-28 所示的"降雨量"工作表中，使用函数计算平均降雨量、最低降雨量、最高降雨量、降雨天数，并填写在 B14:G17 单元格区域中。

（4）在如图 6-29 所示的"成绩表"工作表中，使用函数计算每个学生的总分、总平均分及各科平均分。

图 6-29　"成绩表"工作表

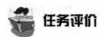

根据表 6-6 的内容进行自我学习评价。

表 6-6　学习评价表

评价内容	优	良	中	差
能根据要求，确定要使用的函数				
能确定函数中的参数及单元格区域				
能使用常用函数，如 SUM()、AVERAGE()、MAX()、MIN()、IF()等				
能使用较复杂的函数，如 SUMIF()、COUNT()、COUNTIF()等				

任务 3　引用单元格

小张平时除了统计公司商品的销售总量、销售总金额外，还要经常统计各个商店的销售金额占总销额的百分比，如图 6-30 所示。

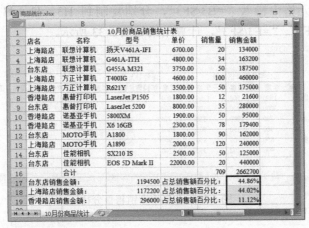

图 6-30 计算所占百分比

 任务分析

Excel 单元格的引用分为相对引用、绝对引用和混合引用三种类型，前面学过的单元格引用如 SUM（C3:E3）为相对引用。本任务中计算各商店销售额占总销售额的百分比，需要用各商店的销售额分别除以总销售额，销售总额数据在 G16 单元格中，并且不会随引用单元格的变化而发生变化，因此可以将 G16 单元格设置为绝对引用，表示为$G$16。

 任务实施

操作 1 绝对引用单元格

在如图 6-30 所示的工作表中，计算各商店的销售额占总销售额的百分比，单击 G17 单元格，输入公式：=C17/$G$16，即可到台东店销售额占总销售额的百分比。将该公式分别复制到 G18、G19 单元格，即可得到其余两个商店的销售百分比。

在公式"=C17/$G$16"中，C17 为单元格地址的相对引用，而$G$16 为单元格地址的绝对引用。想一想，如果将 G17 单元格中公式"=C17/$G$16"，更改为"=C17/G16"，在分别复制到 G18、G19 单元格中，结果会怎样？

 提示

如果 G17 单元格中的计算结果没有用百分比表示，可以单击 G17 单元格，再切换到"开始"选项卡，在"数字"选项组中单击 % 按钮，再单击其中的 按钮，增加小数位或减少小数位。

操作 2 混合引用单元格

在如图 6-31 所示的"超市"工作表中，计算各季度销售额分别占全年销售额的百分比。如果在 G3 单元格中输入公式：=B3/F3，然后再将该公式复制到 H3、I3、J3 单元格中，计算结果如图 6-32 所示。

从图 6-32 所示的计算结果可以看出这不是所需要的，J3 单元格中的公式为"=E3/I3"，也是不正确的。这是因为 G3 单元格中的公式"=B3/F3"为单元格地址的相对引用，在向右分别复制到 H3、I3、J3 单元格时，公式分别为"=C3/G3"、"=D3/H3"、"=E3/I3"。而正确的

公式应该在 G3 单元格中输入"=B3/$F3",分别复制到 H3、I3、J3 单元格时,公式为
"=C3/$F3"、"=D3/$F3"、"=E3/$F3",计算结果如图 6-33 所示。

2010年各超市销售额					单位：万元				
商场	第一季度	第二季度	第三季度	第四季度	年销售总额	一季度%	二季度%	三季度%	四季度%
海信广场	1600	1500	1700	1800	6600				
利 群	2000	2200	2500	2800	9500				
家乐福	780	1000	850	770	3400				
麦德龙	900	850	900	1000	3650				
阳光百货	800	700	850	900	3250				
大润发	900	1100	950	1200	4150				

图 6-31　计算季度销售百分比

图 6-32　计算结果 1

图 6-33　计算结果 2

再将单元格区域 G3:J3 复制到 G4:J8 区域,即可得到计算结果,如图 6-34 所示。

2010年各超市销售额					单位：万元				
商场	第一季度	第二季度	第三季度	第四季度	年销售总额	一季度%	二季度%	三季度%	四季度%
海信广场	1600	1500	1700	1800	6600	24.24%	22.73%	25.76%	27.27%
利 群	2000	2200	2500	2800	9500	21.05%	23.16%	26.32%	29.47%
家乐福	780	1000	850	770	3400	22.94%	29.41%	25.00%	22.65%
麦德龙	900	850	900	1000	3650	24.66%	23.29%	24.66%	27.40%
阳光百货	800	700	850	900	3250	24.62%	21.54%	26.15%	27.69%
大润发	900	1100	950	1200	4150	21.69%	26.51%	22.89%	28.92%

图 6-34　计算结果 3

上述在 G3 单元格中输入的公式"=B3/$F3",其中,B3 为单元格地址的相对引用,$F3
为单元格地址的混合引用,在复制到其他单元格时,F 列为绝对引用,固定不变,而行号是
可变的。

如果在 G3 单元格中输入的公式"=B3/$F$3",即绝对引用$F$3 单元格,计算结果如
图 6-35 所示,计算结果显然是错误的,你知道为什么吗?

2010年各超市销售额					单位：万元				
商场	第一季度	第二季度	第三季度	第四季度	年销售总额	一季度%	二季度%	三季度%	四季度%
海信广场	1600	1500	1700	1800	6600	24.24%	22.73%	25.76%	27.27%
利 群	2000	2200	2500	2800	9500	30.30%	33.33%	37.88%	42.42%
家乐福	780	1000	850	770	3400	11.82%	15.15%	12.88%	11.67%
麦德龙	900	850	900	1000	3650	13.64%	12.88%	13.64%	15.15%
阳光百货	800	700	850	900	3250	12.12%	10.61%	12.88%	13.64%
大润发	900	1100	950	1200	4150	13.64%	16.67%	14.39%	18.18%

图 6-35　计算结果 4

提示

在单元格地址引用时，可以实现相对地址、绝对地址和混合地址的快速切换，如当前单元格公式为：=SUM（C3:E3），然后在编辑栏中选中要更改的引用，有下列组合情况：

选中整个公式，按 F4 键时，该公式变为：=SUM（$C$3:$E$3），表示对行、列单元格均进行绝对引用；第二次按 F4 键时，公式变为：=SUM（C$3:E$3），表示对行进行绝对引用，对列进行相对引用；第三次按 F4 键时，公式则变为：=SUM（$C3:$E3），表示对列进行相对引用，对行进行绝对引用；第四次按 F4 键时，公式变回到初始状态：=SUM（C3:E3），即对行、列单元格均进行相对引用。

操作 3　引用其他工作表

在公式中除了可以引用同一张工作表的单元格外，还可以引用同一工作簿中其他工作表的单元格。引用的格式如下：

'<工作表>'!<引用的单元格>

上述格式中的“!”表示当前单元格来自其他工作表。

例如，某公司前三季度电脑配件出货单数据分别在同一工作簿中的 3 个工作表，3 个工作表的结构相同，其中汇总表、一、二、三季度的出货单分别如图 6-36～图 6-39 所示。现要将 3 个表中的“金额”数据汇总到“汇总”工作表中。

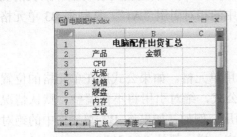

	A	B	C
1	电脑配件出货汇总		
2	产品	金额	
3	CPU		
4	光驱		
5	机箱		
6	硬盘		
7	内存		
8	主板		

图 6-36　汇总表

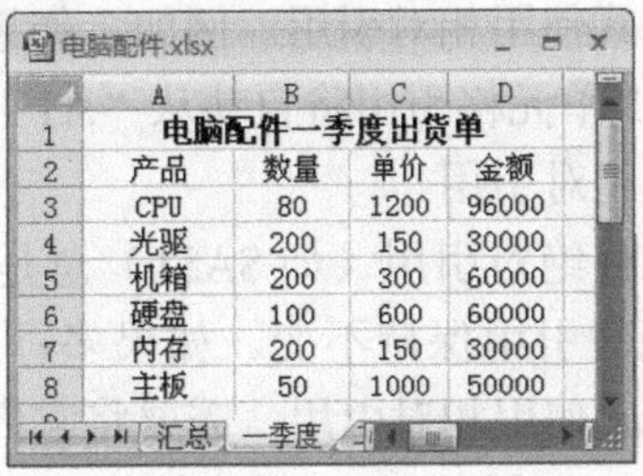

	A	B	C	D
1	电脑配件一季度出货单			
2	产品	数量	单价	金额
3	CPU	80	1200	96000
4	光驱	200	150	30000
5	机箱	200	300	60000
6	硬盘	100	600	60000
7	内存	200	150	30000
8	主板	50	1000	50000

图 6-37　一季度出货单

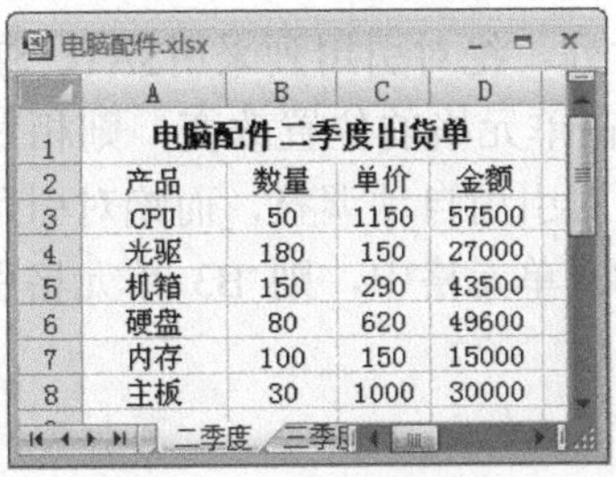

	A	B	C	D
1	电脑配件二季度出货单			
2	产品	数量	单价	金额
3	CPU	50	1150	57500
4	光驱	180	150	27000
5	机箱	150	290	43500
6	硬盘	80	620	49600
7	内存	100	150	15000
8	主板	30	1000	30000

图 6-38　二季度出货单

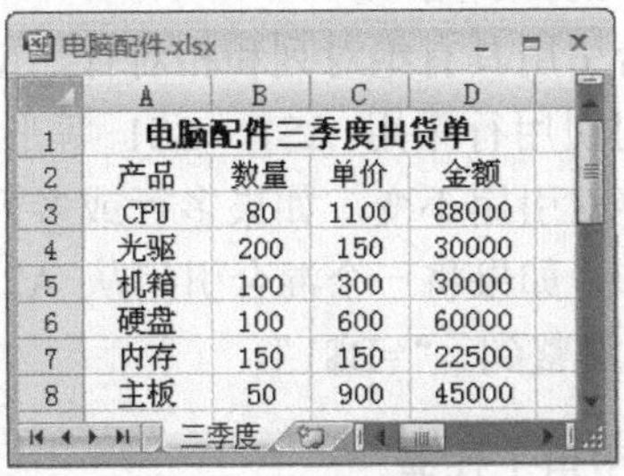

	A	B	C	D
1	电脑配件三季度出货单			
2	产品	数量	单价	金额
3	CPU	80	1100	88000
4	光驱	200	150	30000
5	机箱	100	300	30000
6	硬盘	100	600	60000
7	内存	150	150	22500
8	主板	50	900	45000

图 6-39　三季度出货单

（1）单击“汇总”工作表标签，选择单元格 B3，输入“=”（不要按 Enter 键）。

（2）单击“一季度”工作表标签，选择单元格 D3，输入“+”，然后单击“二季度”工作表标签，选择单元格 D3，再输入“+”，单击“三季度”工作表标签，选择单元格 D3。

（3）将 3 个表中的 D3 加入到公式中，在编辑栏显示公式：=一季度!D3+二季度!D3+三季度!D3，如果引用的工作表标签“一季度”、“二季度”和“三季度”中有空格，则工作表标签用单引号引起来，最后按 Enter 键完成操作。

（4）在"汇总"工作表中，将 B3 单元格公式复制到 B4:B8 单元格区域，结果如图 6-40 所示。

图 6-40　三季度汇总结果

除了引用同一工作簿中的工作表外，还可以引用不同工作簿中的工作表。

 相关知识

1．Excel 中单元格的引用

Excel 单元格的引用分为相对引用、绝对引用和混合引用三种类型。

（1）相对引用

单元格相对引用是基于包含公式和单元格引用的单元格的相对位置。如果公式所在单元格的位置改变，引用也随之改变。如果多行或多列地复制公式，引用会自动调整。默认情况下，新公式使用相对引用。例如，如果将 B2 单元格中的相对引用"A1"，复制到 B3 单元格中，则 B3 单元格引用将自动从"A1"调整到"A2"。

（2）绝对引用

单元格绝对引用（如 $A$1）总是在指定位置引用单元格。如果公式所在单元格的位置改变，绝对引用保持不变。如果多行或多列地复制公式，绝对引用将不作调整。默认情况下，新公式使用相对引用，需要将它们转换为绝对引用。例如，如果将 B2 单元格中的绝对引用"$A$1"复制到 B3 单元格中，则在两个单元格中一样，都是"$A$1"。

（3）混合引用

混合引用具有绝对列和相对行，或是绝对行和相对列。绝对引用列采用$A1、$B1 等形式，绝对引用行采用 A$1、B$1 等形式。如果公式所在单元格的位置改变，则相对引用改变，而绝对引用不变。如果多行或多列地复制公式，相对引用自动调整，而绝对引用不作调整。例如，如果将一个混合引用从 A2 单元格复制到 B3 单元格中，则 B3 单元格引用将从"=A$1"调整到 "=B$1"。

2．引用工作簿

Excel 公式除了引用同一工作簿中的单元格外，也可以引用不同工作簿中的工作表。这些公式将通过所建立的链接来引用没有打开的工作簿中的单元格。

工作表之间的链接包括一个源工作表和目标工作表。如果某一工作表中包含的公式链接着其他工作表，那么该工作表为目标工作表，因为该工作表要依靠其他工作表提供的数据来计算结果。而其他被引用或被链接的工作表称为源工作表，它为目标工作表提供数据源。

例如，有"配件汇总"、"配件 1"、"配件 2"和"配件 3"四个工作簿，如图 6-41 所示，其中，"配件 1"、"配件 2"和"配件 3"三个工作簿的结构是一样的，将这三个工作簿中的"金额"数据合并到"配件汇总"工作簿中。

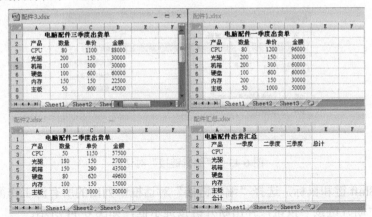

图 6-41 4 个配件工作表

（1）依次打开"配件汇总"、"配件 1"、"配件 2"和"配件 3"工作簿，在"视图"选项卡的"窗口"选项组中单击"全部重排"按钮，在打开的"全部重排"对话框中选中"平铺"单选按钮，然后单击"确定"按钮。

（2）选择"配件汇总"中的 B3 单元格，然后输入"="，再在"配件 1"工作簿中选择 D3 单元格，按 Enter 键，这时"配件汇总"中 B3 单元格的引用为"=[配件 1.xlsx]Sheet1!$D$3"。

（3）将"配件汇总"中 B3 单元格的引用修改为"=[配件 1.xlsx]Sheet1!$D3"，并将该公式复制到 C3:D3 单元格区域。

（4）在每一个复制的公式中，修改各自引用的工作簿分别为"配件 2"和"配件 3"。

（5）将"配件汇总"单元格区域 B3:D3 中的公式复制到单元格区域 B4:D8，再分别对单元格区域 E3:E8 和 B9:E9 进行相应的自动求和，结果如图 6-42 所示。

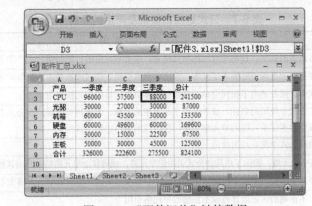

图 6-42 "配件汇总"链接数据

上述结果表明，"配件汇总"已与其他 3 个工作簿建立了链接。当修改其他 3 个工作簿中的任意"数量"或"单价"单元格中的数据，即相应的金额也发生变化，则"配件汇总"工作簿通过外部链接自动更新。

如果目标工作簿在获取源工作簿中的数据后，希望断开与外部的链接，只保留数值，可以使用"编辑链接"对话框中的"断开链接"按钮。

（1）在"数据"选项卡的"连接"选项组中单击"编辑链接"按钮，打开"编辑链接"

对话框，如图 6-43 所示。

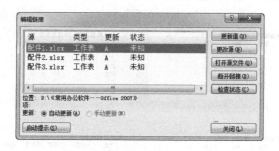

图 6-43　"编辑链接"对话框

（2）通过 Shift 键和鼠标，选择"编辑链接"对话框中列出的所有源工作簿。

（3）单击"断开链接"按钮，弹出断开链接提示框，如图 6-44 所示。

图 6-44　断开链接提示框

（4）单击"断开链接"按钮，即可删除所有的外部链接。

删除所有的外部链接后，当修改源工作簿中的数据后，目标工作簿中的数据不再发生变化。

3．Excel 公式的错误值类型

在 Excel 公式中，如果不能计算出正确的结果，将返回一个错误值，如"#VALUE!"、"#DIV/0!"等。只有找出错误原因，才能找出解决的办法。表 6-7 列出了常见的错误值和它产生的原因。

表 6-7　公式返回错误值及产生的原因

错　误　值	产　生　原　因
#####!	单元格所含的数字、日期或时间比单元格宽，或者单元格的日期时间公式产生了一个负值
#VALUE!	在需要数字或逻辑值时输入了文本，或将单元格引用、公式或函数作为数组常量输入
#DIV/0!	在公式中，除数使用了指向空单元格或包含零值单元格的单元格引用
#NAME?	删除了公式中使用的名称，或者使用了不存在的名称、名称拼写错误。在公式中，除数使用了指向空单元格或包含零值单元格的单元格引用、在区域的引用中缺少冒号
#N/A	在函数或公式中没有可用数值
#REF!	单元格引用无效，删除了由其他公式引用的单元格，或将移动单元格粘贴到由其他公式引用的单元格中
#NUM!	在需要数字参数的函数中使用了不能接受的参数或由公式产生的数字太大或太小
#NULL!	使用了不正确的区域运算符或不正确的单元格引用

课堂训练

（1）在如图 6-45 所示的"公司支出"工作表中，计算各项支出占一季度总支出的百分比和每月支出占一季度总支出的百分比。

图 6-45 "公司支出"工作表

（2）在如图 6-46 所示的"电脑配件"工作簿中，包含 4 个工作表，在"汇总"工作表中已计算出前 3 季度各产品的销售金额，在各季度工作表中计算各产品销售金额占前 3 季度总销售金额的百分比。

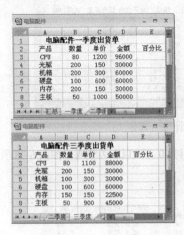

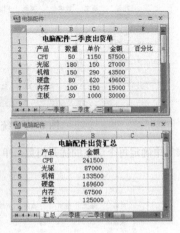

图 6-46 "电脑配件"工作簿

 任务评价

根据表 6-8 的内容进行自我学习评价。

表 6-8 学习评价表

评 价 内 容	优	良	中	差
了解单元格的相对引用、绝对引用和混合引用的含义				
能正确对单元格进行相对引用、绝对引用或混合引用				
能引用一个工作簿中的其他工作表数据				
能引用其他工作簿中的工作表数据				

思考与练习

一、思考题

1. Excel 中公式的构成元素有哪些？

2. 解释公式的结构，如"=SUM（A2，A5:C5）"？

3．相对引用单元格和绝对引用单元格有什么区别？

4．如何引用工作簿中其他工作表中的单元格？

二、操作题

1．使用 IF()函数判断某单元格数值在不同区间时返回不同的值：当单元格 A1 中的数值大于 0 小于等于 10 时返回 1，大于 10 小于 100 返回 2，大于等于 100 小于 200 返回 3，否则为空格，返回值显示在 A3 单元格。

2．在"成绩表"确定每个学生的综合评定，总平均在 90 分及以上的为优秀、80～90 为良好、60～80 为合格，60 以下为不合格，如图 6-47 所示。

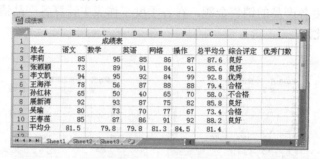

图 6-47　统计综合评定

3．在"成绩表"中确定每个学生的优秀门数，单科 90 分及以上为优秀，如图 6-48 所示。

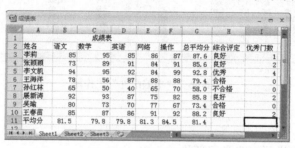

图 6-48　统计优秀门数

4．在"销售业绩"工作簿中有"订单表"和"销售奖金"工作表，分别如图 6-49 和图 6-50 所示。

图 6-49　"订单表"工作表

图 6-50　"销售奖金"工作表

根据"订单表"中的数据，完成下列各题：

（1）计算销售人员的订单数；

（2）汇总每个销售人员的销售额；

（3）根据订单总额确定每人应获得的奖金。假定公司的销售奖金规则为当订单总额超过 5 万元时，奖励订单总额的 4%，否则为 3%。计算结果如图 6-51 所示。

提示：使用 COUNTIF()、SUMIF()和 IF()函数进行计算。

5．在“记分册”工作簿中有“成绩”和“统计”两个工作表，分别如图 6-52 和图 6-53 所示。

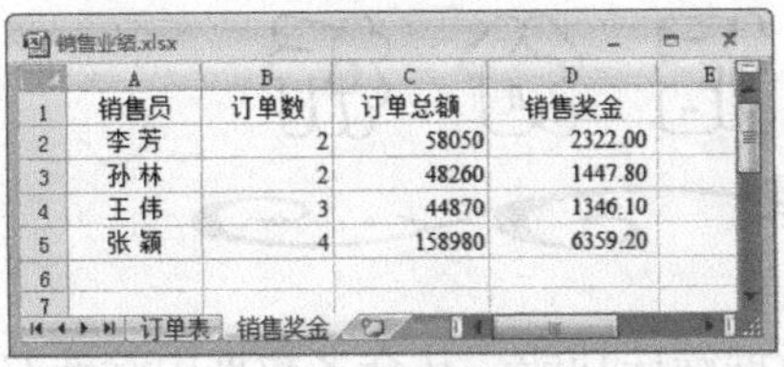

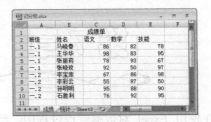

	A	B	C	D
1	销售员	订单数	订单总额	销售奖金
2	李芳	2	58050	2322.00
3	孙林	2	48260	1447.80
4	王伟	3	44870	1346.10
5	张颖	4	158980	6359.20

图 6-51　销售奖金

	A	B	C	D	E
1			成绩单		
2	班级	姓名	语文	数学	技能
3	一.1	马晓春	86	82	78
4	一.1	王华华	98	83	95
5	一.1	张丽莉	78	93	67
6	一.1	张晓玫	92	50	97
7	一.2	李宝库	67	86	98
8	一.2	李彩云	55	87	50
9	一.2	孙明明	95	88	90
10	一.2	石胜利	76	92	95

图 6-52　“成绩”工作表

	A	B	C	D	E	F	G	H
1	班级	科目	总分	平均分	及格人数	及格率	优秀人数	优秀率
2	一.1	语文						
3	一.2	语文						
4	一.1	数学						
5	一.2	数学						
6	一.1	技能						
7	一.2	技能						

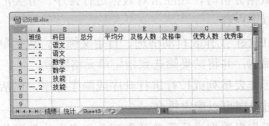

图 6-53　“统计”工作表

请根据“成绩”表中的数据，在“统计”表计算各班级、各学科的总分、平均分、及格人数、及格率、优秀人数和优秀率，结果如图 6-54 所示。

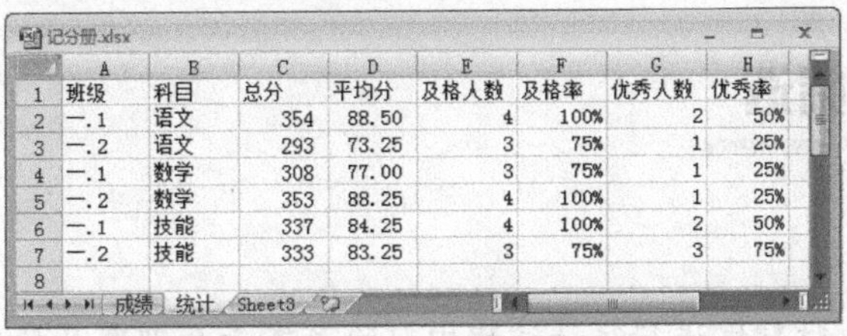

	A	B	C	D	E	F	G	H
1	班级	科目	总分	平均分	及格人数	及格率	优秀人数	优秀率
2	一.1	语文	354	88.50	4	100%	2	50%
3	一.2	语文	293	73.25	3	75%	1	25%
4	一.1	数学	308	77.00	3	75%	1	25%
5	一.2	数学	353	88.25	4	100%	1	25%
6	一.1	技能	337	84.25	4	100%	2	50%
7	一.2	技能	333	83.25	3	75%	3	75%

图 6-54　统计计算结果

提示：使用 SUMIF()、COUNTIF()和 COUNTIFS()函数进行统计计算。

6．小王准备从银行贷款 20 万元购买住房，贷款年利率为 7.2%，按月偿还贷款，15 年还清贷款，计算平均每月需要偿还的金额（包括当期应偿还的本金与利息）。

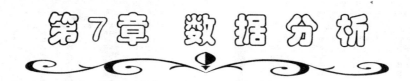

第7章 数据分析

在使用 Excel 对数据管理过程中，经常使用数据筛选功能，从众多数据中筛选符合条件的数据。除此之外，在数据分析时，还经常对数据进行排序、分类汇总、生成图表等。完成本章学习后，应该掌握以下内容。

- 数据筛选。对 Excel 工作表自动筛选、自定义筛选，包括单条件筛选、多条件筛选以及指定区域筛选，并将结果筛选到指定单元格区域。
- 数据排序。对工作表按列或按行进行升序或降序排序，包括单一关键字排序和多关键字排序，通过排序可以确定排名。
- 分类汇总。对工作表数据进行简单分类汇总和多重分类汇总，以及数据合并计算，包括求和、计数、最大值、最小值、平均值等汇总方式。
- 生成图表。根据工作表数据和要表达的主题生成图表，并能更改图表类型、对图表进行格式、布局等设置。

任务 1　数据筛选

 任务背景

小张在使用 Excel 对数据进行统计过程中，除了查看全部商品的销售量和销售金额外，还需要了解部分商店、部分商品的销售记录，如只查看"上海路店"10 月份销售记录信息，如图 7-1 所示。

图 7-1　"上海路店"销售记录

 任务分析

在工作表中从众多繁杂的数据中查找指定的信息，通常需要用到 Excel 的数据筛选功能。数据筛选是最常用的操作，可以快捷定位查找信息，过滤掉不需要的数据并将其隐藏。筛选功能不会更改当前工作表中的内容，只是改变查看数据的方式而已。

任务实施

操作 1　使用自动筛选

在 Excel 中，最快捷的筛选数据的方法是使用自动筛选功能。激活自动筛选功能后，系统将自动筛选下拉箭头放置在每个区域名称的右侧，这些下拉按钮将用于选择筛选条件。

例如，在"商品统计"工作表中，筛选"上海路店"的销售记录信息。

（1）在"商品统计"工作表中，单击需要筛选的任意一个单元格，切换到"数据"选项卡，在"排序和筛选"选项组中单击"筛选"按钮，每个字段列表名右侧出现一个下拉箭头。

（2）单击"店名"右侧的 ▼ 按钮，在下拉列表框中取消选中"全选"复选框，然后选中"上海路店"复选框，如图 7-2 所示。

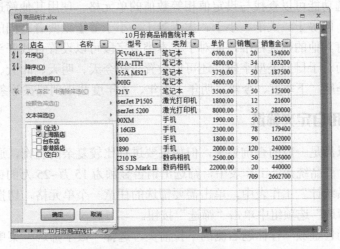

图 7-2　使用自动筛选

（3）单击"确定"按钮，工作表窗口中只显示上海路店的记录信息，如图 7-1 所示。

筛选后，系统隐藏不符合条件的数据，只有符合条件的记录才被显示出来，而作为筛选依据的行标题右侧的下拉箭头变为杯状，由此提示用户该区域内的记录有些因为筛选条件限制没有显示出来。

如果要进一步筛选其他条件的记录，可以设置多个筛选条件，在筛选结果的基础上，再筛选其他记录，如筛选销售量为 50 的记录。

在实际应用筛选时，筛选条件常常是一个范围，如找出销售金额超过 200 000 的记录，应用筛选后，单击"销售金额"右侧下拉箭头，选择"数字筛选"菜单中的"大于或等于"选项（如图 7-3）所示，打开"自定义自动筛选方式"对话框，如图 7-4 所示，输入要筛选的字段范围，然后单击"确定"按钮，显示筛选结果。

图 7-3　"数字筛选"菜单　　　　　　　　　图 7-4　"自定义自动筛选方式"对话框

如果要筛选销售金额最多的前 3 名记录，在如图 7-3 所示"数字筛选"的菜单中选择"10 个最大的值"选项，打开"自动筛选前 10 个"对话框，如图 7-5 所示。但在实际使用这一功能并不是只筛选 10 条记录，筛选出的记录可以少于 10 条，也可以多余 10 条。例如，在微调框中输入需要得到的记录数 3，然后单击"确定"按钮。筛选出的结果如图 7-6 所示。

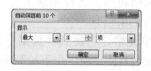

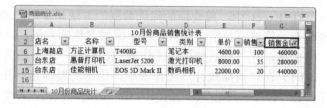

图 7-5　"自动筛选前 10 个"对话框　　　　　　　　图 7-6　自动筛选前 3 条记录

通过自动筛选功能可以查找与设定值相等数值的单元格。使用其他筛选标准还可以筛选任何需要的数据，即等于、大于、小于、大于等于、小于等于或两者之间的数值。对于不同类型的字段还含有其他的筛选标准，如对于文本类型字段可以设置查找开头、结尾、包含或不包含的文字；而对于日期类型字段，还可以设置查找今天、明天、昨天、本周、上周、下周、本季度、上季度、下季度、今年、明年、去年、本年度截止到现在等条件。

操作 2　使用自定义筛选

自动筛选可以满足一般的查询要求，但如果要进行比较复杂的查询，通常要使用自定义筛选。例如，在"商品统计"工作表中，筛选出销售金额为 15 万~25 万的销售记录。

（1）在"商品统计"工作表中，单击需要筛选的任意一个单元格，切换到"数据"选项卡，在"排序和筛选"选项组中单击"筛选"按钮。

（2）单击"销售金额"行标题右侧的下拉箭头，选择"数字筛选"菜单中的"自定义筛选"选项，打开"自定义自动筛选方式"对话框。

（3）在"自定义自动筛选方式"对话框中的第 1 行左侧的下拉列表框中选择"大于或等于"选项，在右侧列表框中输入 150000；在第 2 行左侧的下拉列表框中选择"小于或等于"选项，在右侧列表框中输入 250000，如图 7-7 所示。在两个筛选条件之间设置运算关系"与"、"或"的逻辑运算。

"与"逻辑运算是指两个条件要同时满足，"或"逻辑运算只要求两个条件满足一个即可。

（4）单击"确定"按钮，符合条件的记录将显示在工作表中，结果如图 7-8 所示。

图 7-7　自定义筛选条件　　　　　　　　　　图 7-8　自定义筛选结果

如果要取消筛选，切换到"数据"选项卡，在"排序和筛选"选项组中单击"筛选"按钮即可。

相关知识

对于简单的筛选，使用自动筛选或自定义筛选基本可以应对，而对于比较复杂的筛选，则要通过其他途径实现。Excel 中的高级筛选功能可以通过使用多个"与（and）"或者"或（or）"条件选项实现复杂的筛选，同时还可以保存这些条件，在以后的使用中查看或重新设置条件。

使用高级筛选，包括建立一个条件区域和数据区域。条件区域是用来设置作为筛选依据的数据必须满足的条件。在条件的首行中包含行标题必须拼写正确，要与工作表中使用的行标题相同。条件区域中不要求包含工作表中的所有行标题，只要求包含作为筛选条件的行标题。条件区域和数据区域要用空行来分开。

1．按特定字符筛选

在工作表中筛选特定字符，可以使用通配符*或?，如在通讯录中查找姓陈的记录，可以设置条件"陈*"；如果要查找某品牌计算机，可以设置条件"*计算机"。

例如，在"商品统计"工作表中筛选所有品牌手机的记录。

（1）打开"商品统计"工作表，在数据区域外的任一单元格（如 C17）中输入被筛选的行标题"名称"，在紧靠其下方的单元格（C18）中输入筛选条件"*手机"。

（2）切换到"数据"选项卡，在"排序和筛选"选项组中单击"高级"按钮，打开"高级筛选"对话框，选中"在原有区域显示筛选结果"单选按钮，如图 7-9 所示。

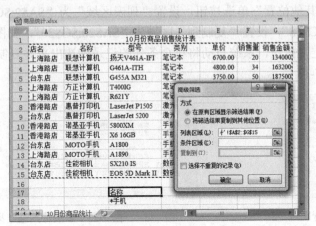

图 7-9　"高级筛选"对话框

（3）单击"列表区域"后的文本框，在工作表中用鼠标选择列表区域为"$A$2:$G$15"；同样的方法选择条件区域为"$C$17:$C$18"，单击"确定"按钮，系统自动将符合条件的记录筛选出来，结果如图 7-10 所示。

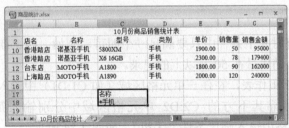

图 7-10　筛选结果

Excel 允许将条件区域写在源数据旁边，但在筛选中，条件区域可能会被隐藏，为了防止这种事情的发生，最好将条件区域放在源数据区域的上方或下方。但要注意，条件区域与源数据区域之间至少要保留一个空行。

如果要重新显示工作表中的所有记录，单击"排序和筛选"选项组中的"清除"按钮即可。

2．多条件筛选

例如，在"商品统计"工作表中筛选笔记本电脑销售量在 50 及以上的所有记录。

（1）在数据区域外的任一单元格区域（如 B17:C17）中输入被筛选的行标题"类别"、"销售量"，在紧靠其下方的 B18:C18 单元格区域中分别输入筛选条件"笔记本"、">=50"，如图 7-11 所示。

图 7-11　设置多个筛选条件

（2）在"排序和筛选"选项组中单击"高级"按钮，打开"高级筛选"对话框，选中"将筛选结果复制到其他位置"单选按钮，设置"列表区域"为"$A$2:$G$15"，设置"条件区域"为"$B$17:$C$18"，设置"复制到"区域为"$A$20:$G$20"，如图 7-12 所示。

（3）单击"确定"按钮，系统自动将符合条件的记录筛选出来并复制到指定单元格区域中，筛选结果如图 7-13 所示。

图 7-12　设置区域　　　　　　　　　　　图 7-13　多条件筛选结果

 提示

如果将筛选条件输入在同一行中，筛选时系统会自动查找同时满足所有指定条件的记录并将其筛选出来，也就是指多个条件的"与"运算。

3．多选一条件筛选

在查找记录时，有时几个条件中只要满足一个即可，例如，在"商品统计"工作表中查找笔记本电脑或手机，销售量在 50 及以上的记录。

（1）切换到 Sheet2 工作表，在任一单元格区域（如 C1:D1）中输入被筛选的行标题"类别"、"销售量"，在紧靠其下方的 C2:D2 单元格区域中分别输入筛选条件"笔记本"、">=50"，再在 C3 单元格中输入筛选条件"手机"，如图 7-14 所示。

（2）打开"高级筛选"对话框，选中"将筛选结果复制到其他位置"单选按钮，设置"列表区域"为"'10 月份商品统计'!\$A\$2:\$G\$15"，设置"条件区域"为"Sheet2!\$C\$1:\$D\$3"，设置"复制到"区域为当前工作表 Sheet2 中的为"\$A\$5:\$G\$5"，如图 7-15 所示。

图 7-14　设置多选一条件　　　　　　　　　　　图 7-15　设置区域

（3）单击"确定"按钮，系统自动将符合条件的记录筛选出来并复制到另一个工作表的指定单元格区域中，筛选结果如图 7-16 所示。

图 7-16　多选-条件筛选结果

从上述结果中可以看出，销售量在 50 及以上的笔记本电脑或手机被筛选出来并复制到另一个工作表中。

 提示

如果将筛选条件输入在不同行中，筛选时系统会自动查找同时满足其中的一个条件的记录并将其筛选出来，也就是指多个条件的"或"运算。

在以上所有的筛选操作中，如果想使筛选结果不重复，只需选中"高级筛选"对话框中的"选择不重复的记录"复选框，再进行相应的筛选操作即可。

 课堂训练

（1）在如图 7-17 所示的"成绩表"中，使用自动筛选功能，筛选出数学成绩为 95 的记录。

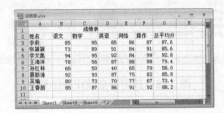

图 7-17　"成绩表"

（2）使用自动筛选功能，筛选出数学成绩为 95 和 93 的记录。

（3）在"成绩表"中筛选出姓"王"的记录。

（4）在"成绩表"中筛选出总平均分在前 5 名的记录。

（5）在"成绩表"中筛选出网络成绩在 80 以上的记录。

（6）在"成绩表"中筛选出数学和英语成绩分别在 85 以上的记录，并将结果显示在原有区域。

（7）在"成绩表"中筛选出数学、英语、操作成绩分别在 85 以上的记录，并将结果复制到指定区域。

（8）在"成绩表"中筛选出数学或网络成绩分别在 85 以上的记录，并将结果复制到另一工作表中。

 任务评价

根据表 7-1 的内容进行自我学习评价。

表 7-1　学习评价表

评价内容	优	良	中	差
能根据要求选择筛选数据方法				
能在文本筛选中正确使用通配符*和?				
能使用自动筛选功能进行数据筛选				
能使用自定义筛选功能进行数据筛选				
能设置条件，进行高级筛选				

任务 2　数据排序

 **任务背景**

　　小张在使用 Excel 对数据进行统计过程中，经常查看某些商品的销售量，并对各连锁店的销售量、销售金额等进行排序，以便及时了解各商店的商品销售情况。图 7-18 所示的是按全部商品的销售金额进行排序的结果。

图 7-18　按销售金额排序结果

 任务分析

　　在查看对象的某个数据指标的排名、位于前几位或后几位的位次时，需要对数据进行排序。Excel 的排序功能可以让表格中的数据按指定的顺序进行排列，可以按升序、降序排列，甚至可以按拼音字母、笔画数多少进行排序等。图 7-18 所示的是按商品的销售金额进行降序排序，销售额最高的排在前面，最低的排在后面。通过排序，使数据一目了然，可以快速进行数据查找。

 任务实施

在升序排序时，除了数字按从最小的负数到最大的正数和文本、符号按 ASCII 码的顺序排列外，在逻辑值中，False 排在 True 之前；所有错误值的优先级相同；空白单元格始终排在最后。在降序排序时，空格仍然排在最后，而其他顺序与升序相反。

操作 1 单一条件排序

单一条件排序是指按某一列中的数值进行升序或降序排序。

例如，在"商品统计"工作表中按"销售金额"降序排序。

（1）打开"商品统计"工作表，选中要排序的区域，如选中 A2:G15。

（2）切换到"数据"选项卡，在"排序和筛选"选项组中单击"排序"按钮，打开"排序"对话框，如图 7-19 所示。

图 7-19 "排序"对话框

（3）在"主要关键字"下拉列表框中选择"销售金额"选项，在"次序"下拉列表框中选择"降序"选项。

（4）根据选择工作表的区域，选中"数据包含标题"选项，最后单击"确定"按钮，排序结果如图 7-18 所示。

想一想，在上述排序过程中，如果不选择 A2: G15 区域，而选择 A2: G16 区域，即包括最后一的"合计"行，排序结果如何？如果只选中要排序的列进行排序，结果又如何？

在实际应用中，如果按单列排序，可以在要排序的列中任意非空单元格内单击，然后切换到"数据"选项卡，在"排序和筛选"选项组中单击"升序"按钮 或"降序"按钮 即可。

在 Excel 排序时，可以指定是否区分大小写。如果区分大小写，在升序时，小写字母排在大写字母之前。

操作 2 多重条件排序

对工作表既可以按单列排序，又可以按多列进行排序。例如，在对"商品统计"工作表进行排序时，可以先按"店名"排序，如果"店名"相同，再按"销售金额"排序等。

在"排序"对话框中设置"主要关键字"、"排序依据"、"次序"后，单击"添加条件"按钮，再设置"次要关键字"，如图 7-20 所示，排序结果如图 7-21 所示。

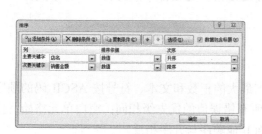

图 7-20　设置多列排序

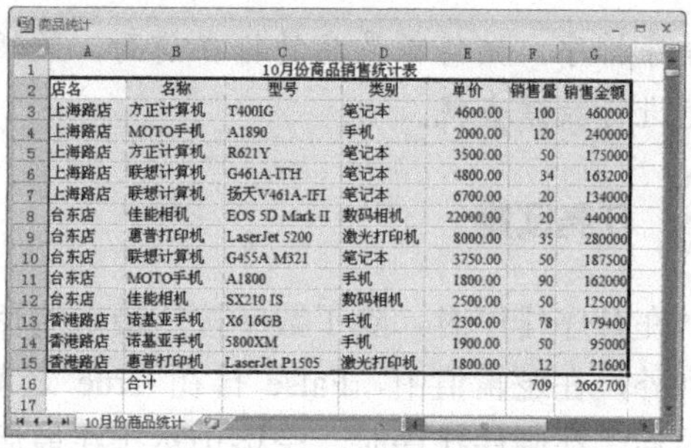

店名	名称	型号	类别	单价	销售量	销售金额
上海路店	方正计算机	T400IG	笔记本	4600.00	100	460000
上海路店	MOTO手机	A1890	手机	2000.00	120	240000
上海路店	方正计算机	R621Y	笔记本	3500.00	50	175000
上海路店	联想计算机	G461A-ITH	笔记本	4800.00	34	163200
上海路店	联想计算机	扬天V461A-IFI	笔记本	6700.00	20	134000
台东店	佳能相机	EOS 5D Mark II	数码相机	22000.00	20	440000
台东店	惠普打印机	LaserJet 5200	激光打印机	8000.00	35	280000
台东店	联想计算机	G455A M321	笔记本	3750.00	50	187500
台东店	MOTO手机	A1800	手机	1800.00	90	162000
台东店	佳能相机	SX210 IS	数码相机	2500.00	50	125000
香港路店	诺基亚手机	X6 16GB	手机	2300.00	78	179400
香港路店	诺基亚手机	5800XM	手机	1900.00	50	95000
香港路店	惠普打印机	LaserJet P1505	激光打印机	1800.00	12	21600
	合计				709	2662700

图 7-21　多列排序结果

在多列排序时，先根据“主要关键字”进行排序，对于“主要关键字”相同的行再按照“次要关键字”排序，依此类推。上述排序中，先按“店名”升序排序，店名相同的记录，再按“销售金额”降序排序。

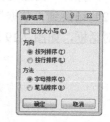

在如图 7-20 所示的“排序”对话框中，“添加条件”、“删除条件”、“复制条件”是指添加、删除或复制条件为行或列排序；“选项”按钮可以选择依据行或列排序，是否区分大小写，选择排序方向和方法，如图 7-22 所示；“排序依据”可以设置按单元格数值、单元格颜色、字体颜色和单元格图标进行排序；“主要关键字”和“次要关键字”是指排序时使用的行或列，作为主要排序条件或第二、第三排序条件（如果有必要），最多可以选择 64 行或列作为排序条件。当多行或多列含有主要关键字时，该选项可以决定这几行或列之间的顺序。

图 7-22　“排序选项”对话框

相关知识

在用 Excel 制作相关的数据表格时，可以利用其强大的排序功能，浏览、查询、统计相关的数字。下面以工作表“亚运奖牌榜”为例（如图 7-23 所示），继续体会 Excel 的排序功能。

1. 快速排序

如果要按奖牌总数进行降序排序，可以单击 “总计”列任意一个单元格（非空白列），然后切换到“数据”选项卡，在“数据和排序”选项组中单击“降序”按钮，排序结果如图 7-24 所示。

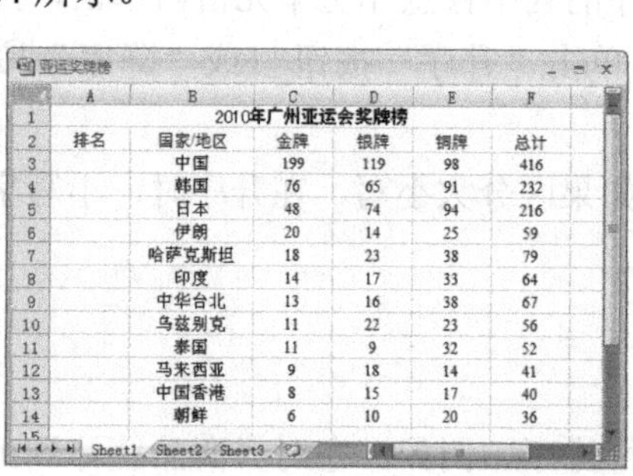

2010年广州亚运会奖牌榜

排名	国家/地区	金牌	银牌	铜牌	总计
	中国	199	119	98	416
	韩国	76	65	91	232
	日本	48	74	94	216
	伊朗	20	14	25	59
	哈萨克斯坦	18	23	38	79
	印度	14	17	33	64
	中华台北	13	16	38	67
	乌兹别克	11	22	23	56
	泰国	11	9	32	52
	马来西亚	9	18	14	41
	中国香港	8	15	17	40
	朝鲜	6	10	20	36

图 7-23　“亚运奖牌榜”工作表

2010年广州亚运会奖牌榜

排名	国家/地区	金牌	银牌	铜牌	总计
	中国	199	119	98	416
	韩国	76	65	91	232
	日本	48	74	94	216
	哈萨克斯坦	18	23	38	79
	中华台北	13	16	38	67
	印度	14	17	33	64
	伊朗	20	14	25	59
	乌兹别克	11	22	23	56
	泰国	11	9	32	52
	马来西亚	9	18	14	41
	中国香港	8	15	17	40
	朝鲜	6	10	20	36

图 7-24　按“总计”排序

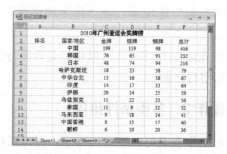

2. 按笔划排序

有时需要按汉字排序，如在对姓名进行排序时，往往按姓氏笔划来进行排序。在"亚运奖牌榜"中，如果要对"国家/地区"列按笔划排序，单击工作表中任意单元格，切换到"数据"选项卡，在"排序和筛选"选项组中单击"排序"按钮，打开"排序"对话框，设置按"国家/地区"列升序排序，再单击"选项"按钮，打开"排序选项"对话框（如图 7-22 所示），选中"笔划排序"选项，单击"确定"按钮返回到"排序"对话框，再单击"确定"按钮即可，结果如图 7-25 所示。

3. 使用 RANK()函数排名次

在用 Excel 排序确定名次时，通常会根据关键字值大小进行排序，然后按序列自动填充出名次，如成绩表排名。这种方法得出的名次与成绩没有关联，即使成绩相同，也会填充出不同的名次。如果数据较少，可以采用手动的方法将成绩相同的人员改成相同的名次，但数据较多时就很麻烦了。可以采用以下方法自动实现同值同名次的操作。

例如，在"亚运奖牌榜"工作表中按金牌多少排序，数据行为 3~14 行，共 12 行，名次填充在"排名"列（A 列）。在 A3 单元格中输入公式：=RANK（C3,C\$3:C\$14,0），按 Enter 键后，A3 单元格中会出现名次，然后选中单元格 A3，拖动其填充柄向下填充即可自动实现排名，如图 7-26 所示，结果中出现了两个第 8 名。

图 7-25　按笔划排序

图 7-26　使用 RANK()函数排名

该函数的功能是返回一个数字（函数中的单元格 C3，采用相对引用，填充时随行的变化而变化）在数字列表（函数中的单元格区域 C3,C\$3:C\$14，此处采用绝对引用，填充时不发生变化）中的排位。数字的排位是其大小与列表中其他值的比值。该函数在使用时，即使金牌没有排序，它也可以直接求出所对应总分的名次（如图 7-26 所示）；如果已按金牌排过序，则数字的排位就是它当前的位置。函数中最后的"0"指明排序的方式，当其为 0 或省略时，Excel 对数字的排序是按照降序排列的；如果不为 0，对数字的排序则是按照升序排列的。该函数对重复数的排位相同，而下一名次则将前面的重复数计算在内。

 课堂训练

（1）对如图 7-27 所示的"成绩单"工作表按语文成绩降序排序。

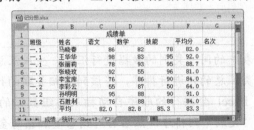
图 7-27　"记分册"工作表

（2）按语文成绩降序排序，平均分高的在前。

（3）按平均分降序排序，并填写名次。

（4）按班级进行升序、平均分降序排序。

（5）按班级进行升序、平均分降序排序，并以班级填写名次。

 任务评价

根据表 7-2 的内容进行自我学习评价。

表 7-2　学习评价表

评价内容	优	良	中	差
能根据要求确定排序的行或列				
能根据要求确定排序的区域				
能对单一字段排序				
能对多字段排序				
会使用 RANK()函数排名次				

任务 3　分类汇总

 任务背景

　　小张在使用 Excel 对数据进行统计过程中，经常需要对不同商品的销售量、销售金额等进行汇总，便于及时了解各种商品的销售情况，图 7-28 所示的是按商品类别进行汇总的结果。

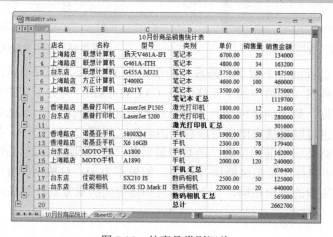

图 7-28　按商品类别汇总

 任务分析

　　分类汇总就是将工作表中的同一类别的数据进行汇总，生成汇总表。在进行分类汇总之前，必须将工作表按要分类汇总的列进行排序，将该列中相关联的行组织在一起。否则，最终结果将没有任何意义。Excel 会按行的顺序自动插入各组数据的分类汇总。在"商品统计"工作表中，需要先按"类别"列排序，然后再对销售量和销售金额分类汇总。

操作 1 简单分类汇总

（1）打开"商品统计"工作表，先按"类别"列进行排序，再单击工作表数据中的任意一个单元格，切换到"数据"选项卡，在"分级显示"选项组中单击"分类汇总"按钮，打开"分类汇总"对话框，如图 7-29 所示。

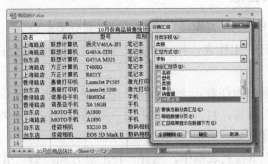

图 7-29 "分类汇总"对话框

（2）在"分类字段"下拉列表框中，选择要用来分类汇总的列，如"类别"列。

（3）在"汇总方式"下拉列表框中，选择一种汇总方式，如"求和"。

（4）在"选定汇总项"列表框中，选择要汇总的数值列，例如，选中"销售量"和"销售金额"复选框。

（5）选择"替换当前分类汇总"和"汇总结果显示在数据下方"复选框，单击"确定"按钮，分类汇总的结果如图 7-28 所示。

在如图 7-28 所示的左上角有 3 个按钮 1 2 3，分别单击这些按钮可以显示不同级的分类汇总结果。单击 1 按钮将隐藏数据所在的行，只显示总计，如图 7-30 所示；单击 2 按钮将隐藏数据所在的行，只显示分类汇总和总计，如图 7-31 所示；单击 3 按钮将显示这一级别的所有数据、分类汇总和总计，如图 7-28 所示。单击按钮 ➕，显示明细数据；单击 ➖ 按钮，隐藏明细数据。

图 7-30 显示 1 级汇总结果

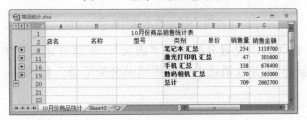

图 7-31 显示 2 级汇总结果

上述是创建的简单分类汇总，还可以为同样的列或为列的不同层次创建多重分类汇总。例如，可以根据需要计算多列分类汇总中的总和、平均值等，但要注意每一种不同类型的分类汇总必须添加在各自不同的行中，以便识别分类汇总的种类。创建多重分类汇总和创建简单分类汇总的不同关键在于是否选中“替换当前分类汇总”复选框。当创建简单分类汇总时，应选中该复选框；当创建多重分类汇总时，则要取消选中该复选框，这样才可以添加更多层次的分类汇总。

操作 2　多重分类汇总

例如，为“商品统计”工作表生成一个以上的嵌套分类汇总。

（1）打开“商品统计”工作表，按“类别”列为主要关键字排序，“店名”列为次要关键字进行排序。

（2）单击工作表数据中的任意一个单元格，切换到“数据”选项卡，在“分级显示”选项组中单击“分类汇总”按钮，打开“分类汇总”对话框，在“分类字段”下拉列表框中，选择要用来分类汇总的列，如“类别”列，

（3）在“汇总方式”下拉列表框中，选择一种汇总方式，如“求和”。

（4）在“选定汇总项”列表框中，选择要汇总的数值列，例如，选中“销售量”和“销售金额”复选框。

（5）选中“替换当前分类汇总”和“汇总结果显示在数据下方”复选框，并取消选中“每组数据分页”复选框，单击“确定”按钮。

上述将“类别”作为分类字段创建分类汇总，下面为“类别”列添加分类汇总计数。

（6）重复操作步骤（2），设置分类字段“类别”，汇总方式为“计数”，选定汇总项为“销售量”，并取消选中“替换当前分类汇总”复选框，汇总结果如图 7-32 所示。

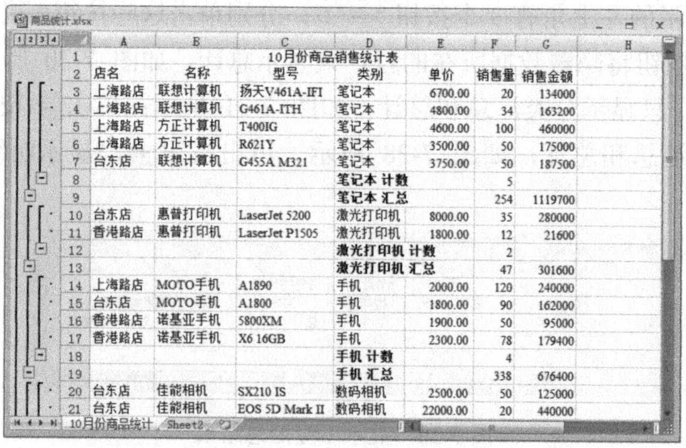
	A	B	C	D	E	F	G
1	10月份商品销售统计表						
2	店名	名称	型号	类别	单价	销售量	销售金额
3	上海路店	联想计算机	扬天V461A-IFI	笔记本	6700.00	20	134000
4	上海路店	联想计算机	G461A-ITH	笔记本	4800.00	34	163200
5	上海路店	方正计算机	T400IG	笔记本	4600.00	100	460000
6	上海路店	方正计算机	R621Y	笔记本	3500.00	50	175000
7	台东店	联想计算机	G455A M321	笔记本	3750.00	50	187500
8				笔记本 计数		5	
9				笔记本 汇总		254	1119700
10	台东店	惠普打印机	LaserJet 5200	激光打印机	8000.00	35	280000
11	香港路店	惠普打印机	LaserJet P1505	激光打印机	1800.00	12	21600
12				激光打印机 计数		2	
13				激光打印机 汇总		47	301600
14	上海路店	MOTO手机	A1890	手机	2000.00	120	240000
15	台东店	MOTO手机	A1800	手机	1800.00	90	162000
16	香港路店	诺基亚手机	5800XM	手机	1900.00	50	95000
17	香港路店	诺基亚手机	X6 16GB	手机	2300.00	78	179400
18				手机 计数		4	
19				手机 汇总		338	676400
20	台东店	佳能相机	SX210 IS	数码相机	2500.00	50	125000
21	台东店	佳能相机	EOS 5D Mark II	数码相机	22000.00	20	440000

图 7-32　两重分类汇总

（7）重复操作步骤（6），设置分类字段“店名”，汇总方式为“求和”，选定汇总项为“销售量”和“销售金额”，并取消选中“替换当前分类汇总”复选框，汇总结果如图 7-33 所示。

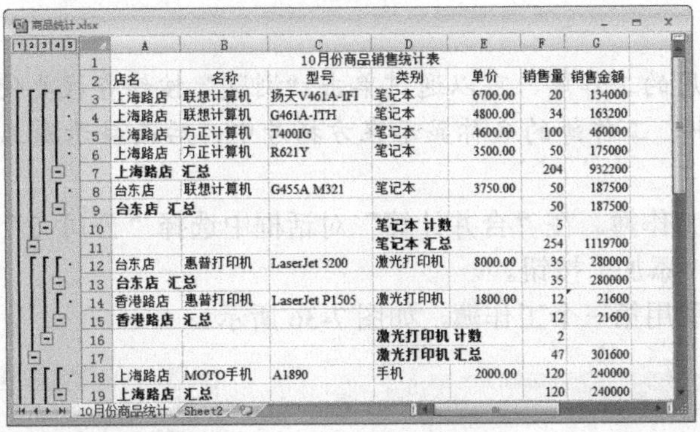

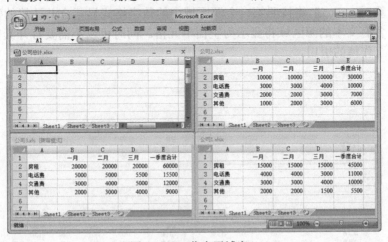

图 7-33 三重分类汇总

创建了新的分类汇总后，可以扩展或折叠数据的明细行，查看数据明细。

如果要清除分类汇总，单击"分类汇总"对话框中的"全部删除"按钮即可。

 相关知识

在实际工作中，经常需要对一些结构相同的工作表进行数据汇总，如汇总各分公司上报的月报表、生产统计表、销售统计表等，这就需要用到 Excel 合并计算数据功能。合并计算数据是指将大量的数据汇总到一个表中，可以将同一工作表中的不同区域的数据合并计算在一起，也可以将一个单独的工作表或其他工作簿中的数据合并计算到一个主工作表中。

例如，有公司 1、公司 2 和公司 3 三个结构相同工作簿，现将这三个工作簿总的数据合并汇总到一个新的工作簿中。

（1）分别打开"公司 1"、"公司 2"和"公司 3"三个工作簿，再新建一个空白的工作簿"公司总计"。

（2）在"视图"选项卡的"窗口"选项组中单击"全部重排"按钮，在打开的对话框中选中"平铺"单选按钮，单击"确定"按钮，如图 7-34 所示。

图 7-34 工作表平铺窗口

（3）选择新的工作簿中的单元格 A1，在"数据"选项卡的"数据工具"选项组中单击"合并计算"按钮，在打开的"合并计算"对话框中单击"引用位置"文本框的"折叠"按钮，然后选择"公司 1"工作簿中的单元格区域 A1:E5，选中"标签位置"选项组中的"首行"和"最左列"复选框，单击"添加"按钮，如图 7-35 所示。

提示

　　如果不打开要引用的工作簿，可以通过单击"浏览"按钮查找要使用的工作簿。在编辑"引用位置"的过程中，工作簿的名称显示在方括号中，后面显示源工作表名称和含有感叹号的单元格区域。

　　（4）引用第二个工作簿。在"合并计算"对话框中选择"公司 2"工作簿中的单元格区域 A1:E5，然后单击"添加"按钮。

　　（5）同样的方法引用第三个工作簿，如图 7-36 所示。

图 7-35　"合并计算"对话框　　　　　　　　　　图 7-36　引用三个工作簿

　　（6）单击"确定"按钮，完成合并计算，如图 7-37 所示。

　　（7）保存新的工作簿，关闭所有的工作簿。

　　在根据位置合并计算时，源数据的布局必须与目标区域的布局相同。Excel 将依据选择的函数将单元格区域依次放在目标单元格区域中。每一个源工作表中的数据必须位于同一位置。例如，每个源工作表中的单元格 A1 中的数据将被合并计算，并放在目标工作表的单元格 A1 中。

　　使用标签合并计算时，Excel 将会依据行列标签将数据源区域对应到目标区域中，此时顺序变得不再重要。如果使用标签合并数据，那么数据源区域和目标区域中的行标签和列标签要完全一致，但不区分大小写。

　　在合并计算时，Excel 将按照第一个源区域中的数字格式显示合并计算的数值，只能合并计算数值，含有文本的源区域将显示为空白单元格。同时可以不需要打开其他工作簿就可以完成对这些工作簿的引用。

图 7-37　合并计算结果

课堂训练

（1）有"订单明细"工作簿，如图 7-38 所示，按下列要求进行操作：

① 按"供应商"对"金额"列创建自动分类求和汇总；

② 按"状态"对"金额"列创建自动分类求和汇总；

③ 在①题按"供应商"分类汇总的基础上，再按"状态"列分类计数汇总，实现同时计算工作表中两列的分类汇总。

（2）有"记分册"工作簿，如图 7-39 所示，按下列要求操作：

	A	B	C	D	E	F	G
1				订单明细			
2	日期	状态	供应商	金额	联系人		
3	2011/5/22	已发	佳佳乐	8500.00	李 芳		
4	2011/5/22	已发	德昌	900.00	王 伟		
5	2011/5/22	已发	佳佳乐	500.00	王 伟		
6	2011/5/22	已发	康堡	8000.00	王 伟		
7	2011/5/22	已发	康堡	8000.00	王 伟		
8	2011/5/22	已发	康富食品	3960.00	王 伟		
9	2011/5/22	已发	日正	1040.00	王 伟		
10	2011/5/22	已发	康富食品	175.00	郑建杰		
11	2011/5/22	已发	康富食品	750.00	郑建杰		
12	2011/5/23	待发	德昌	1300.00	金士鹏		
13	2011/5/23	待发	康富食品	210.00	金士鹏		
14	2011/5/23	待发	日正	1500.00	金士鹏		
15	2011/5/23	待发	佳佳乐	10200.00	李 芳		
16	2011/5/23	待发	佳佳乐	400.00	王 伟		
17	2011/5/23	待发	佳佳乐	10200.00	张 颖		
18	2011/5/23	待发	康富食品	350.00	张 颖		
19	2011/5/23	待发	康富食品	1900.00	张 颖		
20	2011/5/23	待发	康富食品	1400.00	郑建杰		

图 7-38 "订单明细"工作簿

	A	B	C	D	E	F
1				成绩单		
2	班级	姓名	语文	数学	技能	平均分
3	一.1	马晓春	86	82	78	82.0
4	一.1	王华华	98	83	95	92.0
5	一.1	张丽莉	78	93	95	88.7
6	一.1	张晓玫	92	55	96	81.0
7	一.2	李宝库	76	86	90	84.0
8	一.2	李彩云	55	87	50	64.0
9	一.2	孙明明	95	88	90	91.0
10	一.2	石胜利	76	88	88	84.0

图 7-39 "记分册"工作簿

① 按"班级"对"语文"、"数学"和"技能"列创建自动分类最大值汇总；

② 按"班级"对"语文"、"数学"和"技能"列创建自动分类平均值汇总；

③ 按"班级"对"语文"、"数学"和"技能"列创建自动分类最大值、最小值、平均值汇总。

 任务评价

根据表 7-3 的内容进行自我学习评价。

表 7-3　学习评价表

评 价 内 容	优	良	中	差
理解分类汇总的含义				
明确分类汇总的操作步骤				
能创建简单的分类汇总				
能创建多重分级汇总				
会对工作簿进行合并计算				

任务 4　生成图表

任务背景

　　小张在使用 Excel 对数据进行分析过程中，为了使数据表现更具体、更生动，常将工作表中的数据以图表形式显示，有时也将图表嵌入到其他工作表中或其他文档（如 Word 文档）中，如图 7-40 所示。

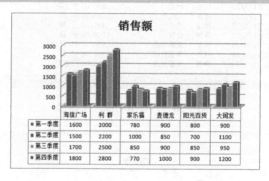

图 7-40　销售额图表

任务分析

　　Excel 提供了功能强大的图表功能，使用图表可以把抽象的数据图形化，使数据有直观的视觉效果。Excel 2007 中图表可以将数据用柱形图、条形图、折线图、面积图、圆环图等形状表示。创建图表时，首先选择在图表中要选含有数据的单元格区域，然后再选择图表类型。建立图表后，可以调整图表项，如数据标志、图例、标题、文字、网格线等，来美化图表或强调某些信息。

任务实施

操作 1　创建销售额柱形图表

　　（1）打开"超市"工作簿，选择建立图表的数据区域 A2:E8，如图 7-41 所示。
　　（2）切换到"插入"选项卡，在"图表"选项组中单击"柱形图"按钮，弹出"柱形图"下拉菜单，如图 7-42 所示。

图 7-41　选择数据区域　　　　　　　　　　　　图 7-42　"柱形图"下拉菜单

（3）选择"簇状柱形图"选项，则在工作表中插入"簇状柱形图"图表，如图 7-43 所示。

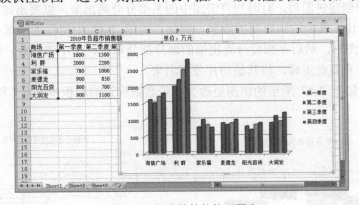

图 7-43　创建的簇状柱形图表

（4）切换到"设计"选项卡，在"图表布局"选项组中选择不同布局类型，如图 7-44 所示，如选择"布局 1"。

（5）单击并编辑图表标题为"2010 年各超市销售额图表"，效果如图 7-45 所示。

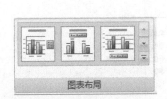

图 7-44　"图表布局"选项组

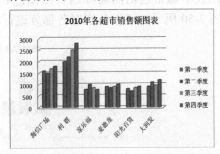

图 7-45　创建的簇状柱形图表的最终效果

操作 2　更改图表类型

如果对创建的图表不满意，可以更改图表类型，无须重新进行创建。方法是右击要更改类型的图表，在弹出的快捷菜单中选择"更改图表类型"选项，打开"更改图表类型"对话框，如图 7-46 所示。

选择要更改的图表类型，如将如图 7-45 所示柱形图，更改为"分离型三维饼图"图表，更改后的图表如图 7-47 所示。

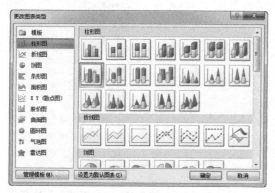

图 7-46　"更改图表类型"对话框

图 7-47　分离型三维饼图表

在 Excel 中创建饼图后，有时想将饼图中的某部分分离出来，以突出该部分。通过几次很简单的鼠标操作，就能达到想要的效果。例如，将图 7-47 中饼图的一部分分离出来。单击该饼图以选中图形，然后在想要分离出来的切片部分单击，选中该切片，将其拖曳出来，如图 7-48 所示。重复此步骤，将其他切片分离出来。

再例如，将如图 7-47 所示的饼图更改为"带数据标记的堆积折线图"图表，如图 7-49 所示。

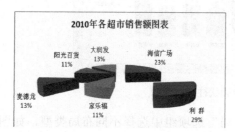

图 7-48　分离部分切片的图饼

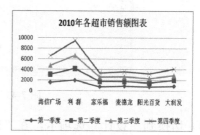

图 7-49　带数据标记的堆积折线图

在图表中通常包括图表标题、绘图区、垂直（值）轴、系列图例项、水平（类别）轴等，如图 7-50 所示，可以分别对各部分进行编辑。

图 7-50　图表的组成

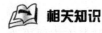　相关知识

1. 图表类型

Excel 提供了多种图表类型，并且每种图表类型中还有各自的子图表类型，不同的图表类型适用于不同的数据分析，如柱形图常用于比较数值的大小，折线图适合于表示数据的变化趋势，而饼图则适用于显示数据的比例关系。表 7-4 给出了各图表类型及功能。

表 7-4　Excel 图表类型及功能

类　型	功　能
柱形图	用于显示一段时间内的数据变化或说明项目之间的比较结果
折线图	显示相同间隔内数据的预测趋势，如常见的股票价格走势图
饼图	用于显示构成数据系列的项目相对于项目总和的比例大小
条形图	用于显示各个项目之间的比较情况。纵轴表示分类，横轴表示值，它主要强调各个值之间的比较
面积图	用于显示随时间的变化幅度，也可显示绘制值的总和，因此面积图也可显示部分相对于整体的关系
XY 散点图	可以显示多个数据系列的数值间的关系，也可以将两组数字绘制成一系列的 XY 坐标。XY 散点图表显示了数据的不相等的间隔（或簇），它通常用于科学数据方面
股价图	常用来说明股票价格走势和成交量，也可用于组织科学数据。例如，可用股价图来指示温度的变化
曲面图	用于在两组数据间查找最优组合，如在地形图中，颜色和图案指出了有相同值的范围的地域
圆环图	显示部分与整体的关系，可以包含多个数据系列
气泡图	是一种 XY（散点）图。数据标记的大小反映了第三个变量的大小。在排列数据时，将 X 值放在一行或一列中，并在相邻的行或列中输入对应的 Y 值和气泡大小
雷达图	通过将数据点连线得出数据分布和趋势

2．调整图表大小和位置

调整图表的大小时（如调整 Word 文档中的图片大小操作方法类似），单击图表区域，图表外边缘出现 8 个调整控制点，通过拖动控点，来调整图表的大小。拖动图表可以调整图表在工作表中的位置。

3．更改数据系列产生方式

图表中的数据系列既可以在列产生，也可以在行产生。方法是右击要更改数据的图表，在弹出的快捷菜单中选择"选择数据"选项，打开"选择数据源"对话框，如图 7-51 所示。

单击"切换行/列"按钮，将图 7-50 交换行/列后的图表如图 7-52 所示。

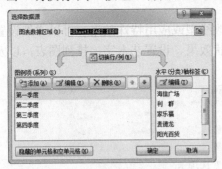

图 7-51　"选择数据源"对话框

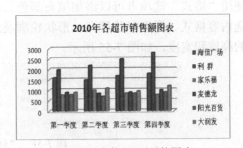

图 7-52　交换行/列后的图表

也可以切换到"图表工具"中的"设计"选项卡，在"数据"选项组中单击"切换行/列"按钮，直接交换图表的行和列。

4．选择图表样式

使用 Excel 2007 提供的"图表工具"能使图表变得更漂亮、更专业。创建图表时，图表工具将变为可用状态，且将显示"设计"、"布局"和"格式"3 个选项卡。用户可以使用这些选项卡的命令修改图表，使图表按照自己需要的方式表示数据。

使用"设计"选项卡按行或列显示数据系列，更改图表的数据源、图表位置、图表类型，将图表保存为模板或选择预定义布局和格式选项，如图 7-53 所示。

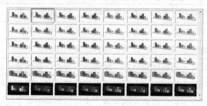

图 7-53　柱形图图表样式

5. 设置图表布局

使用"布局"选项卡可以更改图表元素的显示，可以详细设置图表所选内容的格式、插入图形、图表标题内容、坐标轴标题内容、是否在图表中显示数据标签、是否在图表中显示数据表和图例标示、图表的坐标轴和网格线、图表背景、分析图表中的数据，以及设置图表的相关属性，如图 7-54 所示。

图 7-54　"布局"选项卡

例如，设置或修改图表的坐标轴标题，可以切换到"图表工具"中的"布局"选项卡，在"标签"选项组中单击"坐标轴标题"按钮，为图表选择添加横或纵标题，并输入坐标轴标题内容。

设置图表的坐标轴格式、网格线、背景等，均可以通过"布局"选项卡的相关选项组中的命令来实现。

6. 设置图表格式

使用"格式"选项卡可以添加填充颜色、更改线型或应用特殊效果。可以详细设置图表的所选内容格式、图表形状填充、形状轮廓及形状效果、设置艺术字、排列图表，以及设置图表的高度和宽度，如图 7-55 所示。

图 7-55　"格式"选项卡

例如，对图 7-52 所示的图表进行格式设置，设置后的效果如图 7-56 所示。

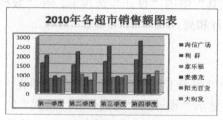

图 7-56　图表进行格式设置的效果

更详细的图表布局和格式设置，需要在实际应用中多加练习。

 课堂训练

（1）有"图书捐赠"工作簿，如图 7-57 所示，创建一个簇状柱形图图表，如图 7-58 所示。

图 7-57　"图书捐赠"工作簿

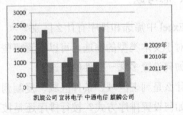

图 7-58　簇状柱形图图表

（2）将第（1）题创建的簇状柱形图图表更改为三维簇状柱形图图表。

（3）将（2）题创建的三维簇状柱形图图表进行横轴和纵轴切换显示数据。

（4）将（2）题创建的图表更改为三维圆锥图图表，如图 7-59 所示。

（5）给（4）题创建的图表更改为分离型三维饼图图表，并给图表添加标题"图书捐赠图表"，如图 7-60 所示。

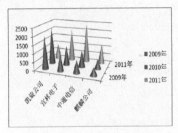

图 7-59　三维圆锥图图表

图 7-60　分离型三维饼图图表

（6）对第（5）题创建的图表添加图例、数据标签、三维旋转，并进行格式设置，效果如图 7-61 所示。

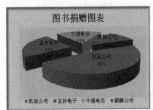

图 7-61　图表格式设置后的效果

 任务评价

根据表 7-5 的内容进行自我学习评价。

表 7-5　学习评价表

评 价 内 容	优	良	中	差
了解常见图表所表示的含义				
能选择数据创建图表				
能更改图表类型				
能对图表进行布局设计				
能对图表进行格式设置				

思考与练习

一、思考题

1. Excel 中筛选和排序有什么区别？
2. 对于文本类型的筛选，可以设置哪些查找条件？
3. 如何设置多选一条件的筛选？
4. 什么是列表区域、条件区域、复制到的区域？如何使用这些区域？
5. 如何设置排序方式？按行排序还是按列排序？
6. 分类汇总前为什么要对数据进行排序？
7. 为什么要在图表中显示图例？
8. 如何设置图表的标题？

二、操作题

1. 有如图 7-62 所示的"成绩表"工作簿，按下列要求进行操作：

（1）筛选显示"孙林"记录清单。

（2）筛选姓"李"的记录。

（3）筛选出"语文"成绩在 80 及以上的记录。

（4）筛选出"语文"和"网络"成绩均在 80 以上的记录。

（5）筛选出"数学"或"操作"成绩在 90 及以上的记录。

（6）将第（5）题筛选结果存放在指定的单元格区域中。

（7）筛选出"语文"和"数学"成绩均在 80 以上或"网络"及"操作"成绩均在 90 以上的记录。

（8）筛选"总平均分"在前 10 名的记录。

2. "网民统计"工作簿，如图 7-63 所示，按下列要求进行操作：

图 7-62　"成绩表"工作簿　　　　　　图 7-63　"网民统计"工作簿

（1）按"省份"升序排序。

（2）按"网民数"降序排序。

（3）按网民"普及率"降序排序，并将名次填充到"普及率排名"单元格中。

（4）按网民"增长率"降序排序，并将名次填充到"网民增速排名"单元格中。

3. 有"订货单"工作簿，如图 7-64 所示，按下列要求进行操作：

（1）按“产品”字段，对“数量”和“合计”列进行分类求和汇总。

（2）对“订货单”工作簿按“订货单位”字段，对“合计”列进行分类求和汇总。

（3）对“订货单”工作簿按“产品”字段进行分类求和汇总，再按“产品”字段进行分类计数汇总。

（4）对“订货单”工作簿按“产品”字段进行分类求和汇总，按“产品”进行分类计数汇总，再按“订货单位”字段对“合计”列进行分类求和汇总。

4．有“配件 1”和“配件 2”两个工作簿，如图 7-65 所示，要求对这两个工作簿进行合计计算，计算结果存放在“配件”工作簿中。

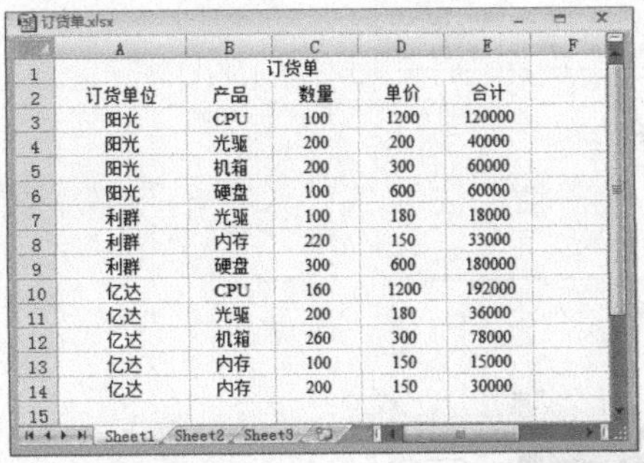

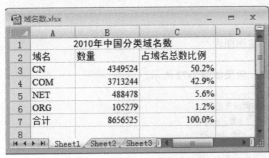

订货单

订货单位	产品	数量	单价	合计
阳光	CPU	100	1200	120000
阳光	光驱	200	200	40000
阳光	机箱	200	300	60000
阳光	硬盘	100	600	60000
利群	光驱	100	180	18000
利群	内存	220	150	33000
利群	硬盘	300	600	180000
亿达	CPU	160	1200	192000
亿达	光驱	200	180	36000
亿达	机箱	260	300	78000
亿达	内存	100	150	15000
亿达	内存	200	150	30000

图 7-64　“订货单”工作簿

电脑配件一季度出货单

产品	数量	单价	金额
CPU	80	1200	96000
光驱	200	150	30000
机箱	200	300	60000
硬盘	100	600	60000
内存	200	150	30000
主板	50	1000	50000

电脑配件二季度出货单

产品	数量	单价	金额
CPU	50	1150	57500
光驱	180	150	27000
机箱	150	290	43500
硬盘	80	620	49600
内存	100	150	15000
主板	30	1000	30000

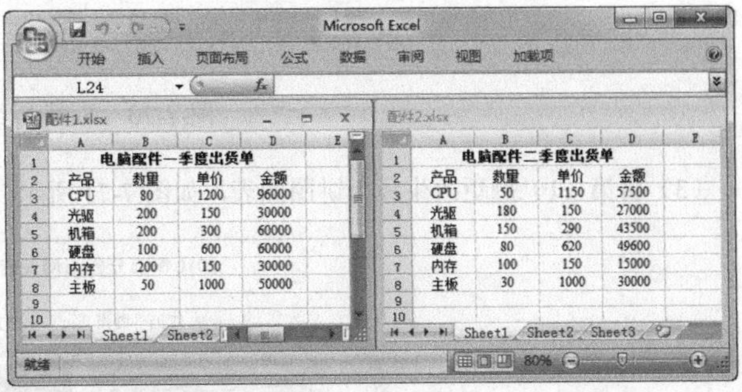

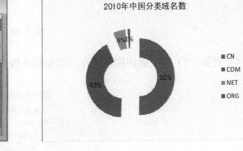

图 7-65　“配件 1”和“配件 2”工作簿

5．有“域名数”工作簿，如图 7-66 所示，按下列要求进行操作：

（1）以数量为数据系列，生成圆环图，如图 7-67 所示。

2010年中国分类域名数

域名	数量	占域名总数比例
CN	4349524	50.2%
COM	3713244	42.9%
NET	488478	5.6%
ORG	105279	1.2%
合计	8656525	100.0%

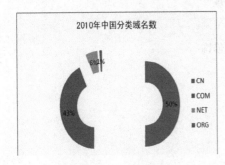

图 7-66　“域名数”工作簿

图 7-67　圆环图

（2）将圆环图中的左侧图例进行拖动分离，如图 7-69 所示。

6．对如图 7-63 所示的“网民统计”工作簿，按下列要求进行操作：

（1）分别将“省份”和“普及率”作为水平轴和垂直轴生成如图 7-69 所示的折线图。

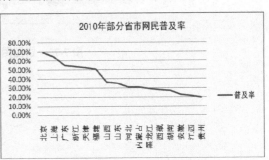

图 7-68　分离圆环图

图 7-69　单线折线图

（2）将"省份"作为水平轴、"普及率"和"增长率"作为垂直轴生成如图 7-70 所示的折线图。

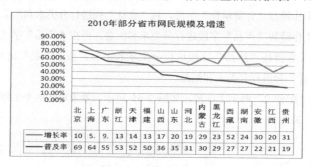

图 7-70　双线折线图

（3）将第（1）题更改生成为饼图图表，如图 7-71 所示。

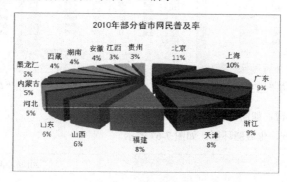

图 7-71　饼图图表

（4）对第（3）题生成的图表进行三维旋转及修饰，效果如图 7-72 所示。

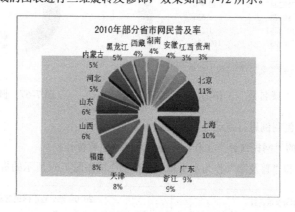

图 7-72　饼图图表修饰

第8章 工作表格设置

在 Excel 2007 中设置工作表数据的格式比较简单，可以使用多种简单快捷的方法创建具有专业水准的工作表，以有效地显示数据。例如，使用文档主题让所有的文档都拥有统一的外观，也可以使用样式应用预定义的格式，此外还可以使用其他手动格式设置功能突出显示重要的数据。完成本章学习后，应该掌握以下内容。

- 设置单元格格式。对工作表单元格进行字体格式设置、数据格式对齐方式设置、边框，以及字体颜色、图案设置等。
- 设置工作表格式：包括对工作表套用表格格式、单元格样式设置，以及条件格式设置等。
- 设置工作表打印：包括设置工作表页面、工作表打印区域、工作表打印预览、以及和打印工作表等。

任务1 单元格格式设置

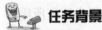任务背景

小张在使用 Excel 对工作表数据进行处理过程中，为了美化工作表，需要对工作表单元格进行格式设置，如图 8-1 所示。

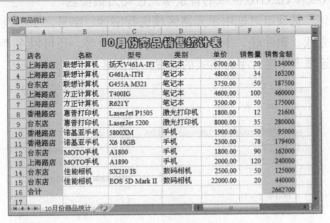

图 8-1 单元格格式设置

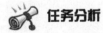任务分析

Excel 工作表格式设置包括单元格内的字符字体、字形、数字格式、对齐方式，及对单元格边框、填充效果等属性设置，设置的方法与 Word 中对文档格式设置类似。

任务实施

操作 1　设置字符格式

字符格式主要包括字体、字号、字形、颜色和特殊效果，如删除线、上标、下标等。

1．设置字体和字号

新建工作表时，在单元格中输入的数据是宋体、11 磅。设置单元格字体和字号时，选择要设置的单元格，通过"字体"选项组中的"字体"和"字号"下拉列表框进行字体和字号的设置，如图 8-2 所示。

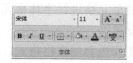

图 8-2　"字体"选项组

例如，设置工作表标题"10 月份商品销售统计表"为华文彩云、字号为 18。

2．设置字形和颜色

设置字形和颜色的具体方法与设置字体、字号的操作方法相同，单击"字体"选项组中的"加粗"按钮 **B** 和"字体颜色"按钮 **A** 右边的下拉箭头，在出现的调色板中选择所需的颜色，对选中字符进行字体颜色的设置。例如，在如图 8-1 所示的工作表中，设置工作表标题为深蓝色、背景填充色为橙色；设置行标题 A2:G2 区域文字为黑体、背景填充色为橄榄色；设置 A2:A16 区域和 G2:G16 区域的背景填充色均为橄榄色。

除了使用"字体"选项组对选中单元格区域进行字体、字号、字形及字体颜色进行设置外，还可以设置下划线、删除线、上标、下标、填充颜色等。还可以在"设置单元格格式"对话框的"字体"选项卡中进行字符格式的设置，如图 8-3 所示。

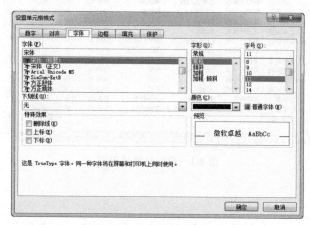

图 8-3　"字体"选项卡

操作 2 设置数据对齐方式

默认状态下，在工作表中输入的字符自动靠左对齐，数字、日期和时间自动靠右对齐。为了使工作表中的数据更加清晰，根据需要可以使用"对齐方式"选项组中的按钮使文字左对齐、居中、右对齐、合并后居中以及使文字按一定角度旋转等设置，如图 8-4 所示。

图 8-4 "对齐方式"选项组

例如，在图 8-1 中设置行标题居中，选中要合并的单元格区域 A1:G1，单击"对齐方式"选项组中的"合并后居中"按钮，工作表中的行标题即可实现居中操作。

另外，在"设置单元格格式"对话框的"对齐"选项卡中，如图 8-5 所示，可以设置选中单元格区域的文本水平对齐、垂直对齐、文本旋转方向，以及合并单元格等。例如，将工作表行标题设置为居中对齐；工作表中的数据设置为垂直居中。

图 8-5 "对齐"选项卡

操作 3 设置数字格式

Excel 提供了大量的数字格式，包括常规、数制、货币、日期、百分比、自定义等。设置数字格式时，首先选中要设置格式的单元格区域，在"数字"选项组中可以设置"数字格式"、"会计数字格式"、"百分比样式"、"千位分隔样式"、"增加小数位"、"减小小数位"等，设置的数值格式示例如图 8-6 所示。在"设置单元格格式"对话框的"数字"选项卡中，可以设置数字的显示格式。

	A	B	C	D	E
1					
2	456.78	0.56	23456.78	67.88	67.88
3					
4	￥ 456.78	56%	23,456.78	67.880	67.9
5	货币样式	百分比	千位分隔样式	增加小数位	减小小数位
6					

图 8-6 设置的数字格式示例

操作 4 设置边框

在默认状态下，工作表是没有边框的，为了使表格条目清晰，经常为工作表或单元格添加边框。例如，给"商品统计"工作表添加边框，该工作表外边框为粗实线，标题与表（第 1、2 行）之间用双细线间隔，如图 8-7 所示。

（1）选中工作表 A1:G16 区域，右击该单元格区域，在弹出的快捷菜单中选择"设置单元格格式"选项，打开"设置单元格格式"对话框，选择"边框"选项卡，如图 8-8 所示。

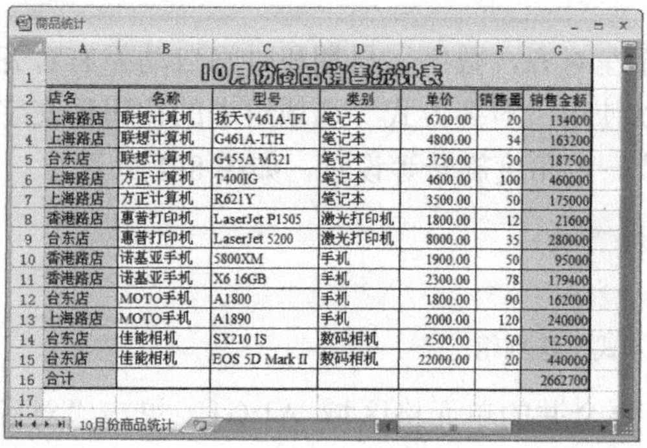

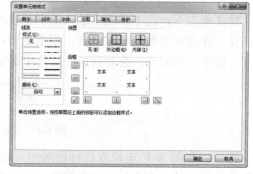

图 8-7　设置工作表边框　　　　　　　　图 8-8　"边框"选项卡

（2）在"样式"选项组中选择一种较粗线条，单击"预置"选项组中的"外边框"按钮，设置工作表的外边框。

（3）在"样式"选项组中选择一种较细线条，单击"预置"选项组中的"内部"按钮，设置工作表的内部线条，单击"确定"按钮。

（4）选中工作表 A1:G1 区域，再打开"设置单元格格式"对话框中的"边框"选项卡。

（5）在"样式"中选择双线条，单击"边框"选项组中的▦按钮，设置工作表表头为双细线，单击"确定"按钮，工作表的设置效果如图 8-7 所示。

另外，单击"边框"选项组周边的各个按钮，可以设置工作表中单元格区域的单边线条，在"颜色"选项组中还可以设置边框的颜色。

取消边框线的操作与添加边框线的操作类似，请自行练习。

操作 5　添加斜线表头

为了区分栏目，有时需要在表格中添加斜线。例如，给"商品统计"工作表添加斜线表头，效果如图 8-9 所示。

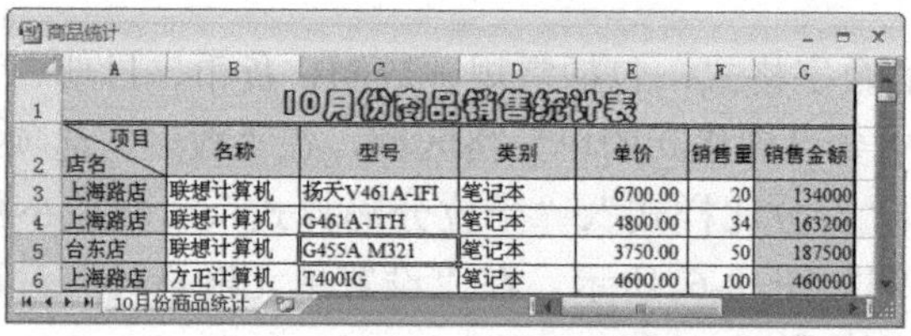

图 8-9　添加斜线表头的工作表

（1）清除 A2 单元格内容，再右击 A2 单元格，在弹出的快捷菜单中选择"设置单元格格式"选项，打开"设置单元格格式"对话框，选择"边框"选项卡（如图 8-8 所示），在"边框"选项组中单击右下角的"斜线"按钮，然后单击"确定"按钮，添加斜线表头的工作表如图 8-10 所示。

图 8-10　添加斜线表头

（2）双击 A2 单元格，然后输入内容"项目"，按 Alt+Enter 组合键强制单元格内换行，再输入"店名"，按 Enter 键。

（3）由于"项目"与"店名"交错，通过编辑栏在"项目"前插入适当空格，如果效果不理想，可适当调整列宽和行高。添加斜线后的工作表效果如图 8-9 所示。

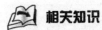 **相关知识**

1．使用颜色和图案

默认情况下，单元格区域既无颜色也无图案，添加颜色和图案，可以区分各种类型的数据，增强可视效果，使表格一目了然。

（1）选定要填充图案的单元格区域，如 A2:G16。

（2）右击单元格区域，在弹出的快捷菜单中选择"设置单元格格式"选项，打开"设置单元格格式"对话框，选择"填充"选项卡，如图 8-11 所示。

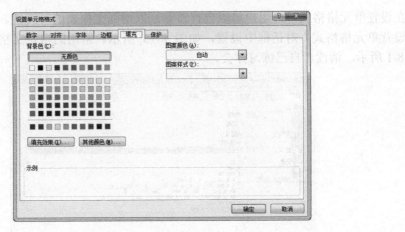

图 8-11　"填充"选项卡

（3）在"背景色"中选择要填充的颜色，在"示例"中可以预览填充颜色效果。如果要取消填充颜色，单击"无颜色"按钮即可。

（4）在"图案颜色"下拉列表框中选择一种颜色，如选择"深蓝,文字 2,淡色 60%"，在"图案样式"下拉列表框中选择一种样式，如选择"对角线 剖面线"，单击"确定"按钮，效果如图 8-12 所示。

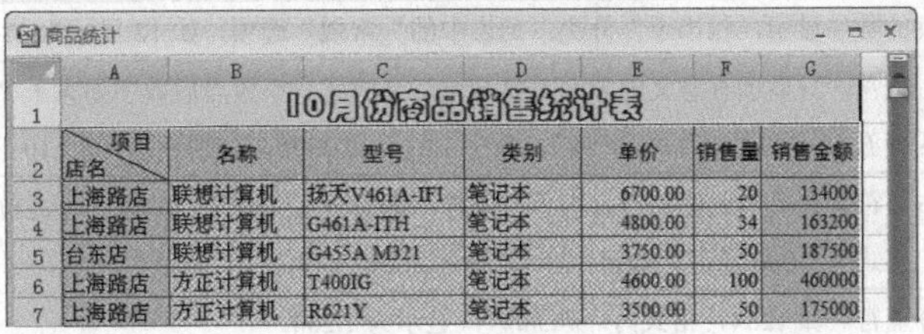

图 8-12　填充效果

另外，在"填充"选项卡中，单击"填充效果"按钮，打开如图 8-13 所示的"填充效果"对话框。可以设置渐变双色效果和底纹样式，效果如图 8-14 所示。

图 8-13 "填充效果"对话框　　　　　　　　　　　　　图 8-14 填充效果

2. 自定义单元格格式

在设置单元格格式时，用户可以自行设置，以增强工作表的可读性。自定义单元格格式在"设置单元格格式"对话框中设置，如图 8-15 所示。常用的自定义格式符号及功能示例如表 8-1 所示，请读者自己练习体会。

图 8-15 "设置单元格格式"对话框

表 8-1 常用的自定义格式符号及功能示例

格 式 符 号	功 能 示 例
G/通用格式	以常规的数字显示，相当于"分类"列表中的"常规"选项。如 12 显示为 12；12.1 显示为 12.1
#	数字占位符，只显示有意义的零而不显示无意义的零。小数点后数字如大于"#"的数量，则按"#"的位数四舍五入。如格式为"###.##"，数字 12.1、12.1375，分别显示为 12.10、12.14
0	数字占位符，如果单元格的内容大于占位符，则显示实际数字，如果小于占位符的数量，则用 0 补足。如，格式为"0000.00"，数字 123.4，显示为 0123.40
,	千位分隔符。如 1234，格式为"##,###"，显示为 1,234
?	数字占位符。在小数点两边为无意义的零添加空格，以便当按固定宽度时，小数点可对齐，另外还用于对不等到长数字的分数。如分别设置单元格格式为："??.??"和"???.???"，对齐结果如下：输入 12.1212，分别显示 12.12 和 12.121
*	重复显示字符，直到充满列宽，可用于仿真密码保护。如格式："*******"，123 显示为：******

续表

格式符号	功能示例
文本	显示双引号里面的文本。如格式："TEL: "000000000，则 12345678900 则显示为：TEL:12345678900
yyyy-mm-dd	"yyyy"或"yy"按四位（1900～9999）或两位（00～99）显示年；"mm"或"m"以两位（01～12）或一位（1～12）来显示月；"dd"或"d"以两位（01～31）或一位（1-31）来显示天。如格式"yyyy-mm-dd"，2011 年 5 月 29 日则显示为"2011-5-29"
条件	单元格内容判断后再设置格式。条件格式化只限于使用三个条件，其中两个条件是明确的。条件要放到方括号中，必须进行简单的比较。如格式：[>0]"正数";[=0];"零"; "负数"，如果单元格数值大于零显示"正数"，等于 0 显示"零"，小于零显示"负数"
颜色	用指定的颜色显示字符。可有 8 种颜色可选：红色、黑色、黄色，绿色、白色、蓝色、青色和洋红。如格式为"[绿色];[红色];[黄色]"，则显示结果：正数显示绿色，负数显示红色，零显示黄色

 课堂训练

（1）对如图 8-16 所示的"超市"工作表，分别设置标题字体、表格中的数据字体及居中对齐方式，并设置 G3:J8 单元格区域数字格式为百分比。

图 8-16　"超市"工作表

（2）对"超市"工作表进行格式设置、添加表格边框、斜线表头、单元格底纹和图案。
（3）对"超市"工作表中的数据进行不同格式的设置。

 任务评价

根据表 8-2 的内容进行自我学习评价。

表 8-2　学习评价表

评价内容	优	良	中	差
能设置单元格字体格式和数字格式				
能设置单元格文本对齐方式				
能设置工作表边框				
能制作斜线表头				
能设置工作表背景色和图案				

任务2　工作表格式设置

 任务背景

小张在使用 Excel 对工作表数据进行处理过程中，为了文档整体布局和美化，需要对工作表进行格式设，如图 8-17 所示。

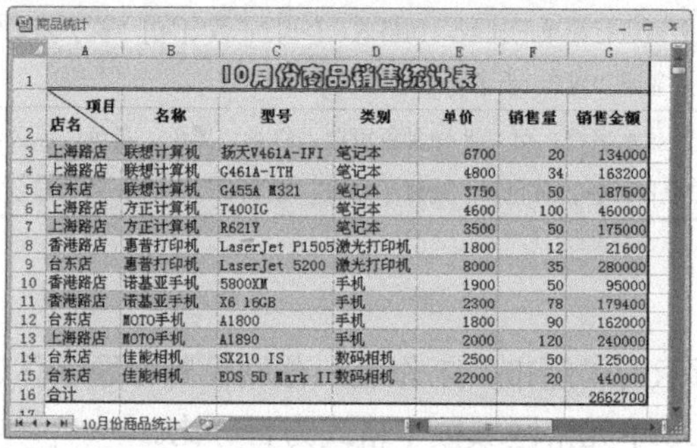

图 8-17　工作表格式设置

 任务分析

工作表格式设置包括对工作表应用格式和样式，Excel 提供了工作表套用格式和单元格样式，这样能够方便用户快速对工作表进行设置。

 任务实施

操作 1　套用表格格式

Excel 2007 提供了 60 种数据清单格式供用户套用。如果用户希望快速为一张数据清单设置格式，则可以切换到"开始"选项卡，在"样式"选项组中单击"套用表格格式"按钮来完成。使用套用表格格式，不仅美化工作表，而且大大提高了工作效率。

例如，给"商品统计"工作表套用一种格式，如图 8-17 所示。

（1）打开套用表格格式前的"商品统计"工作表，如图 8-18 所示。

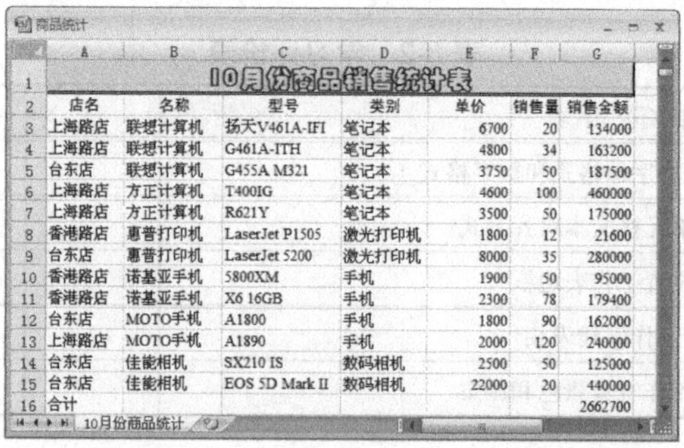

图 8-18　"商品统计"工作表

（2）选择要自动套用格式的区域，如选取 A2:G16 区域，在"开始"选项卡的"样式"选项组中单击"套用表格格式"按钮，打开"套用表格格式"下拉菜单，如图 8-19 所示。

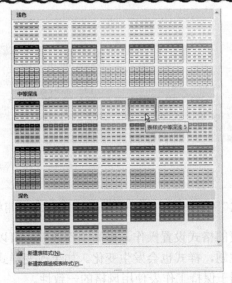

图 8-19 套用"表格格式"下拉菜单

（3）从下拉菜单中选择一种表格格式，如选择"中等深浅"中的"表样式中等深浅 5"，效果如图 8-20 所示。

	A	B	C	D	E	F	G
1			10月份商品销售统计表				
2	店名	名称	型号	类别	单价	销售	销售金
3	上海路店	联想计算机	扬天V461A-IFI	笔记本	6700	20	134000
4	上海路店	联想计算机	G461A-ITH	笔记本	4800	34	163200
5	台东店	联想计算机	G455A M321	笔记本	3750	50	187500
6	上海路店	方正计算机	T400IG	笔记本	4600	100	460000
7	上海路店	方正计算机	R621Y	笔记本	3500	50	175000
8	香港路店	惠普打印机	LaserJet P1505	激光打印机	1800	12	21600
9	台东店	惠普打印机	LaserJet 5200	激光打印机	8000	35	280000
10	香港路店	诺基亚手机	5800XM	手机	1900	50	95000
11	香港路店	诺基亚手机	X6 16GB	手机	2300	78	179400
12	台东店	MOTO手机	A1800	手机	1800	90	162000
13	上海路店	MOTO手机	A1890	手机	2000	120	240000
14	台东店	佳能相机	SX210 IS	数码相机	2500	50	125000
15	台东店	佳能相机	EOS 5D Mark II	数码相机	22000	20	440000
16	合计						2662700

图 8-20 使用自动套用表格格式后的工作表

操作 2 使用单元格样式

样式是几种格式的组合。样式中的格式包括数字格式、对齐方式、字体种类和大小、边框、图案和保护等。如果单元格使用了一种样式，也就表示它采用了样式中定义的所有格式。

（1）打开"商品统计"工作表（如图 8-20 所示），选中需要使用样式的单元格区域，如 B3:B16、D3:D16、G3:G16 单元格区域。

（2）单击"样式"选项组中的"单元格样式"按钮，弹出含有多种表格样式的下拉菜单，如图 8-21 所示。

（3）选择一种样式，如选择"40%—强调文字颜色 3"，选中区域的单元格将设置为该样式的格式组合，效果如图 8-22 所示。

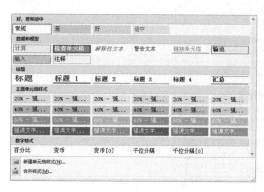

图 8-21   "单元格样式"下拉菜单

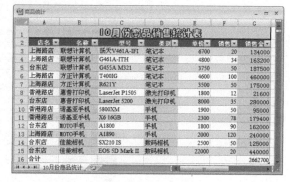

图 8-22   使用单元格样式后的工作表

使用样式可以减少重复的格式设置操作，提高工作效率。可以使用的样式是由当前选定的主题决定的，如果改变主题，样式也会发生变化。如果改变样式，所有单元格将同时改变它们的格式设置，这样有利于保持工作表使用风格的一致性。

操作 3   使用条件格式

使用条件格式可以根据指定的公式或数值确定搜索条件，将格式应用到选定工作范围中符合搜索条件的单元格，并突出显示要检查的动态数据。在如图 8-23 所示的工作表中，单元格区域 E3:E15、F3:F15 和 G3:G15 分别设置浅蓝色数据条、四向箭头图标集和红黄绿色阶。

例如，将"商品统计"工作表中销售金额在 10 万元以内的单元格设置为绿色背景，销售金额在 20 万元以上的单元格设置为红色背景，如图 8-24 所示。

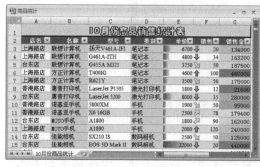

图 8-23   应用条件格式示例

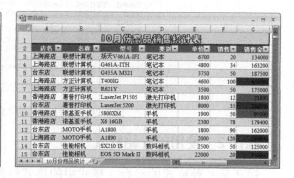

图 8-24   设置条件格式

（1）在"商品统计"工作表中选择 G3:G15 单元格区域。

（2）在"样式"选项组中单击"条件格式"按钮，在下拉菜单中选择"新建规则"，出现"新建格式规则"对话框，在"选择规则类型"列表框中选择"只为包含以下内容的单元格设置格式"选项。

（3）在"编辑规则说明"第 1 个条件下拉列表框中选择"单元格值"选项，第 2 个条件下拉列表框中选择"小于或等于"选项，在文本框中输入 100 000；单击"格式"按钮，在"设置单元格格式"对话框的"填充"选项卡中，将背景色设置为绿色，如图 8-25 所示。

（4）单击"确定"按钮，将条件格式应用到工作表中，所选区域小于或等于 100000 的单元格填充为绿色，如图 8-26 所示。

图 8-25　设置格式规则

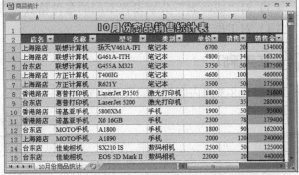
图 8-26　小于或等于 100000 的单元格填充为绿色

（5）同样的方法，设置工作表中 G3:G15 单元格区域中所有大于或等于 200000 的单元格填充为红色，效果图 8-24 所示。

设置条件格式后，如果单元格的值发生更改，将自动应用条件格式。

如果要删除一个或多个条件格式，在"样式"选项组中单击"条件格式"按钮，在下拉列表中选择"清除规则"选项，可以清除所选单元格的条件规则或整个工作表的条件规则。

相关知识

Word 2007、Excel 2007 和 PowerPoint 2007 新增了文档的主题功能。文档主题是指用户可以在文档中选择和应用提前设置好的一系列颜色、字体和特别效果的组合。默认情况下，Excel 将在所有文档中使用主题功能。

Excel 中有一些内置的主题可供用户选择，同时也可以通过网站搜索其他主题或者创建自己的主题。在"页面布局"选项卡的"主题"选项组中单击"主题"下拉按钮，在弹出的"主题"下拉列表中可以选择相关的主题，如图 8-27 所示。

图 8-27　"主题"下拉列表

课堂训练

（1）对"成绩表"分别套用不同的表格格式，观察不同格式的设置效果。

（2）对"成绩表"分别设置不同的单元格样式，观察不同样式的设置效果。

（3）对"成绩表"分别设置不同的条件格式，观察不同条件格式的设置效果。

（4）对工作表应用一种主题。

任务评价

根据表 8-3 的内容进行自我学习评价。

表 8-3　学习评价表

评 价 内 容	优	良	中	差
了解单元格格式和样式				
能套用表格格式				
能设置单元格样式				
能设置单元格条件格式				

任务 3　打印设置

任务背景

小张在使用 Excel 对工作表进行设计和数据处理之后，一般还需要打印出来，由于每次的工作表不同，打印的区域也不同，需要对工作表进行页面设置、打印区域设置等。

任务分析

在打印工作表之前，需要对工作表进行页面设置，包括设置工作表的页边距、设置工作表的页眉与页脚。在打印工作表有时超出页面设置范围，工作表的一部分内容打印出界，这时也需要对工作表打印区域进行设置。

任务实施

操作 1　页面设置

设计好工作表后，切换到"页面布局"选项卡，在"页面设置"选项组中单击"页面设置"按钮，打开"页面设置"对话框，如图 8-28 所示。

图 8-28　"页面设置"对话框

在"页面设置"对话框中可以对页面、页边距、页眉/页脚和工作表进行设置。也可以在"页面设置"选项卡中单击"页边距"、"纸张方向"、"纸张大小"等按钮，在弹出的下拉菜单中选择相应的设置选项来设置这些页面属性。

1．设置页面

设置页面包括设置打印方向、缩放比例、纸张大小及起始页码等。部分选项的含义如下。

- 方向：指将打印区域内容是纵向还是横向打印在打印纸上，纵向打印页面的高度要大于宽度。
- 缩放：缩放比例指定放大或缩小工作表的打印比例，正常尺寸是 100%。"调整为"用来分别设置页高、页宽的比例。
- 纸张大小：选择打印用的纸张类型。一般公文用 A4 纸张。
- 起始页码：可以为首页设置页号，这对打印内容有连续页号的文件很有意义。如要使首页页号为 1，或者在"打印"对话框中已选中了页，应设置为"自动"。如果不想在页眉或页脚上打印页号，则该设置无效。

2．设置页边距

页边距是指页面上打印区域之外的空白空间。在"页边距"选项卡中，通过设置页边距，可以调整文档到页边的距离，另外，还可以设置居中方式，以及页眉、页脚的宽度，如图 8-29 所示。

图 8-29　"页边距"选项卡

各选项的含义如下：

- 上、下、左、右：分别设置打印数据到四个页边之间的距离，单位为"磅"。
- 页眉/页脚：设定打印页眉/页脚与打印页上/下边之间的距离。
- 居中方式：设置的内容在页边距内水平或垂直居中打印，还可以将两种方式全部选中。在调整居中方式的同时，可以在"页边距"选项卡中的预览框中预览设置后的效果。

3．设置页眉/页脚

"页眉/页脚"选项卡用于设置页眉和页脚，如图 8-30 所示。页眉被打印在每一页的顶端，用于标明报表名称和标题等内容。页脚被打印在一页的底部，一般用于标明页号、打印日期、时间等信息。Excel 2007 提供了一些预定义的页眉和页脚格式，在其下拉列表中可以选择需要的格式。页眉和页脚不是实际工作表的一部分，而属于打印页上的一部分，并且为打印页单独分配空间。

用户可以自定义页眉和页脚，单击"页眉/页脚"选项卡中的"自定义页眉"或"自定义页脚"按钮，打开相应的"页眉"或"页脚"对话框，用户自行设置，如图 8-31 所示。

图 8-30　"页眉/页脚"选项卡

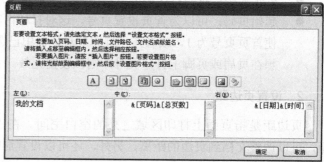

图 8-31　"页眉"对话框

各选项和按钮的含义如下。

- "左"列表框：此框内输入的内容作为页眉显示在每一页的左上角。
- "中"列表框：此框内输入的内容作为页眉显示在每一页的正上方。
- "右"列表框：此框内输入的内容作为页眉显示在每一页的右上角。
- Ａ：单击该按钮，出现"字体"对话框，可设置字体、字形、字号及特殊效果等。
- 插入页码和总页数。
- 分别插入当前日期和时间。
- 插入当前文件的路径和工作簿文件名。
- 插入当前工作表名。
- 插入图片。
- 设置已插入图片的格式。

由于工作表只能设置一种自定义的页眉和页脚。如果设置了新的自定义页眉和页脚，它将替换原来的页眉和页脚。设置页脚的方法与设置页眉的方法完全相同。

4．设置工作表

在打印工作表前，如果还要进一步对工作表打印区域和打印格式进行设置，单击"页面设置"对话框中的"工作表"选项卡，如图 8-32 所示。

图 8-32　"工作表"选项卡

各选项的含义如下。

● 打印区域：设置要打印的单元格区域范围。

● 打印标题：指定工作表的某一行或某一列作为标题，只要在"顶端标题行"或"左端标题列"输入适当的行号、列标或单元格区域即可。也可以自行在文本框中输入标题。

● 网格线：在报表中打印出工作表的网格线。

● 批注：在附加页上打印单元格的批注，如在"工作表末尾"或"如同工作表中显示"位置打印。

● 单色打印：对于彩色打印机选中该项可以减少打印时间。

● 草稿品质：打印较少的图形和不打印单元格的网格线。

● 行号列标：打印工作表的行号和列标。

● 错误单元格打印为：从该下拉列表中选择将错误单元格打印为 4 种方式之一：显示值、<空白>、--、#N/A。

● 打印顺序：当数据超过一页时控制数据的打印顺序，包括"先列后行"和"先行后列"，前者指先从工作表的第一列打印，再去打印第二列；而后者是指先从工作表的第一行打印，再打印第二行，默认顺序是"先列后行"。

如果工作表只有图表，那么对应的"工作表"选项卡将变成为"图表"选项卡。

操作 2　设置打印区域

首先选中要打印的区域，单击"页面设置"选项组中的"打印区域"按钮，在打开的"打印区域"下拉菜单中选择"设置打印区域"选项，这样就将选定的工作表区域设置成为打印区域，在名称框中显示为"Print_Area"，并且被设置成打印区域的工作表区域被虚线包围，如图 8-33 所示。

设置打印区域操作在同一工作表中只能设置一个打印区域。每一次的重新设定都会将上一次设置的打印区域取消并将新选定的区域作为打印区域。

设置完打印区域后，如果要取消打印区域时，单击"页面设置"选项组中的"打印区域"按钮，在打开的"打印区域"下拉菜单中选择"取消打印区域"选项，这样就将设置好的打印区域取消了。

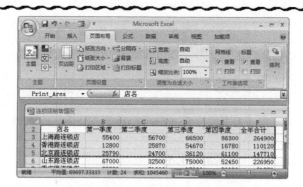

图 8-33　设置打印区域

操作 3　打印工作表

Excel 2007 提供了多种方法来查看和调整工作表的外观。

（1）普通视图：适用于屏幕查看和处理，为默认方式。

（2）页面布局：显示整个页面布局，可以设置页眉、页脚及添加数据。

（3）分页预览：显示每一页所包含的数据，以便快速调整打印区域和分页。

（4）打印预览：显示打印页面，方便用户调整列和页边距。

在设置工作表的打印效果时，可以在不同视图间来回切换，以便查看其打印效果，然后再将数据发送打印机，这样可以节约纸张和时间。

1．打印预览

打印预览可以按照缩小的格式显示工作表的多个页面。在打印预览模式中，可以检查工作表的布局，并且可在打印前编辑或更改格式设置。单击"**Office 按钮**"图标，选择"打印"菜单中的"打印预览"选项，即显示打印预览窗口，如图 8-34 所示。

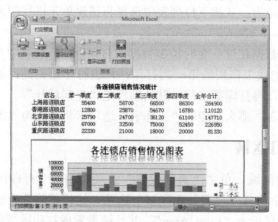

图 8-34　打印预览效果

在打印预览状态下，鼠标指针将变为放大镜形状 🔍。此时将鼠标指针移到要查看的区域，然后单击，可以把工作表放大，鼠标指针也将变为箭头形状。再次单击，工作表将恢复原状。

如果要打印工作表区域，单击"打印"按钮🖨，出现"打印内容"对话框，然后将选定的工作表打印出来。

2．打印工作表

对工作表打印预览满意后，单击"Office 按钮"图标，选择"打印"菜单中的"打印"选项，打开"打印内容"对话框，如图 8-35 所示。

图 8-35　"打印"内容对话框

在该对话框中，可以指定全部打印或只打印其中的几页和打印的份数，其中"打印内容"框中各选项的含义如下。

- 选定区域：只打印当前活动工作表中的选中单元格区域。
- 活动工作表：打印所有被选定的工作表，每个工作表都另起一页打印。如果工作表中有打印区域，则只打印该区域。
- 整个工作簿：打印当前工作簿中包含数据的所有工作表。如果工作表中有打印区域，则只打印该区域，如果工作表中无打印区域，则打印整个工作表。

最后，单击"确定"按钮，打印机开始打印工作表。

 课堂训练

（1）设置"成绩表"页面纸张为 16K，横向打印，并设置标题和页码，然后打印预览该工作表。

（2）设置"成绩表"中前 5 条记录为打印区域，并打印网格线。

（3）打印设置好的工作表。

 任务评价

根据表 8-4 的内容进行自我学习评价。

表 8-4　学习评价表

评 价 内 容	优	良	中	差
能对工作表进行页面设置				
能设置工作表打印区域				
能对工作表进行打印预览				
能对工作表进行打印				

思考与练习

一、思考题

1. 如何设置工作表中的数字格式？

2. 举例说明什么情况下在单元格中要居中对齐？这样有什么好处？

3. 如何为工作表设置颜色和图案？

4. 如何选择并应用不同主题的格式？

5. 在工作表中显示网格线和标题有什么好处？

6. 如何对工作表中的单元格使用样式？

7. 如何通过条件格式强调数据？

二、操作题

1. 将单元格数值 3.25 设置为下列数据显示格式。

（1）¥3.25

（2）3 1/4

（3）3.25E+00

（4）325.00%

（5）US$3.25

2. 将单元格日期值 2011-6-5 设置为下列数据显示格式。

（1）二○一一年六月五日

（2）2011 年 6 月 5 日

（3）星期日

（4）05-06-11

（5）5-Jun-11

（6）Jun-11

3. 将如图 8-36 所示的"图书排行榜"工作表进行格式设置：

（1）将标题行合并居中设置，并设置黑体、四号。

（2）设置列标题行居中显示。

（3）设置"序号"列居中显示，"定价"列为两位小数。

（4）设置工作表（除标题行外）中数据为宋体、五号。

5. 对"图书排行榜"工作表设置边框和斜线表头。

6. 对"图书排行榜"工作表应用主题，套用表格格式。

7. 将如图 8-37 所示的"超市"工作表进行条件格式设置：

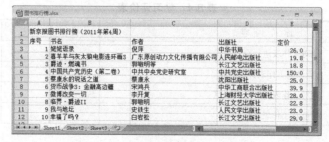

图 8-36　"图书排行榜"工作表

图 8-37　"超市"工作表

（1）将"年销售总额"在 6000 万元以上的数据设置为红色、3500 万元以下数据设置为蓝色。

（2）将各季度中小于 1000 万元的数据设置为黄色。

8．将"超市"工作表进行打印设置：

（1）页面为 A4 纸张、方向为纵向。

（2）打印页面设置为水平和垂直居中方式。

（3）设置打印网格线。

（4）设置打印页眉为"2010 年各超市销售额"，居左；页脚为当前日期，居右。

（5）打印预览上述设置。

（6）打印上述工作表。

第9章 使用 PowerPoint 2007

PowerPoint 2007 是一款功能强大的演示文稿制作软件，用户可以使用它快速创建极具感染力的动态演示文稿。从设计的全新直观型用户窗口到新的图形以及格式设置功能，PowerPoint 2007 使用户拥有更强的控制能力，以创建具有精美外观的演示文稿。完成本章学习后，应该掌握以下内容。

- 创建简单演示文稿。演示文稿与幻灯片的区别，创建简单的演示文稿、演示文稿视图的区别，以及启动与退出 PowerPoint 2007 的方法。
- 幻灯片的基本操作。幻灯片中占位符文本和文本框文本的输入方法、项目符号的使用、文本格式和段落格式的设置等。
- 修饰幻灯片：包括幻灯片应用主题、设置背景、幻灯片母版以及模板的应用等。

任务 1　创建简单演示文稿

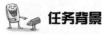 **任务背景**

公司的新产品上市，经理让小李制作一份新产品发布报告演示文稿，以便在新闻发布会上对产品进行宣传（如图 9-1 所示），下面就先来制作一个简单演示文稿吧！

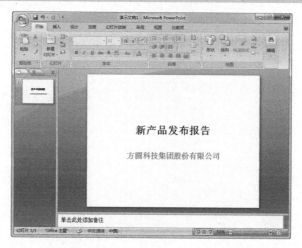

图 9-1　"新产品发布报告"标题幻灯片

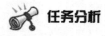 **任务分析**

PowerPoint 2007 可以用来制作演示文稿来展示信息，其中新建和保存演示文稿是最基本的操作。本任务的完成需进行两个过程：创建演示文稿和保存演示文稿。

操作 1 创建演示文稿

（1）依次执行"开始"→"所有程序"→"Microsoft Office"→"Microsoft Office PowerPoint 2007"命令，启动 PowerPoint 2007，系统自动为空白演示文稿新建一张"标题"幻灯片。

（2）单击幻灯片编辑区中的"单击此处添加标题"，输入标题"新产品发布报告"。

（3）单击"单击此处添加副标题"，输入副标题"方圆科技集团股份有限公司"，标题幻灯片制作完成，如图 9-1 所示。

图 9-2 标题幻灯片

操作 2 保存演示文稿

（1）单击"Microsoft Office 按钮" 图标，在弹出的菜单中选择"保存"选项，打开"另存为"对话框。

（2）在"文件名"文本框中输入文件名称"发布报告"，在"保存类型"下拉列表中框选择演示文稿的保存类型，设定保存位置后，单击"保存"按钮。

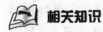

1. PowerPoint 2007 窗口

Office PowerPoint 2007 有一个全新的外观，这是一种新的用户窗口，它用一种简单而又显而易见的机制替代了早期版本 PowerPoint 中的菜单、工具栏和大部分任务窗格，如图 9-3 所示。

图 9-3 PowerPoint 2007 窗口

Office PowerPoint 2007 窗口的组成与 Office 2007 的其他组件基本相同，包括 Microsoft Office 按钮、功能区、快速访问工具栏等。而大纲/幻灯片窗格、幻灯片编辑区、备注窗格等是 PowerPoint 2007 所特有的。

2. 演示文稿视图

PowerPoint 2007 由普通视图、幻灯片浏览视图、备注页视图、幻灯片放映视图等视图方式组成。

（1）普通视图

普通视图是主要的编辑视图，集成了大纲视图、幻灯片浏览视图和备注页视图，可以同时查看某张幻灯片的大纲级别、显示效果和备注内容，用于撰写或设计演示文稿。该视图有三个工作区域：

① 大纲/幻灯片窗格：大纲/幻灯片窗格位于 PowerPoint 2007 操作窗口的左侧，单击不同的选项卡可以在相应的窗格中进行切换。

大纲窗格是以大纲的形式列出当前演示文稿中各张幻灯片的文本内容。大纲窗格主要是用于撰写内容的场所，只以大纲形式显示幻灯片文本，图形对象在大纲视图中的幻灯片图标上只显示为小型符号。

如果要进行全局编辑、获取演示文稿概述、更改项目符号或幻灯片的顺序或者应用格式更改，使用大纲窗格尤为方便。

幻灯片窗格中列出了当前演示文稿中所有幻灯片的缩略图。通过幻灯片窗格可以方便地遍历演示文稿，并观看任何设计更改的效果。在该窗格中还可以快速地切换幻灯片，轻松地重新排列、添加或删除幻灯片，但无法编辑幻灯片中的内容。

② 幻灯片编辑区：在 PowerPoint 窗口的右侧，"幻灯片编辑区"显示当前幻灯片的大视图。在此视图中显示当前幻灯片时，可以添加文本，插入图片、表格、SmartArt 图形、图表、图形对象、文本框、电影、声音、超链接和动画。

③ 备注窗格：位于幻灯片编辑区下方，可以输入应用于当前幻灯片的备注。备注窗格使得用户可以添加与观众共享的演说者备注或信息，也可以打印备注，并在展示演示文稿时作为参考使用。

（2）幻灯片浏览视图

幻灯片浏览视图是以缩略图形式显示幻灯片的视图（如图 9-4 所示），可以在屏幕上同时看到演示文稿中的所有幻灯片。这样，就可以很容易地在幻灯片之间添加、删除和移动幻灯片以及选择切换效果，还可以预览多张幻灯片上的动画，方法是：选定要预览的幻灯片，然后单击在"动画"选项卡功能区中的"预览"按钮。

（3）备注页视图

在备注页视图中，一页幻灯片被分成两个部分，其中上半部用于展示幻灯片的内容，下半部分用于建立备注，如图 9-5 所示。

（4）幻灯片放映视图

在幻灯片放映视图中，幻灯片将按照制作者设定的效果和顺序进行全屏放映，用户可以预览到放映时的动画、声音和切换效果等。如果对效果不满意，可以直接按 Esc 键退出幻灯片放映视图，对相应的效果进行调整。

不同方式的视图切换，可在"视图"选项卡功能区的"演示文稿视图"选项组中选择相应的视图，或通过状态栏中的"视图快捷方式"工具栏 ▣▣▯ 更改视图方式。

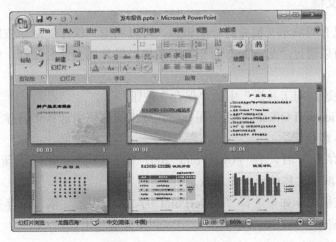

图 9-4 "幻灯片浏览"视图

图 9-5 "备注页"视图

3．创建演示文稿方法

（1）在桌面或文件夹空白处，右击，在弹出的快捷菜单中选择"新建"→"MicroSoft Office PowerPoint 2007 演示文稿"选项，创建一个新的演示文稿。

（2）打开已有演示文稿，单击"Office 按钮"图标，在弹出的菜单中选择"新建"选项。

（3）打开已有演示文稿，按 Ctrl+N 组合键。

提示

在 PowerPoint 中，演示文稿和幻灯片两个概念还是有些差别的，利用 PowerPoint 制作出来的文档称为演示文稿，它是一个文件。而演示文稿中的每一页就称为幻灯片，每张幻灯片都是演示文稿中既相互独立又相互联系的内容。

4．保存演示文稿

当打开一个已有的演示文稿并进行编辑后，可以利用"保存"命令按原来的文件名保存在原有位置，也可以通过"另存为"命令将旧文稿以另外的文件名保存。保存已有演示文稿的方法如下：

（1）单击"快速访问工具栏"中的"保存"按钮；

（2）单击"Microsoft Office 按钮"图标，在弹出的菜单中选择"另存为"选项。

（3）按 Ctrl+S 组合键。

当完成"另存为"后，在 PowerPoint 2007 的标题栏上会显示新命名的文件名。PowerPoint 2007演示文稿的后缀为.pptx。

在保存演示文稿时，如果选择"PowerPoint 97-2003 演示文稿"保存类型，文件名后缀为.ppt，可以确保演示文稿在低版本的 PowerPoint 中兼容使用。

5．预览播放演示文稿

单击状态栏视图快捷方式中的"幻灯片放映"按钮 （或者按 F5 键），可放映演示文稿，观看演示文稿的播放效果。

6．退出 PowerPoint 2007

退出 PowerPoint 2007，可单击标题栏右侧的"关闭"按钮，或单击"Microsoft Office 按钮"图标，在弹出的菜单中的"退出 PowerPoint"选项。

 课堂训练

创建"自我介绍"演示文稿，保存类型为"PowerPoint 演示文稿"，并通过"幻灯片放映"视图预览效果。

 任务评价

根据表 9-1 的内容进行自我学习评价。

表 9-1　学习评价表

评 价 内 容	优	良	中	差
了解演示文稿和幻灯片的联系与区别				
能创建含有标题的幻灯片				
能对幻灯片进行不同方式的视图切换				
能保存所创建的幻灯片				

任务2　幻灯片的基本操作

任务背景

　　创建了演示文稿后，接下来小李想继续完善自己的作品，插入新的幻灯片，添加产品介绍文本，以便使用户更好地了解产品的详细信息，如图 9-6 所示。

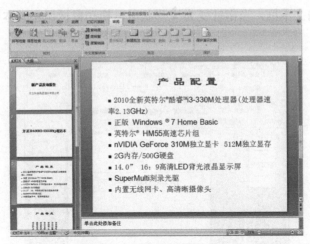

图 9-6 在幻灯片中添加文本

 任务分析

在 PowerPoint 2007 中，文本是最基本的演示信息，可以利用不同的方法向幻灯片中添加文本，并对文本进行格式化。本任务操作包括在占位符中输入文本、在文本框中添加文本、设置文本格式、添加项目符号、设置段落格式等。

 任务实施

操作 1 在占位符中输入文本

（1）打开"发布报告.pptx"，切换到"开始"选项卡，在"幻灯片"选项组中单击"新建幻灯片"下拉按钮，打开"Office 主题"列表，如图 9-7 所示。

（2）选择"仅标题"选项，在第 1 张幻灯片后插入一张仅标题幻灯片，如图 9-8 所示。

图 9-7 "主题"列表

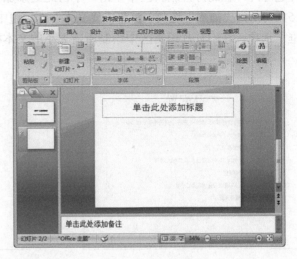

图 9-8 插入幻灯片

（3）在幻灯片编辑区中单击"单击此处添加标题"，输入文本"R430IG-I333BQ 笔记本"。

（4）将鼠标指向文本框，当指针变为 ✛ 形状时，拖动鼠标调整文本框的位置，如图 9-9 所示。

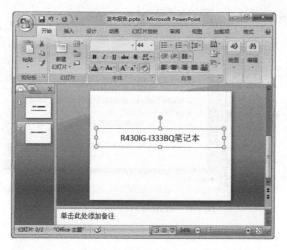

图 9-9　调整文本框的位置

操作 2　在文本框中添加文本

（1）切换到"开始"选项卡，在"幻灯片"选项组中单击"新建幻灯片"下拉按钮，打开"Office 主题"列表（如图 9-7 所示），选择"仅标题"选项，在第 2 张幻灯片后插入一张仅标题幻灯片。

（2）在幻灯片编辑区中单击"单击此处添加标题"，输入"产品配置"文本。

（3）单击"插入"选项卡的"文本"选项组中的"文本框"下拉按钮，选择"横排文本框"选项，在幻灯片编辑区中按住左键并拖动鼠标，绘制所需大小的文本框，并输入产品配置信息，如图 9-10 所示。

（4）在打开的"Office 主题"列表中，选择"仅标题"选项，在第 3 张幻灯片后插入一张仅标题灯片，在幻灯片编辑区中单击"单击此处添加标题"，输入"产品特点"文本。

（5）切换到"插入"选项卡，单击"文本"选项组中的"文本框"下拉按钮，选择"垂直文本框"选项，在幻灯片编辑区中绘制所需大小的文本框，并输入产品特点信息，如图 9-11 所示。

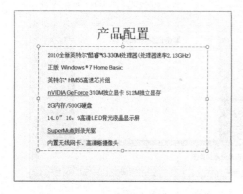

图 9-10　插入文本框并输入文本

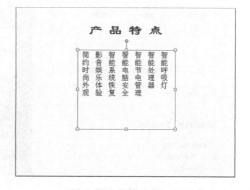

图 9-11　竖排文本

（6）单击"快速访问工具栏"的"保存"按钮，保存该演示文稿。

操作 3　设置文本格式

（1）选择第 1 张幻灯片中的标题文本"新产品发布报告"，在"开始"选项卡的"字体"选项组中，依次设置文本格式为宋体（标题）、44 号、深蓝色、加粗且有文字阴影，如图 9-12 所示。

（2）选择第 2 张幻灯片中的文本，通过"开始"选项卡的"字体"选项组，设置文本格式为华文中宋、44 号、紫色、加粗，如图 9-13 所示。

图 9-12　设置标题文本格式

图 9-13　设置文本格式

（3）分别选择第 3、4 张幻灯片中的标题文本，依次设置文本格式为隶书、44 号、紫色、加粗，再单击"字体"选项组中的"字符间距"下拉按钮，选择"其他间距"选项，在打开的"字体"对话框的"字符间距"选项卡中，设置"间距"为加宽、15 磅，如图 9-14 所示。

（4）分别选择第 3、4 张幻灯片中的内容介绍文本，设置文本格式为宋体（正文）、深蓝色、28 号，如图 9-15 所示。

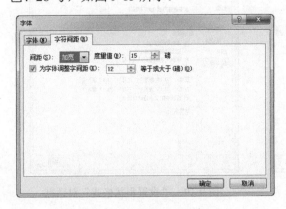

图 9-14　"字体"对话框

图 9-15　设置文本格式

操作 4　添加项目符号

（1）在第 3 张幻灯片编辑区中，选中产品配置信息。

（2）切换到"开始"选项卡，单击"段落"选项组中的"项目符号"下拉按钮，选择"项目符号和编号"选项，打开"项目符号和编号"对话框，如图 9-16 所示。

（3）在"项目符号"选项卡中单击"带填充效果的大方形项目符号"，调整"大小"为70%字高，单击"确定"按钮，效果如图 9-17 所示。

图 9-16　"项目符号和编号"对话框

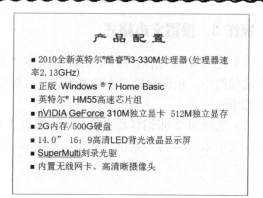

图 9-17　添加项目符号

操作 5　设置段落格式

（1）选中第 3 张幻灯片中的内容介绍文本，右击，在弹出的快捷菜单中选择"段落"选项，打开"段落"对话框，如图 9-18 所示。

（2）在"缩进和间距"选项卡中设置"特殊格式"为"首行缩进"，"度量值"为 0.8 厘米；

（3）单击"行距"下拉按钮，选择"固定值"选项，调整"设置值"为 40 磅，单击"确定"按钮。

（4）选中第 4 张幻灯片中的内容介绍文本，在"开始"选项卡的"段落"选项组中，单击"行距"下拉按钮，选择"1.5 倍"行距，并适当调整文本框的大小和位置。

（5）右击第 4 张幻灯片中的内容介绍文本，在弹出的快捷菜单中选择"设置形状格式"选项，打开"设置形状格式"对话框，如图 9-17 所示。

图 9-18　"段落"对话框

图 9-19　"设置形状格式"对话框

（6）选择"文本框"选项，在右侧窗口中设置"水平对齐方式"为"中部居中"，单击"关闭"按钮，效果如图 9-20 所示。

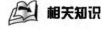 相关知识

1.　添加文本

在幻灯片中添加文本的方法很多，可以利用占位符、形状和文本框向幻灯片中添加文本。

占位符是一种带有虚线或阴影线边缘的矩形框，绝大部分幻灯片版式中都有这种矩形框。在框内可以放置标题及正文，或者是图表、表格和图片等对象，如图 9-21 所示。要在幻灯片上的占位符中添加正文或标题文本，只需在文本占位符中单击，然后输入或粘贴文本即可。

图 9-20　设置段落格式

图 9-21　"比较"版式幻灯片

 提示

如果文本的大小超过占位符的大小，PowerPoint 会在输入文本时以递减方式减小字体大小和行间距以使文本适应占位符的大小。

正方形、圆形、标注批注框和箭头总汇等形状中也可以添加文本。在形状中输入文本时，文本会附加到形状并随形状一起移动和旋转，如图 9-22 所示。

图 9-22　在形状中输入文本

文本框是一种可移动、可调大小的文字或图形容器。使用文本框可将文本放置在幻灯片上的任何位置，可以在一张幻灯片中放置多个文字块，或使文字按与文档中其他文字不同的方向排列。右击文本框，在弹出的快捷菜单中选择"设置形状格式"选项，在打开的"设置形状格式"对话框中可以设置文本框格式，包括填充、线条颜色、线型、阴影、三维格式、尺寸、位置、图片、文本对齐方式等，如图 9-23 所示。

图 9-23　设置形状填充选项

 提示

通过"开始"选项卡的"绘图"选项组中的"快速样式"列表，如图 9-24 所示。选择一种样式，对文本框外观样式进行快速设置，效果如图 9-25 所示。

图 9-24　"快速样式"列表

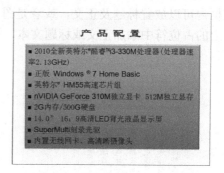

图 9-25　文本框应用快速样式效果

2．使用项目符号和编号

在幻灯片中可以为文本添加项目符号或编号，使条目更加清晰。

（1）添加项目符号或编号。选择要添加项目符号或编号的文本行，在"开始"选项卡的"段落"选项组中，单击"项目符号"或"编号"下拉按钮，选择所需样式，如图 9-26 所示。

（2）编辑项目符号或编号。用户不仅可以更改、添加演示文稿中的项目符号或编号的样式、颜色和大小，还可以手动更改起始编号，增大或减小缩进，及增大或减小项目符号与文本之间的间距。

单击"开始"选项卡的"段落"选项组中的 "项目符号"或"编号"下拉按钮，在弹出的菜单中选择"项目符号和编号"命令，打开"项目符号和编号"对话框，对幻灯片中的项目符号或编号进行编辑，如图 9-27 所示。

图 9-26　"段落"选项组

图 9-27　"项目符号和编号"对话框

3．编辑幻灯片

（1）选择幻灯片。在"普通视图"的"幻灯片/大纲"窗格（或在"幻灯片浏览"视图）中单击幻灯片即可选择一张幻灯片；要选择多张连续的幻灯片，可先单击要选择的第一张幻灯片，然后按住 Shift 键单击最后一张要选择的幻灯片；要选择多张不连续的幻灯片，可先按住 Ctrl 键，再依次单击需要选择的幻灯片即可。

（2）添加幻灯片。默认情况下，启动 PowerPoint 2007 时，系统新建一份空白演示文稿，并自动添加一张标题幻灯片。可以通过以下方法在当前演示文稿中添加新的幻灯片。

① 在普通视图下，将鼠标定在左侧的窗格中，单击"开始"选项卡的"幻灯片"选项

组中的"新建幻灯片"下拉按钮，在弹出的"Office 主题"列表中选择所需的幻灯片版式，可以在当前幻灯片后插入一张所选版式的幻灯片。

② 在普通视图下，将鼠标定位在左侧的窗格中，然后按 Enter 键，可以在当前幻灯片后快速插入一张新的空白幻灯片。

③ 按 Ctrl+M 组合键，即可在当前幻灯片后快速添加一张空白幻灯片。

（3）删除幻灯片。在普通视图的"幻灯片/大纲"选项卡或幻灯片浏览视图中，选中要删除的幻灯片，按 Delete 键删除幻灯片。

（4）复制幻灯片。在普通视图的"幻灯片/大纲"选项卡或幻灯片浏览视图中，右击要复制的幻灯片，在弹出的快捷菜单中选择"复制幻灯片"选项。

（5）重排幻灯片位置。在普通视图的"幻灯片/大纲"选项卡或幻灯片浏览视图中，选中要移动的幻灯片，拖动该幻灯片，当黑线移动到目标位置后，松开鼠标左键完成幻灯片的移动。

4．幻灯片版式

版式是幻灯片上的标题、文本、图片等内容的布局形式，同一演示文稿内的不同幻灯片可以应用不同的版式。版式包含占位符和幻灯片内容（如 SmartArt 图形、表格、图表、图片、形状和剪贴画等），可以使用版式排列幻灯片上的对象和文字。PowerPoint 2007 包含 11 种内置的标准版式，也可以创建自定义版式以满足特定的组织需求，还可以根据需要重新设置幻灯片版式。

（1）在普通视图的"幻灯片/大纲"选项卡中，单击要应用版式的幻灯片。

（2）单击"开始"选项卡的"幻灯片"选项组中的"版式"下拉按钮，然后选择一种版式即可。

提示

可在普通视图的"幻灯片"选项卡中右击要更改版式的幻灯片，通过弹出快捷菜单中的"版式"子菜单来更改幻灯片版式。 另外，幻灯片的插入、删除等操作也可以通过右键快捷菜单来完成。

5．添加批注

批注是作者或审阅者给文档添加的注释或注解。添加批注时，先将光标移动到要添加"批注"的位置或选中需要做出批注的文字，单击"审阅"选项卡的"批注"选项组中的"新建批注"按钮，如图 9-28 所示，在"批注"编辑区中输入批注内容（如图 9-29 所示），结束后会在添加批注的位置显示黄色的批注标记 微软用户1，如图 9-30 所示。

图 9-28　"批注"选项组

图 9-29　批注编辑区

产 品 特 点

影音娱乐体验	智能系统恢复	智能电脑安全	智能节电管理	智能处理器	智能呼吸灯
简约时尚外观					

图 9-30　添加的批注

 提示

　　右击批注标识，利用弹出的快捷菜单，可以对批注进行相应的编辑处理（如编辑批注、插入批注、删除批注等），也可以按照自己的需要随意对文本和批注方框进行移动、调整大小及重置格式等操作。如果不希望幻灯片放映时显示批注，可以将批注隐藏。批注不会出现在大纲窗格或者母版视图中，批注内容不会在放映过程中显示出来。

 课堂训练

　　（1）在"自我介绍"演示文稿中，插入 3～5 张幻灯片。

　　（2）在新插入的幻灯片中添加相应的文字，分别介绍自己的基本情况，如身高、所学专业、专业特点、喜爱的运动、喜爱的歌曲、未来职业展望等。

　　（3）设置幻灯片中文本及段落格式，并对文本框应用样式进行合理美化。

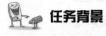 **任务评价**

　　根据表 9-2 的内容进行自我学习评价。

表 9-2　学习评价表

评价内容	优	良	中	差
能熟练在演示文稿中插入幻灯片				
能熟练在幻灯片中添加文本				
能对文本及段落进行格式设置				
能对幻灯片进行简单编辑，修饰文本框，演示文稿相对完整、美观				

任务3　修饰幻灯片

任务背景

　　小李在幻灯片中添加了产品的详细介绍，但幻灯片的整体效果还不够美观，因此决定设置幻灯片的背景来进一步美化演示文稿，如图 9-31 所示。

图 9-31 修饰幻灯片

 任务分析

为幻灯片添加背景主题、设置背景格式会起到美化演示文稿的作用，可以制作出风格各异，美观大方的优质演示文稿。本任务中需要添加背景主题、设置背景格式、设置图片背景、设置幻灯片母版等操作。

 任务实施

操作 1 添加背景主题

打开"发布报告.pptx"演示文稿，单击"设计"选项卡的"主题"选项组中的"快速样式"右侧的"其他"按钮，如图 9-32 所示，在打开的列表中选择"龙腾四海"主题（效果如图 9-31 所示）。

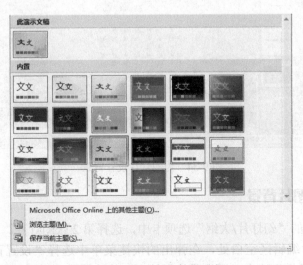

图 9-32 演示文稿主题列表

操作2　设置幻灯片背景

（1）在普通视图的"幻灯片/大纲"选项卡中，选择第4张幻灯片。

（2）在"设计"选项卡的"背景"选项组中，单击"背景样式"下拉按钮，选择"设置背景格式"选项，打开"设置背景格式"对话框。在"填充"选项卡中选中"渐变填充"单击按钮，单击"预设颜色"按钮，选择预设填充效果"薄雾浓云"，如图9-33所示。

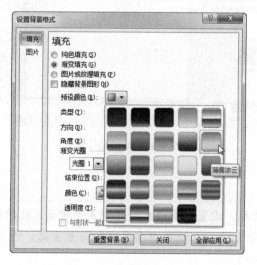

图9-33　渐变填充列表

（3）选择类型为"矩形"，方向为第一个"角部辐射"，调整透明度为30%，单击"关闭"按钮，效果如图9-34所示。

图9-34　为幻灯片设置背景

操作3　设置图片背景

（1）在普通视图的"幻灯片/大纲"选项卡中，选择第2张幻灯片。

（2）右击幻灯片编辑区空白处，在弹出的快捷菜单中选择"设置背景格式"选项，在"设置背景格式"对话框中选中"图片或纹理填充"单选按钮，如图9-35所示。

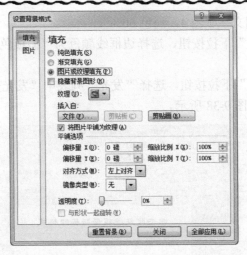

图 9-35　设置图片或纹理填充

（3）单击"文件"按钮，在打开的"插入图片"对话框中选择素材文件夹中的"笔记本
1.jpg"，单击"插入"按钮。

（4）拖动对话框下方的滑块，调整图片显示透明度为"70%"，效果如图 9-36 所示。

图 9-36　为幻灯片设置图片背景

操作 4　设置幻灯片母版

（1）在普通视图的"幻灯片/大纲"选项卡中，选择第 2 张幻灯片。

（2）单击"视图"选项卡的"演示文稿视图"选项组中的"幻灯片母版"按钮，切换到
"幻灯片母版"视图，如图 9-37 所示。

（3）单击"插入"选项卡的"文本"选项组中的"文本框"下拉按钮，选择"垂直文本
框"选项，拖动鼠标在当前母版的幻灯片编辑区左侧绘制一个与幻灯片等高的文本框，并输
入文本"Founder　正在您身边"。

（4）单击选中文本框，通过"开始"选项卡中的"字体"和"段落"选项组，分别设置
文本格式为"华文楷体、红色、18 号、居中对齐"。

（5）单击"开始"选项卡的"形状样式"选项组中的"形状填充"下拉按钮，选择填充

颜色为"灰色-50%，强调文字颜色4，淡色60%"。

（6）单击"形状轮廓"下拉按钮，选择边框线颜色为"橄榄色，强调文字颜色 3，深色25%"。

（7）单击"形状效果"下拉按钮，选择"发光"列表中"发光变体"的第 2 行第 2 列效果，设置后幻灯片效果如图 9-38 所示。

图 9-37　"幻灯片母版"视图

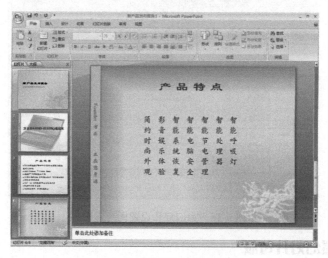

图 9-38　设置幻灯片母版后的效果

（8）切换到幻灯片"普通视图"，幻灯片应用了该母版。

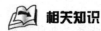 **相关知识**

1. 应用主题

主题是一组格式选项，包含主题颜色、主题字体和主题效果（包括线条和填充效果）。通过应用主题，可以快速轻松地设置整个演示文稿的格式，以使其具有一个专业且现代的外观。在 PowerPoint 2007 中，幻灯片的版式和背景甚至可以通过变换不同的主题来发生显著的变化。

切换到"设计"选项卡,在"主题"选项组中单击相应的主题,即可将其应用于演示文稿,默认情况下会将所选主题应用于所有幻灯片;右击所选主题,可以在弹出的快捷菜单中选择将主题"应用于选定幻灯片"选项,如图 9-39 所示。

图 9-39 应用主题选项

PowerPoint 2007 提供了多种预定义的主题,也可以通过"主题"选项组右侧的"颜色"、"字体"和"效果"按钮来更改现有主题的颜色、字体或效果,如图 9-40 所示,并将其所做的更改保存为可应用于其他文档或演示文稿的自定义主题。

图 9-40 "主题"选项组

2. 设置背景

背景样式是来自当前文档中主题颜色和背景亮度组合的背景填充变体。当更改文档主题时,背景样式会随之更新以反映新的主题颜色和背景。若只更改演示文稿的背景,则可单击"背景"选项卡中的"背景样式"按钮,在弹出的列表中选择相应样式。背景样式在"背景样式"库中显示为缩略图,如图 9-41 所示,将指针置于某个背景样式缩略图上时,可以预览该背景样式对演示文稿的影响。

单击"设置背景格式"按钮,在弹出的"设置背景格式"对话框中可以使用纯色填充、渐变填充,以及图片或纹理填充背景,如图 9-42 所示。

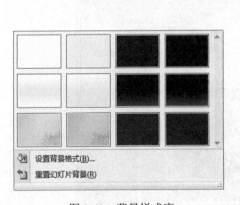

图 9-41 背景样式库

图 9-42 "设置背景格式"对话框

 提示

透明度是指可以看透形状的程度,移动"透明度"滑块,或者在该滑块旁边的框中输入一个数字,可以改变透明度百分比的范围(0%:完全不透明,默认设置 100%:完全透明)。

3．使用模板

所谓模板，就是带有一定特殊样式和字符的一种特殊演示文稿文档。PowerPoint 2007 模板包含示例文本和图像，以帮助用户入门，利用这些模板文档，可以快速建立日常工作和学习中所需要的一些常用的演示文稿文档，如创建奖状、宣传手册和相册等。

（1）单击"Office 按钮"图标，在弹出的菜单中选择"新建"选项，打开"新建演示文稿"对话框，如图 9-43 所示。

图 9-43　选择"现代型相册"模板

（2）新建文档时，系统默认模板为"空白演示文稿"，选择"已安装的模板"选项，在中间"已安装模板"列表中选择相应的模板，如"现代型相册"，单击"创建"按钮，即可利用已安装的模板创建演示文稿，如图 9-44 所示。

图 9-44　使用模板创建演示文稿

如果根据自己的实际工作情况编辑并制作了一份演示文稿，为了统一后续演示文稿文档的风格，可以将这份演示文稿文档保存为一个模板文档，以便于随时调用。

PowerPoint 2007 演示文稿模板的建立与保存同建立和保存普通 PowerPoint 演示文稿文档的操作非常相似。

（1）启动 PowerPoint 2007，根据演示文稿的实际需要输入一些固定字符。

（2）设置好演示文稿相应对象的格式及动画。

（3）单击"快速访问工具栏"上的"保存"按钮，打开"另存为"对话框，在"文件名"文本框中输入文档名称，单击"保存类型"右侧的下拉按钮，根据实际情况选择"PowerPoint 模板（*.potx）"或"PowerPoint 启动宏的模板（*.potm）"选项，单击"保存"按钮。

4．使用幻灯片母版

幻灯片母版是模板的一部分，是幻灯片层次结构中的顶级幻灯片，它存储有关演示文稿主题和幻灯片版式的所有信息，包括文本和对象在幻灯片上的放置位置、文本和对象占位符的大小、文本样式、背景、颜色主题、效果和动画等。

每个演示文稿至少包含一个幻灯片母版，修改和使用幻灯片母版，可以对演示文稿中对应版式的每张幻灯片进行统一的样式更改，包括对以后添加到演示文稿中的幻灯片的样式更改，这样就不必在多张幻灯片上重复输入相同的信息，节省了操作时间。

创建和编辑幻灯片母版或对应的版式时，要在幻灯片母版视图中进行。单击"视图"选项卡"演示文稿视图"选项组中的"幻灯片母版"按钮，切换到幻灯片母版视图，如图 9-45 所示，即可对相应的母版进行编辑。

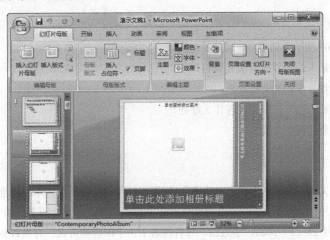

图 9-45　"幻灯片母版"视图

单击"幻灯片母版"选项卡中的"关闭"按钮，可退出幻灯片母版视图。

提示

创建包含一个或多个幻灯片母版的演示文稿，将其另存为 PowerPoint 模板（.potx 或 .pot）文件，然后使用该模板文件创建其他演示文稿，此文件会包含幻灯片母板中的所有内容。

课堂训练

（1）对"自我介绍"演示文稿应用一种主题。

（2）为"自我介绍"演示文稿中幻灯片设置背景。

（3）将学校照片或实训室照片作为一张幻灯片的背景。

（4）利用已安装的模板创建一个演示文稿。

（5）利用 Microsoft Office Online 功能创建一个实验报告演示文稿（实验内容自选），并合理美化幻灯片。

任务评价

根据表 9-3 的内容进行自我学习评价。

表 9-3　学习评价表

评 价 内 容	优	良	中	差
能对已创建的演示文稿应用一种主题				
能对幻灯片设置背景				
能将图片设置为幻灯片的背景				
能设置幻灯片母版				
能利用已安装的模板创建演示文稿				

思考与练习

一、思考题

1．PowerPoint 2007 演示文稿主要有哪几种视图？

2．在演示文稿中插入幻灯片的方法有哪些？

3．如何在空白幻灯片中添加文本？

4．什么是幻灯片的主题？应用主题有什么好处？

5．如何使用模板创建演示文稿？

二、操作题

1．创建一个演示文稿，文件名为"李白诗选"，标题幻灯片的主标题为"李白诗选欣赏"。

2．插入一张幻灯片作为演示文稿的第 2 张幻灯片，并输入文本，内容介绍李白的生平：

李白（701 年 2 月 28 日—762），字太白，号青莲居士。中国唐朝诗人，有"诗仙"之称，是伟大的浪漫主义诗人。汉族，祖籍陇西郡成纪县（今甘肃省平凉市静宁县南），出生于蜀郡绵州昌隆县（今四川省江油市青莲乡）。逝世于安徽当涂县。存世诗文千余篇，代表作有《蜀道难》、《行路难》、《梦游天姥吟留别》、《将进酒》、《梁甫吟》、《静夜思》等诗篇，有《李太白集》传世。公元 762 年病卒，享年 61 岁。

3．插入一张幻灯片作为演示文稿的第 3 张幻灯片，如图 9-46 所示，并根据要求对该幻灯片进行操作：

图 9-46　"送友人"演示文稿

（1）设置"送友人"文本格式为"隶书、黑色、50 号、添加文字阴影、中部居中"，字符间距为"加宽、10 磅"。

（2）为"送友人"文本框添加"第三行、第四列"的快速样式"浅色 1 轮廓，颜色填充-强调颜色 3"。

（3）将唐诗内容文本格式设置为"竖排文本、黑体（征文）、红色、35 号、中部居中"，字符间距为"加宽、5 磅"；

（4）将唐诗内容设置为"1.2 倍"行距。

（5）设置"李白诗选"文本为"华文行楷、白色、50 号、有文字阴影"。

（6）设置幻灯片的主题为"聚合"，并调整颜色为"暗香扑面"。

（7）将一幅图片（如"送友人.jpg"）设置为幻灯片背景。

第 10 章 幻灯片设计

PowerPoint 2007 是制作和演示幻灯片的软件，能够制作出集文字、表格、图形、图像、声音及视频剪辑等多媒体元素于一体的演示文稿，把自己所要表达的信息组织在一组图文并茂的画面中，使作品更精美，更具感染力。完成本章学习后，应该掌握以下内容：

- 在幻灯片中插入表格和图表。包括对幻灯片中表格和 Excel 图表的设计和美化。
- 在幻灯片中插入多媒体素材。包括在幻灯片中插入图形、艺术字、SmartArt 图形以及音视频文件的方法。
- 幻灯片中多媒体对象的设计、美化，以及音视频文件的播放方式。

任务1 插入表格和图表

 任务背景

为了展示 R430IG-I333BQ 笔记本的优越性能，小李利用操作系统自带的性能评估工具对计算机的部分性能进行了测试，并打算通过表格和图表展示测试结果，如图 10-1 所示。

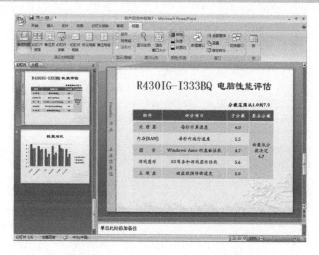

图 10-1 "发布报告"演示文稿

 任务分析

在幻灯片中插入表格或图表，可以直观的展示数据之间的关系，使演示文稿更具说服力。本任务的完成需进行插入表格、图表等操作。

任务实施

操作 1　插入表格

（1）打开"发布报告.pptx"演示文稿，选择第 4 张幻灯片，单击"幻灯片"选项组中的"新建幻灯片"下拉按钮，在打开"Office 主题"的列表中选择"仅标题"幻灯片。

（2）输入幻灯片标题　"R430IG-I333BQ 电脑性能评估"，并设置其字体格式为"隶书、40 号、紫色、加粗"，效果如图 10-2 所示。

图 10-2　新建幻灯片

（3）单击"插入"选项卡的"表格"选项组中的"表格"按钮，选择"插入表格"选项，插入一个 6 行、4 列的表格，并向表格中输入数据，效果如图 10-3 所示。

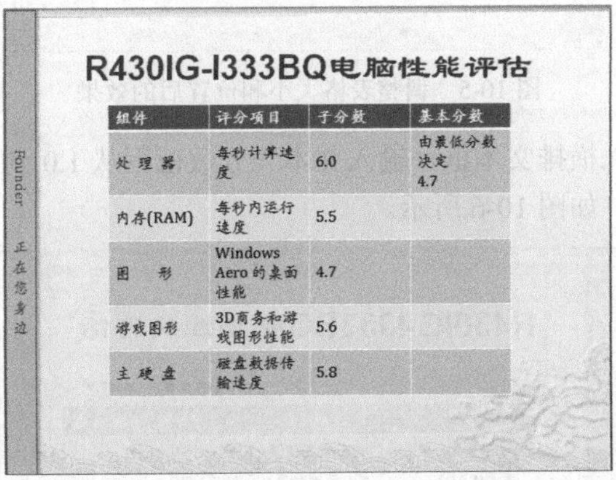

图 10-3　插入空白表格

（4）将鼠标指向表格右侧边框，当指针变为"↔"形状时，拖动鼠标调整表格的宽度；将指针分别指向表格中间的垂直表格线，当指针变为"╫"形状时，拖动鼠标调整表格的列宽；将鼠标指向表格的边框，当指针变为"✥"形状时，拖动鼠标调整表格的位置，效果如图 10-4 所示。

（5）拖动鼠标选择表格第 4 列的第 2～6 个单元格，单击"布局"选项卡的"合并"选项组中的"合并单元格"按钮，合并单元格。

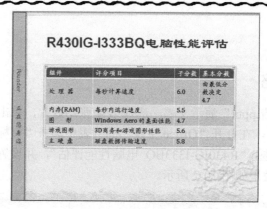

图 10-4　调整表格大小和位置

（6）选中整个表格，依次单击"布局"选项卡的"对齐方式"选项组中的"居中"和"垂直居中"按钮，设置单元格内文本的对齐方式，并适当调整表格的高度（鼠标指向表格下边框，当指针变为"↕"形状时，拖动鼠标调整表格高度），效果如图 10-5 所示。

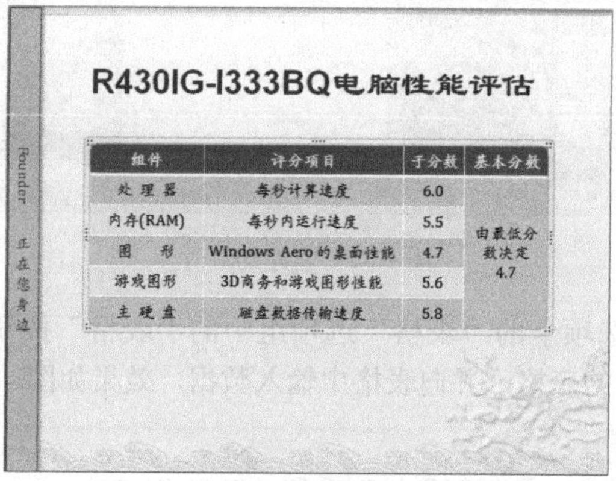

图 10-5　调整表格大小和位置后的效果

（7）在表格上方插入横排文本框，输入文本"分数范围从 1.0 到 7.9 "，默认字体加粗，并适当调整文本框位置，如图 10-6 所示。

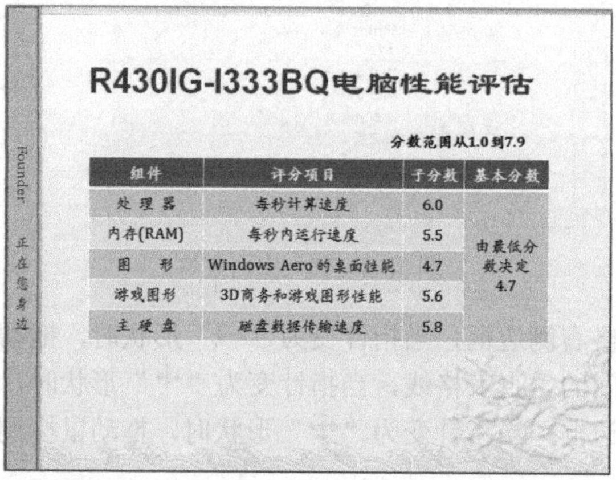

图 10-6　插入文本框

至此，在幻灯片中已将插入了一个表格。

操作 2 插入图表

（1）在普通视图的"幻灯片/大纲"选项卡中，选择第 5 张幻灯片，单击"幻灯片"选项组中的"新建幻灯片"下拉按钮，在打开的"**Office 主题**"列表中选择"标题和内容"幻灯片，如图 10-7 所示。

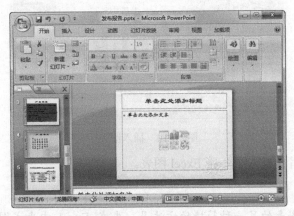

图 10-7 新建幻灯片

（2）输入幻灯片标题"性能对比"，并设置其字体格式为"隶书、40 号、紫色、加粗"。

（3）单击幻灯片编辑区的"插入图表"按钮，在弹出的"插入图表"对话框中选择"三维簇状柱形图"，单击"确定"按钮，如图 10-8 所示。

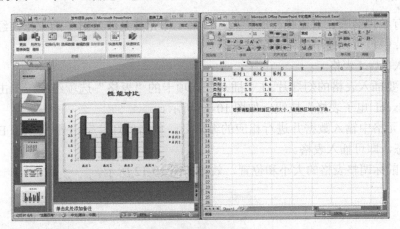

图 10-8 插入图表

（4）在 Excel 工作表中输入性能对比数据，如图 10-9 所示。

图 10-9 输入表格数据

（5）关闭 Excel 窗口，生成的图表如图 10-10 所示。

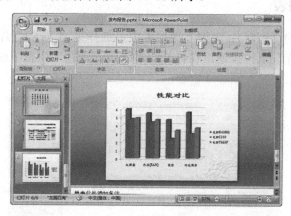

图 10-10　插入图表

至此，已在幻灯片中插入了一张 Excel 图表。

提示

在幻灯片中插入图表的另一种简捷的方法是：先在 Excel 中生成图表，然后将图表复制到幻灯片中，再对图表进行简单编辑即可。

相关知识

1．表格操作

表格具有条理清晰、对比强烈等特点，日常工作尤其是涉及财务的工作，经常会用到表格，在幻灯片中也可以使用表格展示数据信息。

（1）插入 Excel 表格

① 选择要插入表格的幻灯片,在"插入"选项卡的"表格"选项组中，单击"表格"按钮，单击"Excel 电子表格"按钮，如图 10-11 所示。

② 在单元格中输入数据并进行相应的编辑后，单击幻灯片空白处，退出 Excel 表格的数据编辑状态，即可插入表格。

③ 拖动鼠标调整表格的大小和位置，效果如图 10-12 所示。

图 10-11　"插入表格"列表

图 10-12　插入表格

处于 Excel 表格数据编辑状态时，将显示 Excel 2007 功能区，对单元格内数据的各种编辑与在 Excel 中一样。退出 Excel 编辑状态后，双击该表格可以再次启动 Excel 编辑状态，对其中的数据进行编辑。

（2）编辑表格

在 PowerPoint 2007 中可以根据需要创建表格，也可以使用 Word 或 Excel 中的表格。在 Word 或 Excel 中创建并设置好格式的表格，可以粘贴到 PowerPoint 2007 演示文稿中，且不必重新调整表格的外观或格式。

将表格添加到演示文稿后，可使用 PowerPoint 2007 中新的表格功能快速更改表格样式或添加效果，如图 10-13 所示。

图 10-13　表格"设计"选项卡

对表格的调整，如插入或删除行或列、合并或拆分单元格、设置单元格内容的对齐方式等，与 Word 操作类似，可以利用"布局"选项卡进行设置，如图 10-14 所示。

图 10-14　表格"布局"选项卡

要擦除表格中单元格、行或列中的线条，可以双击表格，在"设计"选项卡的"绘图边框"选项组中，单击"橡皮擦"按钮，当指针变为" "形状时，单击要擦除的线条。

2. 图表操作

图表具有较好的视觉效果。在演示文稿中使用图表，可以简洁明了地说明问题，使之具有较强的说服力。

（1）插入图表

单击"插入"选项卡的"插图"选项组中的"图表"按钮，打开"插入图表"对话框，选择图表类型后，单击"确定"按钮，在 Excel 窗口中输入数据源即可。

（2）修改图表类型

右击需更改类型的图表，在弹出的快捷菜单中选择"更改图表类型"选项，打开"更改图表类型"对话框，选择需要的类型后，单击"确定"按钮。

图表类型、数据、样式和布局等属性均可通过"设计"或"布局"选项卡进行设置，分别如图 10-15 和图 10-16 所示。

图 10-15　图表"设计"选项卡

图 10-16　图表"布局"选项卡

 课堂训练

（1）在"自我介绍"演示文稿的适当位置中插入一张幻灯片，在该幻灯片中插入表格（如表 10-1 所示），并在表格中输入内容。

表 10-1　个人基本信息

姓　名		性　别		出生日期		
民　族		身份证号				照片
所在学校						
学校地址						
所学专业				所在年级		
文化程度				党/团员		
邮　编		电　话		电子邮箱		
已获职业资格名称				职业资格等级		

（2）对插入的表格进行布局设计，并应用合适的表格样式。

（3）在"自我介绍"演示文稿中插入一张成绩表幻灯片（如表 10-2 所示）。

表 10-2　成绩表

学　期	德　语	语　文	数　学	专业1	专业2	总平均分
第1学期	85	95	85	86	87	87.6
第2学期	73	89	91	84	91	85.6
第3学期	94	95	92	84	99	92.8

（4）在"自我介绍"演示文稿中插入一张幻灯片，对成绩进行分析，生成簇状圆柱图，如图 10-17 所示。

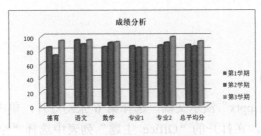

图 10-17 成绩分析图表

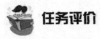 **任务评价**

根据表 10-3 的内容进行自我学习评价。

表 10-3 学习评价表

评价内容	优	良	中	差
能理解在幻灯片中使用表格的含义				
能在幻灯片中插入表格，并对表格进行布局等设计				
能在幻灯片中插入图表，并对图表进行布局等设计				
能合理利用表格和图表展示数据信息，内容完整，演示文稿效果美观、清晰				

任务 2 插入多媒体素材

 任务背景

演示文稿终于初具雏形了，可总是感觉不够充实，于是小李决定在报告中插入一些产品的图片和宣传短片，进一步完善演示文稿的信息，让顾客更直观的感受该款笔记本电脑的独特之处，如图 10-18 所示。

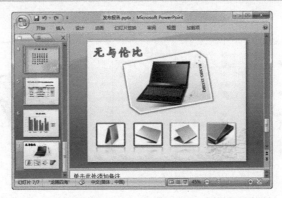

图 10-18 含有图片的幻灯片

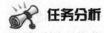 **任务分析**

在幻灯片中插入各种多媒体文件，不但可以使演示文稿更加美观，还可以很好地展示幻灯片内容，提高演示文稿的视觉和听觉效果。本任务包括插入图片、添加艺术字及插入影片等操作。

任务实施

操作 1　插入图片

（1）打开"发布报告.pptx"演示文稿，选择第 6 张幻灯片，单击"幻灯片"选项组中的"新建幻灯片"下拉按钮，在打开的"Office 主题"列表中选择"空白"幻灯片，插入一张空白幻灯片。

（2）单击"插入"选项卡的"插图"选项组中的"图片"按钮，打开"插入图片"对话框，选择一幅图片，单击"插入"按钮，在当前的空白幻灯片中插入图片。

（3）单击"图片工具"栏"格式"选项组"快速样式"右侧的"其他"按钮，在打开的图表样式列表（如图 10-19 所示）中选择"剪裁对角线，白色"样式。

图 10-19　图片样式列表

（4）单击"图片工具"栏"格式"选项组中的"图片效果"按钮，选择"发光变体"列表中"发光变体"的第 2 行第 1 列的效果，如图 10-20 所示。

（5）选中图片，将鼠标指向图片右下角的控制点，当指针变为"↘"形状时，拖动鼠标适当调整图片的大小；将鼠标指向图片，拖动鼠标调整图片位置，效果如图 10-21 所示。

图 10-20　图片效果列表

图 10-21　设置的图片效果

（6）同样的方法，在该幻灯片中插入 4 幅图片；再右击插入的图片，在弹出的快捷菜单中选择"大小和位置"选项，打开"大小和位置"对话框，取消选中"锁定纵横比例"复选框，设置高度为"3.5 厘米"，宽度为"4.5 厘米"，单击"关闭"按钮。

（7）依次调整图片位置，效果如图 10-22 所示。

（8）按住 Ctrl 键依次选中插入的 4 幅图片，单击"格式"选项组的"快速样式"右侧的

"其他"按钮，选择"映像棱台，黑色"样式，如图 10-23 所示。

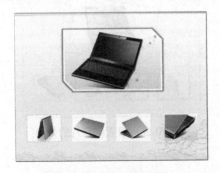

图 10-22　多幅图片效果

图 10-23　多幅图片格式

（9）依次选择下方的 4 幅图片，单击"图片格式"选项组中的"图片边框"按钮，分别设置 4 幅图片的边框颜色为蓝色、紫色、浅绿色和橙色。

（10）在幻灯片编辑区选中上方的笔记本图片，右击，在弹出的快捷菜单中选择"大小和位置"选项，打开"大小和位置"对话框，在"大小"选项卡的"旋转"增量框中输入"－10°"，单击"关闭"按钮，效果如图 10-24 所示。

图 10-24　设置幻灯片的效果

操作 2　添加艺术字

（1）在普通视图的"幻灯片/大纲"选项卡中，选择第 7 张幻灯片，单击"插入"选项卡的"文本"选项组中的"艺术字"按钮，在打开的列表中选择第 4 行第 1 列的效果，并输入文本"无与伦比"。

（2）选中插入的艺术字，依次单击"艺术字样式"选项组中的"文本填充"和"文本轮廓"按钮，设置文本为"黄色"填充和"黑色"轮廓。

（3）单击"形状样式"选项组中的"形状填充"按钮，选择形状填充色为"白色"，并适当调整艺术字的位置，效果如图 10-25 所示。

（4）单击"插入"选项卡的"文本"选项组中的"文本框"按钮，选择"垂直文本框"选项，输入文本"R430IG-I333BQ"，并通过"开始"选项卡的"字体"选项组设置字体为"华文中宋、16 号、添加文字阴影"。

（5）右击文本框，在弹出的快捷菜单中选择"大小和位置"选项，在打开的"大小和位置"对话框中设置文本框的"旋转"值为"－10°"并适当调整文本框位置，效果如图 10-26 所示。

图 10-25　插入艺术字效果　　　　　　　图 10-26　设置幻灯片的效果

操作 3　插入影片

（1）在精美图组幻灯片后插入一张空白幻灯片，单击"插入"选项卡的"媒体剪辑"选项组的"影片"下拉按钮，选择"文件中的影片"选项。

（2）在打开的"插入影片"对话框中选择影视短片，如"宣传短片.wmv"，单击"确定"按钮。

（3）在出现的提示信息对话框中（如图 10-27 所示），单击"自动"按钮，设置影片在幻灯片放映时自动播放，如图 10-28 所示。

图 10-27　播放方式提示框　　　　　　图 10-28　幻灯片中插入影片

（4）单击幻灯片中插入的影片，在"影片工具"栏"选项"选项卡的"影片选项"选项组中选中"全屏播放"复选项，如图 10-29 所示，单击"预览"按钮，预览播放效果。

图 10-29　"影片工具"栏"选项"选项卡

在"影片选项"选项组中还可以选中"循环播放，直到停止"、"影片播完返回开头"等复选项。

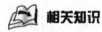 **相关知识**

1．剪贴画操作

剪贴画是 PowerPoint 2007 自带的一种矢量图形，由剪辑管理器来专门管理 Office 自带的剪贴画以及硬盘上的各种图画、照片、声音、视频和其他媒体文件，可将它们插入并用于幻灯片。第一次使用剪贴画时，PowerPoint 2007 自动调出剪辑管理器，单击"搜索"按钮后剪辑管理器会自动搜索硬盘上的各种媒体文件。

在幻灯片中插入剪贴画的方法如下。

（1）选择要插入剪贴画的幻灯片，单击"插入"选项卡的"插图"选项组的"剪贴画"按钮。

（2）在"剪贴画"任务窗格（如图 10-30 所示）的"搜索文字"文本框中，输入关键字或关键词；在"搜索范围"下拉列表框中选择要搜索的集合，在"结果类型"下拉列表框中选择要查找的剪辑类型，单击"搜索"按钮。

（3）在"结果"列表框中，单击"插入"按钮，就可以将其插入到幻灯片中。

图 10-30　"剪贴画"任务窗格

提示

如果要清除搜索条件字段并开始新搜索，请在"结果"框之下单击"修改"按钮。如果不知道准确的文件名，可使用通配符代替一个或多个真实字符。使用星号（＊）代替文件名中的零个或多个字符；使用问号（？）代替文件名中的单个字符。

剪贴画插入到幻灯片中后还要对其进行格式上的设置才能符合需要。对图片的格式设置主要包括叠放次序、组合、旋转、压缩、大小调整等操作。

（1）大小调整。单击图片，在图片四周出现 8 个控制点，把鼠标移到这些控制点时会出现一个双向箭头，这时按下左键，然后拖动，就可以调整图片的大小。其中上下两个方形控制点能调整图片的上下宽度，左右两个方形控制点能调整图片的左右宽度，四个角上的四个圆形控制点能同时调整图片的宽度和高度。

如果想更精确地设置图片的大小，则可以双击图片，在"图片工具"栏"大小"选项组的"高度"和"宽度"增量框中输入图片的尺寸。

（2）叠放次序。在图片上右击，选择"置于顶层"或"置于底层"子菜单中的一种操作，可立即生效。

（3）组合。选中要组合的多幅图片（按住 Ctrl 键，依次单击要组合的图片），单击"格式"选项卡的"排列"选项组中的"组合"按钮，如图 10-31 所示，就可以把多幅图片组合成一幅图片，有利于设置格式或动画。

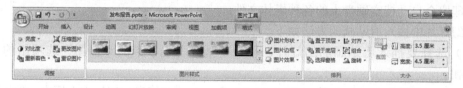

图 10-31　图片工具"格式"选项卡

（4）设置图片格式。在图片上右击，选择"设置图片格式"选项，在弹出的"设置图片格式"对话框中可以对图片进行多种格式的设置，包括填充、线形、亮度和对比度等。

提示

通过"图片工具"栏"图片样式"选项组中的"图片形式"、"图片边框"和"图片效果"按钮，自行设置图片的外观样式。

（5）旋转。单击图片，在图片的上方正中位置会有一绿色控制点，把鼠标移到该控制点上会变成一个带箭头的圆圈，这时按下左键可以任意角度旋转图片。通过"图片工具"栏"排列"选项组的"旋转"按钮也可以设置图片的旋转角度。

以上几种对剪贴画的操作也可以使用于艺术字、图形、文本框和影片等对象。

2．自选图形的应用

PowerPoint 2007 具有功能齐全的绘图和图形功能，可以利用三维和阴影效果、纹理、图片、透明填充及自选图形来修饰文本和图形。配有图形的幻灯片不仅能使文本更易理解，而且是十分有效的修饰手段，利用系统所提供的绘图工具，可以使用户的设想在演示文稿中得到最佳体现，从而创建出专业的演示文稿。

（1）插入自选图形。单击"插入"选项卡的"插图"选项组中的"形状"按钮，打开"形状"列表，如图 10-32 所示，选择所需的形状，当鼠标指针变成"十"形状时，拖动鼠标，在幻灯片编辑区绘制相应的图形。

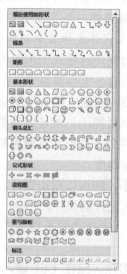

图 10-32　"形状"列表

如果想画标准的图形（如正圆或正方形），应在绘制的同时按住 Shift 键。

（2）设置图形格式。双击插入的图形，可利用"绘图工具"栏"格式"选项卡的"形状样式"选项组来设置图形格式，如快速样式、形状填充、形状轮廓和形状效果等，如图10-33 所示。

图 10-33　绘图工具"格式"选项卡

（3）在图形上添加文字。选中图形对象，右击，在弹出的快捷菜单中选择"编辑文字"选项，此时图形中出现文本输入提示符，输入所需的文字即可。

（4）移动图形。移动图形有两种方法，一种方法是把光标放在图形上，等它变成"✛"形状时，直接用鼠标拖动；另一种方法是先选中对象，直接按键盘上的方向键移动，但若想细微地调整对象的位置，需按住 Ctrl 键，然后再按方向键调整。

3. 使用 SmartArt 图形

PowerPoint 2007 对有关其图表绘制的功能做了进一步完善，使用这些功能，可以向演示文稿中添加除详细图表和组织结构图之外的更多图表。现在，PowerPoint 2007 中所有可用的图表统称为 SmartArt 图形。SmartArt 图形可以使用图表显示各种类型的关系，直观地表示各种概念和想法。

（1）插入 SmartArt 图形

① 选择要插入 SmartArt 图形的幻灯片，单击"插入"选项卡的"插图"选项组中的"SmartArt"按钮，打开"选择 SmartArt 图形"对话框，如图 10-34 所示。

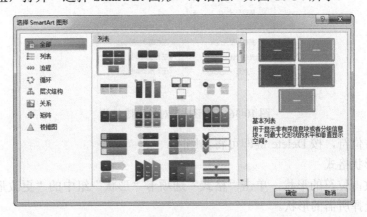

图 10-34　"选择 SmartArt 图形"对话框

② 单击"层次结构"选项卡中的"层次结构"图形布局，单击"确定"按钮，结果如图 10-35 所示。

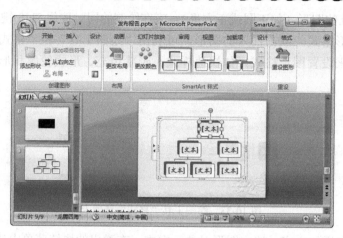

图 10-35　插入的层次结构图

③ 依次单击文本占位符，输入所需的内容。

提示

　　将 SmartArt 图形添加到演示文稿的最快捷的方法就是应用一个包含 SmartArt 图形占位符的幻灯片版式，然后在占位符中单击"插入 SmartArt 图形"按钮。

（2）添加或删除形状占位符

　　根据需要添加或减少其中的占位符。选中占位符，单击"设计"选项卡的"创建图形"选项组中的"添加形状"下拉按钮，或右击占位符，在弹出的快捷菜单中选择所需的选项，即可在选中对象的上、下、左、右添加形状占位符，如图 9-36 所示。

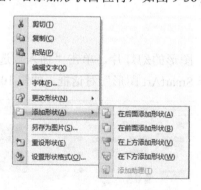

图 10-36　"形状"对象快捷菜单

　　单击选中占位符，按 Delete 键即可将其删除。

（3）设置形状格式

　　如果要更改占位符的形状，单击"格式"选项卡"形状"组中的"更改形状"按钮，在打开的列表中选择所需的形状。

　　形状的色彩可以通过"格式"选项卡的"形状格式"选项组进行设置。

（4）更改 SmartArt 图形的布局和样式

　　SmartArt 样式是各种效果（如线型、棱台或三维）的组合，可应用于 SmartArt 图形中的形状以创建独特且具专业设计效果的外观。

　　单击"设计"选项卡（如图 10-37 所示）的"布局"选项组中的"其他"按钮，选择

"其他布局"选项，打开"选择 SmartArt 图形"对话框，选中所需的布局样式，单击"确定"按钮。

图 10-37　SmartArt 工具"设计"选项卡

在"设计"选项卡的"SmartArt 样式"选项组中，单击"SmartArt 快速样式"右侧的"其他"按钮，在打开的列表中选择相应的样式；单击"更改颜色"按钮，在打开的列表中选择所需的颜色。

（5）将幻灯片内容转换为 SmartArt 图形

演示文稿通常包含带有项目符号列表的幻灯片，如图 10-38 所示。PowerPoint 2007 可以快速地将项目符号列表中的文本转换为直观地表述意见的 SmartArt 图形，如图 10-39 所示。

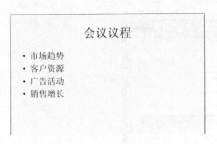

图 10-38　含项目符号的幻灯片

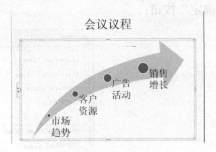

图 10-39　转换含 SmartArt 图形的幻灯片

① 单击包含要转换的幻灯片文本的占位符，在"开始"选项卡的"段落"选项组中，单击"转换为 SmartArt 图形"按钮。

② 单击"其他 SmartArt 图形"按钮，在打开的"选择其他 SmartArt 图形"对话框中选中所需的图形布局，单击"确定"按钮。

如果同时需要一张包含文本的幻灯片和包含从该文本创建的 SmartArt 图形的另一幻灯片，需在幻灯片转换为 SmartArt 图形之前为该幻灯片创建副本。

4．插入多媒体对象

在放映幻灯片时，加入一些声音或者视频，可以增强其表现力和说服力，使幻灯片具有更好的页面效果。

（1）插入声音

① 单击"插入"选项卡的"媒体剪辑"选项组中的"声音"下拉按钮，在弹出的菜单中选择"文件中的声音"选项，打开 "插入声音"对话框。

② 选择要插入的声音文件，单击"确定"按钮。

③ 在弹出的提示框中单击"自动"或"在单击时"按钮，设置声音在播放幻灯片时是自动播放还是单击鼠标后播放。

插入声音后，在幻灯片中出现喇叭图标 。双击下喇叭图标，在"声音工具"栏中可以设置插入声音的属性，如图 10-40 所示。

图 10-40　"声音工具"栏"选项"选项卡

（2）插入 Flash 动画

① 在 PowerPoint 的"普通视图"中，选择要插入 Flash 动画的幻灯片。

② 单击"Office 按钮"图标，从弹出的菜单中选择"PowerPoint 选项"选项，打开"PowerPoint 选项"对话框，在"常用"选项卡的"PowerPoint 首选使用选项"中，选中"在功能区显示'开发工具'选项卡"复选框，单击"确定"按钮。

③ 切换到"开发工具"选项卡，单击"控件"选项组中的"其他控件"按钮 ，打开"其他控件"对话框，如图 10-41 所示，在列表中选择"Shockwave Flash Object"选项，单击"确定"按钮；

图 10-41　"其他控件"对话框

④ 在幻灯片编辑区绘制出控件，并适当调整其大小和位置，如图 10-42 所示。

图 10-42　幻灯片中绘制控件

⑤ 右击控件，从弹出的快捷菜单中选择"属性"选项，打开"属性"对话框，如图 10-43 所示。

⑥ 在属性列表中选择"Movie"选项，在其右侧的文本框中输入要播放的 Flash 动画的文件路径后，单击"关闭"按钮，关闭"属性"对话框，在播放演示文稿时即可自动播放插入的 Flash 动画，效果如图 10-44 所示。

图 10-43　"属性"对话框

图 10-44　播放 Flash 动画

 课堂训练

（1）在"自我介绍"演示文稿中插入一张幻灯片，在该幻灯片中插入有关学校或专业特点的图片，并进行适当修饰。

（2）在"自我介绍"演示文稿的适当位置中插入一张空白幻灯片，创建学校或所学专业的组织结构图，如图 10-45 所示。

（3）对上述插入的组织结构图进行设置，效果如图 10-45 所示。

图 10-45　计算机系统层次结构图形

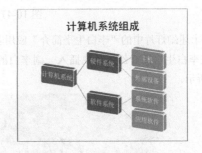

图 10-46　三维水平层次结构图形

（4）在该张幻灯片插入一段音乐，设置声音属性为"单击时播放"和"放映时隐藏"。

（5）新插入一张幻灯片，在该幻灯片中插入一段视频，介绍学校办学特色或专业就业等有关的内容。

 任务评价

根据表 10-4 的内容进行自我学习评价。

表 10-4 学习评价表

评 价 内 容	优	良	中	差
能在幻灯片中插入图片				
能对幻灯片中的图片进行设置				
能在幻灯片中使用 SmartArt 图形创建组织结构图				
能在幻灯片中插入声音文件，按需求设置声音属性				
能在幻灯片中插入视频				

思考与练习

一、思考题

1．如何在幻灯片中插入剪辑库中的剪贴画或图片？

2．如何在幻灯片中插入 Flash 动画？

3．简述在幻灯片中插入影片剪辑的步骤？

二、操作题

1．在“李白诗选”演示文稿中将生平简介内容用表格呈现出来，如图 10-47 所示。

李白生平简介

中文名	李白	职业	诗人
别　名	李太白，青莲居士	主要成就	创造了古代积极浪漫主义文学高峰，为唐诗的繁荣与发展打开了新局面，批判继承前人传统并形成独特风格，歌行体和七绝达到后人难及的高度，开创了中国古典诗歌的黄金时代
国　籍	中国唐朝		
出生地	蜀郡绵州昌隆县		
出生日期	701年2月28日	代表作品	《蜀道难》《行路难》《月下独酌》《望庐山瀑布》《大鹏赋》等
去世日期	762年		

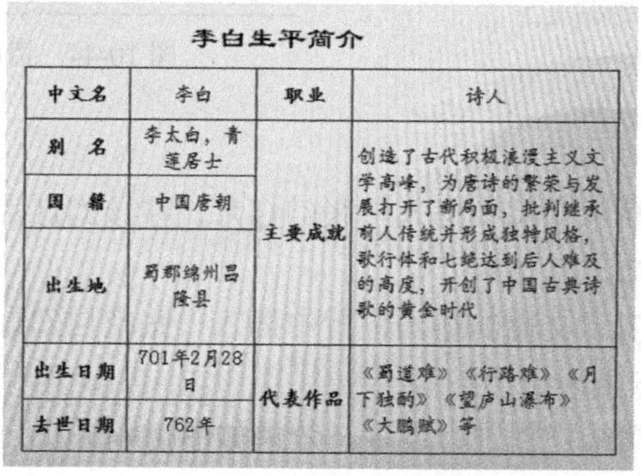

图 10-47　李白生平简介

2．对上述幻灯片中的“李白生平简介”应用艺术字，并对表格应用样式进行设计。

3．在李白生平简介幻灯片中插入一副李白的图片，在其他幻灯片的适当位置插入其他图片，效果如图 10-48 所示。

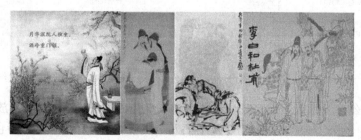

图 10-48　插刀李白图片效果

4．对插入的图片进行修饰设计。

5．在诗词幻灯片中插入一段该诗词朗诵的音频，要求放映该张幻灯片时自动播放。

6．查找一张李白生平简介的视频，并插入到李白生平简介幻灯片中。

提示：文人"动画效果"选择"飞入"效果，在释放图形以及文之应以将被释长引向而高兴发
（2）按除图 3 指识的步骤在的幻灯片右击立本框（不）下面的"应本"或选"动画"选项组
中，单击"自定义动画"按钮，打开"自定义动画"任务窗格，单击"添加效果"按钮，在弹
出菜单中选择设成入选动画效果。

第 11 章　播放演示文稿

PowerPoint 2007 提供了强大的动画编辑和幻灯片放映控制功能，可以进一步增强幻灯片
的视觉效果、提高幻灯片的趣味性，使幻灯片中的信息更具活力。完成本章学习后，应该掌
握以下内容。

- 创建动画效果：包括设置幻灯片中对象的动画效果、为幻灯片添加动作按钮和超链
  接、为幻灯片设置切换效果等。
- 设置幻灯片放映方式：包括设置幻灯片放映方式、排练计时、录制旁白、放映幻灯
  片等。
- 幻灯片打印和打包：包括打印幻灯片及讲义、对演示文稿进行打包等。

任务 1　设置动画效果

 任务背景

为了在放映幻灯片时渲染气氛，让演示文稿更具吸引力，小李决定再为演示文稿添加一
些动画效果，如图 11-1 所示。

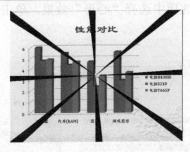

图 11-1　幻灯片动画效果示例

 任务分析

演示文稿制作完成后，可以适当添加动画效果，使幻灯片中的信息更具活力。幻灯片中
可以活动的对象，均可设置动画效果，如文字、图形、图片以及幻灯片整页等。本任务为对
象添加动画效果、添加动作按钮和超链接、设置幻灯片切换效果等操作。

 任务实施

操作 1　为对象添加动画效果

（1）打开"发布报告"演示文稿，选择第 2 张幻灯片中的标题文本"R430IG-I333BQ 笔记
本"，切换到"动画"选项卡，单击"动画"选项组中的"动画"下拉按钮，在弹出的列表中

选择"飞入"动画效果，如图 11-2 所示，选择的同时可在幻灯片编辑区预览播放效果。

（2）选择第 3 张幻灯片中的产品配置内容文本框，在"动画"选项卡的"动画"选项组中，单击"自定义动画"按钮，打开"自定义动画"窗格，再单击"添加效果"按钮，在弹出的菜单中依次选择"进入"→"盒状"效果，并在效果选项中单击"方向"下拉按钮，选择方向为"缩小"，如图 11-3 所示。

图 11-2　设置"飞入"动画效果　　　　　　图 11-3　自定义"盒状"动画

（3）选择"产品特点"幻灯片中的内容文本框，单击"自定义动画"窗格中的"添加效果"按钮，在弹出的菜单中依次选择"强调"→"放大/缩小"效果。

（4）选择"性能评估"幻灯片中的表格，单击"添加动画"按钮，在弹出的菜单中依次选择"进入"→"菱形"效果。

（5）选择"性能评估"幻灯片中的"分数范围从 1.0 到 7.9"文本框，单击"添加动画"按钮，在弹出的菜单中依次选择"动作路径"→"其他动作路径"效果，打开"添加动作路径"对话框，如图 11-4 所示。在"基本"选项中选择"心形"效果，单击"确定"按钮，效果如图 11-5 所示。

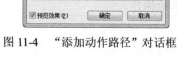

图 11-4　"添加动作路径"对话框　　　　　　图 11-5　设置"心形"动画效果

（6）选择"性能对比"幻灯片中的图表，单击"自定义动画"窗格中的"添加效果"按钮，在弹出的菜单中依次选择"退出"→"其他效果"效果，打开"添加退出效果"对话框，如图 11-6 所示。在"基本型"选项组中选择"百叶窗"效果，单击"确定"按钮，效果如图 11-7 所示。

图 11-6　"添加退出效果"对话框

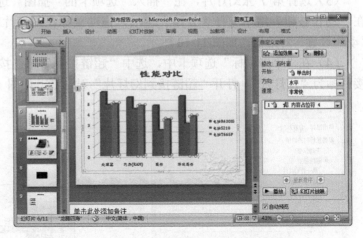

图 11-7　设置"百叶窗"动画效果

操作二　添加动作按钮和超链接

（1）选择第 2 张幻灯片中的标题内容，单击"插入"选项卡的"链接"选项组中的"超链接"按钮，打开"插入超链接"对话框，如图 11-8 所示。

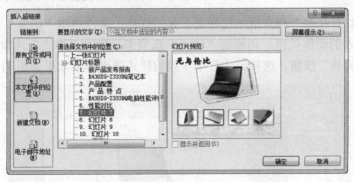

图 11-8　"插入超链接"对话框

（2）单击"本文档中的位置"图标，在"请选择文档中的位置"列表框中选择"幻灯片 7"选项，单击"确定"按钮，效果如图 11-9 所示。

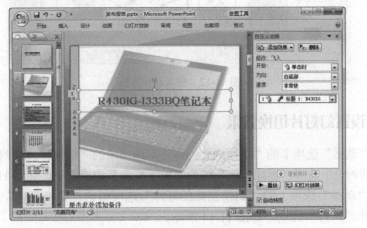

图 11-9　插入"超链接"

（3）选择第 7 张幻灯片，在"插入"选项卡的"插图"选项组中，单击"形状"按钮，在"动作按钮"组中选择"开始"选项，拖动鼠标在幻灯片编辑区左下角绘制按钮，弹出"动作设置"对话框，如图 11-10 所示。

（4）在"单击鼠标"选项卡中，选中"超链接到"单选按钮，在其下拉列表框中选择链接目标为"幻灯片"，打开"超链接到幻灯片"对话框，如图 11-11 所示。

图 11-10　"动作设置"对话框　　　　　　图 11-11　"超链接到幻灯片"对话框

（5）在"幻灯片标题"列表框中选择第 2 张幻灯片，依次单击"确定"按钮。

（6）选择插入的动作按钮，切换到"格式"选项卡，单击"格式"选项组中的"快速样式"列表中的"其他"按钮，选择第 4 行第 3 列的样式效果，其效果如图 11-12 所示。

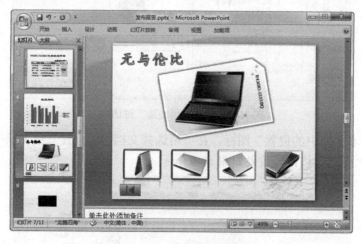

图 11-12　插入动作按钮

操作 3　设置幻灯片切换效果

（1）单击"动画"选项卡的"切换到此幻灯片"选项组的"快速样式"列表中的"其他"按钮，在打开的列表中选择"擦除"选项中的"向下擦除"切换效果，如图 11-13 所示。

（2）单击"动画"选项卡的"切换到此幻灯片"选项组的"切换声音"下拉按钮，在打开的列表中选择"风铃"选项，如图 11-14 所示。

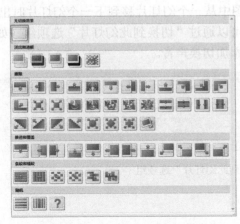

图 11-13　幻灯片切换样式列表

图 11-14　幻灯片切换声音列表

（3）单击"切换速度"下拉按钮，选择"中速"选项。

（4）单击"切换到此幻灯片"选项组中的"全部应用"按钮，则演示文稿中的所有幻灯片将设置为该幻灯片的动画效果，否则只为当前幻灯片设置切换效果。

 相关知识

1．超链接

在 PowerPoint 2007 中，超链接是从一张幻灯片到同一演示文稿中的另一张幻灯片的连接，或是从一张幻灯片到不同演示文稿中的另一张幻灯片、电子邮件地址、网页或文件的连接。可以为文本或对象（如图片、图形、形状或艺术字等）创建链接，当使用者单击超链接时，会立刻被引导到超链接的目标上。

在每一张幻灯片上利用超链接创建演示文稿的导航栏，会使演示文稿在放映时的操作更加方便，用户使用起来更加简单、直观。

2．动作按钮

动作按钮是一组预置的按钮，可将其插入到演示文稿中，也可以为其定义超链接。动作按钮包含形状以及通常被理解为用于转到下一张、上一张、第一张和最后一张幻灯片和用于播放影片或声音的符号。动作按钮通常用于自动运行演示文稿，如在摊位或展台上重复显示的演示文稿。系统预置的动作按钮本身已经设置了相应的动作属性（如表 11-1 所示），添加后还可以通过"动作设置"对话框（如图 11-10 所示）进一步设置，以满足用户的需求。

表 11-1　系统预置动作按钮及功能

按钮	功能	按钮	功能
◁	后退或前一项	▷	前进或后一项
◁	开始	▷	结束
⌂	第一张	ⓘ	信息
↩	上一张	🖅	影片
▯	文档	◁»	声音
?	帮助	□	自定义

3. 幻灯片切换

幻灯片切换效果是在"幻灯片放映"视图中从一个幻灯片移到下一个幻灯片时出现的类似动画的效果。在设置幻灯片切换效果时，可以通过"切换到此幻灯片"选项组（如图 11-15 所示）来进一步设置幻灯片切换的速度、添加切换声音。

图 11-15　"切换到此幻灯片"选项组

 提示

（1）选择相应的幻灯片切换效果后，该效果只应用于所选幻灯片，若要将切换效果应用于所有幻灯片，则需单击"全部应用"按钮。

（2）利用"在此之后自动设置动画效果"选项，可以设置幻灯片的自动切换，实现演示文稿的自动播放。

 课堂训练

（1）为"自我介绍"演示文稿中的对象设置合理的动画效果。

（2）为每张幻灯片设置不同的切换方式。

（3）在幻灯片中添加"开始"、"后退"、"前进"和"结束"动作按钮，并链接到相应的幻灯片上。

（4）为幻灯片中的一幅图片添加超链接，设置单击时运行与该图片内容相关的视频文件。

 任务评价

根据表 11-2 的内容进行自我学习评价。

表 11-2　学习评价表

评 价 内 容	优	良	中	差
理解幻灯片对象的动画效果和幻灯片的切换效果的含义				
能为幻灯片对象设置动画和自定义动画				
能为具有动画效果的幻灯片对象设置声音和速度，并且设置合理				
能在幻灯片中添加动作按钮，并为其设置链接				
能为文本、图片等设置超链接，并设置链接属性				
能为幻灯片设置合理的切换效果				

任务2　幻灯片放映设置

 任务背景

演示文稿终于制作好了，根据使用者和内容的不同，来设置幻灯片不同的放映效果。

任务分析

　　放映幻灯片可以观看最终的各种效果，但是在正式播放演示文稿之前，还需要对其进行一些前期设置，如设置放映方式、自定义幻灯片的播放顺序、进行排练计时等。

任务实施

操作 1　设置放映方式

　　（1）打开"发布报告"演示文稿，切换到"幻灯片放映"选项卡，单击"设置"选项组中的"设置幻灯片放映"按钮，打开"设置放映方式"对话框，如图 11-16 所示。

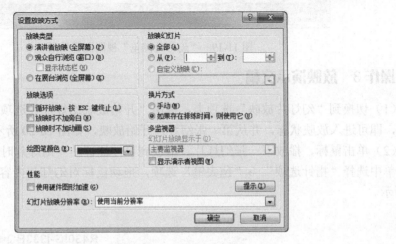

图 11-16　"设置放映方式"对话框

　　（2）在"放映类型"选项组中选中"演讲者放映"单选按钮。
　　（3）选中"放映选项"选项组中的"循环放映，按 Esc 键终止"复选框，单击"确定"按钮。

操作 2　排练计时

　　设置排练计时，主要是为了让演示文稿自行按预设的时间自行播放。
　　（1）切换到"幻灯片放映"选项卡，单击"设置"选项组中的"排练计时"按钮，进入演示状态。
　　（2）依次单击窗口左上角的"预演"工具栏中的"下一项"按钮，设置每一张幻灯片的播放时间，如图 11-17 所示。
　　（3）排练完成后，弹出信息提示框，如图 11-18 所示，单击"是"按钮，程序自动切换到"幻灯片浏览"视图，且在每张幻灯片左下角显示其所需的播放时间，如图 11-19 所示。

图 11-17　"预演"工具栏

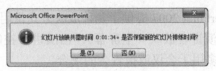

图 11-18　排练计时提示框

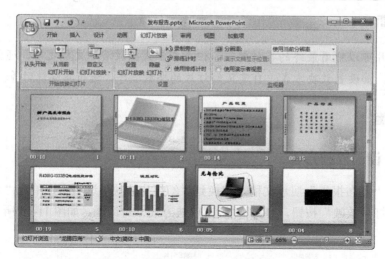

图 11-19 　"幻灯片浏览"视图浏览效果

操作 3　放映演示文稿

（1）切换到"幻灯片放映"选项卡，单击"开始放映幻灯片"选项组中的"从头开始"按钮，即可进入放映状态，并从第一张幻灯片开始放映，如图 10-20 所示。

（2）单击鼠标，播放下一张幻灯片。播放到"性能评估"幻灯片时，右击，从弹出的快捷菜单中选择"指针选项"→"毡尖笔"选项，拖动鼠标对幻灯片内容进行标注，如图 10-21 所示。

图 11-20　放映幻灯片

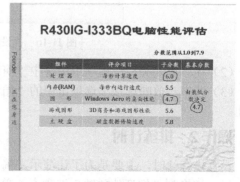

图 11-21　标注幻灯片内容

（3）退出播放状态时，在弹出的"是否保留墨迹注释"提示框中单击"放弃"按钮。

相关知识

1．幻灯片放映方式

PowerPoint 2007 提供了几种放映方式供用户选择。

（1）演讲者放映（全屏幕）：由演讲者控制幻灯片的演示节奏，演讲者具有放映的完全控制权，多用于会议或报告会的场合。

（2）观众自行浏览（窗口）：以窗口的形式放映演示文稿，类似于用 IE 浏览网页，便于观众浏览，多用于观众在网络上浏览演示文稿的情况。

（3）在展厅浏览（全屏幕）：不需要专人控制就可以自动播放演示文稿。在播放时，大多数控制手段都失效，而且不能随意改动演示文稿，但按 Esc 键可以停止幻灯片的放映，多数用于展台的自动放映。

2．自定义放映

在默认情况下播放演示文稿，幻灯片是按照在演示文稿中的先后顺序进行播放。如果需要播放演示文稿中的特定部分，可以自定义幻灯片的播放顺序和范围，将演示文稿中的幻灯片结组放映。

（1）单击"幻灯片放映"选项卡的"开始放映幻灯片"选项组中的"自定义幻灯片放映"按钮，选择"自定义放映"选项，打开"自定义放映"对话框，如图 11-22 所示。

（2）单击"新建"按钮，打开"定义自定义放映"对话框，如图 11-23 所示。可根据需要定义自定义放映内容，选择幻灯片、调整放映顺序后，依次单击"确定"按钮。

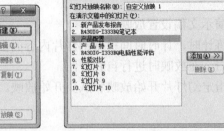

图 11-22 "自定义放映"对话框　　　　　图 11-23 "定义自定义放映"对话框

（3）放映时，需单击"自定义幻灯片放映"按钮，选择要放映的自定义放映名称，然后按定义的放映顺序放映。

3．录制旁白

旁白可增强基于 Web 或自动运行的演示文稿的效果。还可以使用旁白将会议存档，以便演示者或缺席者以后可以观看演示文稿，听取别人在演示过程中做出的评论。

演讲者可以通过录制旁白在幻灯片中添加解说，也可以在演讲前或者在演示过程中录制旁白，并同时录制观众的评语。如果不想在整个演示文稿中使用旁白，可以仅在选定的幻灯片上录制评语或者关闭旁白，只在需要时才播放旁白。

（1）在"普通"视图中，选择要开始录制的幻灯片。

（2）在"幻灯片放映"选项卡的"设置"选项组中，单击"录制旁白"按钮 ，打开"录制旁白"对话框，如图 11-24 所示。

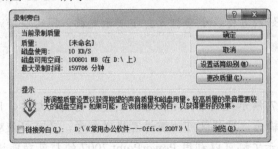

图 11-24 "录制旁白"对话框

（3）单击"设置话筒级别"按钮，在打开"话筒检查"对话框中按照说明设置话筒级别后，依次单击"确定"按钮，进入演示文稿的放映状态，开始录制旁白。

（4）录制结束后，按 Esc 键，在弹出提示框中单击"保存"按钮。

录制旁白并保存后，在录制旁白的幻灯片上将显示一个声音图标，双击该图标即可收听录制的旁白。

4．放映幻灯片

幻灯片制作完成后，可以采用多种方式放映。

（1）切换到"幻灯片放映"选项卡，单击"开始放映幻灯片"选项组中的"从头开始"按钮，或者按 F5 键，可以实现幻灯片从头开始放映，放映时单击即可切换到下一页。

（2）单击"开始放映幻灯片"选项组中的"从当前幻灯片开始"按钮，或者单击"视图快捷方式"工具栏中的"幻灯片放映"按钮，可以从当前幻灯片开始放映。

 课堂训练

（1）为"自我介绍"演示文稿设置放映方式。

（2）为幻灯片设置排练计时，计时时间根据幻灯片内容的多少设定。

（3）为幻灯片录制旁白，在放映时进行自我介绍。

（4）放映幻灯片，从指定幻灯片开始放映和从头开始放映。

 任务评价

根据表 11-3 的内容进行自我学习评价。

表 11-3　学习评价表

评 价 内 容	优	良	中	差
能设置幻灯片放映方式				
能为幻灯片设置排练计时，时间设计合理				
能为幻灯片录制旁白				
能自定义幻灯片的放映顺序				
会熟练放映幻灯片				

任务 3　打印和打包演示文稿

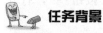 **任务背景**

为了对产品进行更好的宣传，小李打算打印演示文稿，同时将演示文稿进行打包，以便在不同的计算机上放映。

 任务分析

在 PowerPoint 2007 演示文稿中，不仅可以创建所需的幻灯片，同时还可以将幻灯片中的内容以多种形式打印输出，这样既可为演讲者提供参考，又可以使观看者能更详细地了解演示内容。制作好的演示文稿可以利用 PowerPoint 2007 的打包功能进行打包，以方便在其他计算机中进行放映。本任务包括设置幻灯片页面属性、添加页眉和页脚、打印幻灯片、打包演示文稿等操作。

 任务实施

操作 1 设置幻灯片页面属性

（1）打开"发布报告"演示文稿，切换到"设计"选项卡，单击"页面设置"选项组中的"页面设置"按钮，打开"页面设置"对话框，如图 11-25 所示。

图 11-25 "页面设置"对话框

（2）在"幻灯片大小"下拉列表框中选择"A4 纸张"选项，单击"确定"按钮。

操作 2 添加页眉和页脚

（1）切换到"插入"选项卡，单击"文本"选项组的"页眉和页脚"按钮，打开"页眉和页脚"对话框，如图 11-26 所示。

（2）在"幻灯片"选项卡中选中"日期和时间"、"页脚"复选框和"标题幻灯片中不显示"复选框，在"页脚"文本框中输入页脚"产品介绍"文本，单击"全部应用"按钮，页眉和页脚的设置应用到幻灯片中。

操作 3 打印幻灯片

（1）依次执行"Office 按钮"→"打印"→"打印"命令，打开"打印"对话框，如图 11-27 所示。

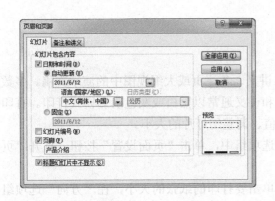

图 11-26 "页眉和页脚"对话框

图 11-27 "打印"对话框

（2）在"打印内容"下拉列表框中，选择"幻灯片"选项，并选中"给幻灯片加框"复选框，单击"确定"按钮。

操作 4　打包演示文稿

（1）依次执行"Office 按钮"→"发布"→"CD 数据包"命令，打开"打包成 CD"对话框，如图 11-28 所示。

（2）单击"选项"按钮，打开"选项"对话框，如图 11-29 所示，选中"链接的文件"复选框，单击"确定"按钮。

图 11-28　"打包成 CD"对话框

图 11-29　"选项"对话框

（3）单击"打包成 CD"对话框中的"复制到文件夹"按钮，打开"复制到文件夹"对话框，如图 11-30 所示，单击"浏览"按钮，从打开的"选择位置"对话框中选择打包后文件的保存位置，单击"确定"按钮。

图 11-30　"复制到文件夹"对话框

（4）在弹出的提示框中，单击"是"按钮，即可开始打包演示文稿，结束后，单击"关闭"按钮，关闭"打包成 CD"对话框。

打包后可以将打包的文件夹复制到移动存储器上，可以在其他的计算机上播放。

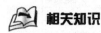　相关知识

1．打印演示文稿

在 PowerPoint 2007，可以打印幻灯片、讲义、备注页或大纲视图中的演示文稿。多数演示文稿均设计为以彩色模式显示，但幻灯片和讲义通常以黑白或灰色阴影模式打印。打印之前，可以设置幻灯片的打印方向和编号起始值、调整幻灯片的大小。

（1）在"设计"选项卡的"页面设置"选项组中，单击"页面设置"按钮，打开"页面设置"对话框，如图 11-25 所示。

（2）在"幻灯片大小"下拉列表框中，单击要打印的纸张的大小，在"方向"选项组中设置幻灯片的方向为"横向"或"纵向"，单击"确定"按钮。

设置幻灯片方向时，必须将演示文稿中的所有幻灯片设置为一个方向。

打印讲义时，要在"打印"对话框中的"打印内容"下拉列表框中选择"讲义"选项，设置每页的幻灯片数以及顺序后，单击"确定"按钮。

2. 打印预览

打印前可以预览打印效果，以便对不合理的设置进行调整。操作方法是：依次执行"Office 按钮"→"打印"→"打印预览"命令。

单击"打印预览"选项卡中的"关闭打印预览"按钮可退出预览状态。

在"打印预览"选项卡中可以设置打印内容、打印模式、添加页眉和页脚等。可以直接在预览状态下单击"打印"按钮打印相应内容。

3. 打包演示文稿

将演示文稿发布打包成 CD 后，即使计算机上没有安装 PowerPoint，该 CD 也能在安装了 Windows 2000 以上操作系统的计算机上运行，保证演示文稿正常播放展示，需要播放时，双击运行 play.bat 文件即可。

另外，PowerPoint 2007 提供了将演示文稿转化为网页的功能，转为网页文件后，可将此文件放到 Web 站点上，供其他人在线浏览查看，播放效果如图 11-31 所示。

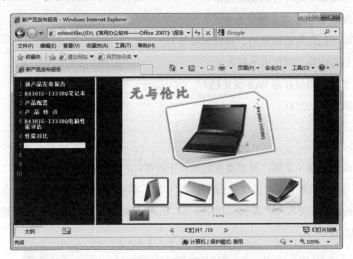

图 11-31　网页播放效果

演示文稿另存为网页文件的方法如下。

（1）依次执行"Office 按钮"→"另存为"→"其他格式"命令，打开"另存为"对话框。

（2）单击"保存类型"下拉按钮，选择保存类型为"网页（*.htm;*.html)"，输入文件名称，单击"保存"按钮。

课堂训练

（1）为"自我介绍"幻灯片的方向设置为纵向，按每页 4 张幻灯片打印演示文稿讲义。

（2）将演示文稿另存为网页文件。

（3）将"自我介绍"演示文稿进行打包，在其他计算机上运行打包文件。

任务评价

根据表 11-4 的内容进行自我学习评价。

表 11-4　学习评价表

评 价 内 容	优	良	中	差
能对幻灯片进行页面设置				
能对幻灯片进行打印				
理解演示文稿打包的含义				
能对演示文稿进行打包				

思考与练习

一、思考题

1．如何设置演示文稿中幻灯片的切换效果？

2．PowerPoint 2007 提供了哪几种放映方式？

3．如何给要打印的幻灯片添加页眉、页脚和编号？

4．打印幻灯片和打印讲义有什么不同？

5．怎样将演示文稿文档保存为 Web 页文档？

6．简述演示文稿打包的过程。

二、操作题

1．打开"李白诗选"演示文稿，根据要求完成以下操作。

（1）为所有幻灯片添加切换效果"多纹左上展开"，"中速"并带有"微风"声音，"单击鼠标时"切换。

（2）为幻灯片中的"送友人"、"渡荆门送别"和"山中与幽人对酌"文本添加超链接，分别链接到对应的幻灯片，如图 11-32 所示。

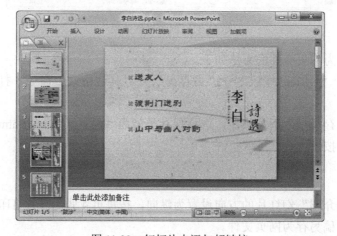

图 11-32　幻灯片中添加超链接

（3）分别为第 2 至第 4 张幻灯片中的文本添加适当的动画。

（4）除首张幻灯片外，为其他幻灯片添加一个动作按钮，单击该动作按钮结束幻灯片的放映。

（5）为幻灯片排练计时，时间根据内容设定。

（6）为该演示文稿录制旁白，诗句解读。

（7）设置幻灯片的放映方式为"观众自行浏览"、"循环放映，按 Esc 键终止"，并放映幻灯片。

（8）创建自定义放映，自定义放映幻灯片顺序和数量。

（9）以讲义方式打印幻灯片，每页 6 张幻灯片。

（10）将"李白诗选"打包输出。

2．制作学校介绍的演示文稿，要求如下：

分小组搜集学校介绍的有关资料（或者自行上校园网下载资料），选择合适版面及喜欢模板制作学校介绍幻灯片。要求文字标题醒目，整体版面整洁，条理清楚，幻灯片不得少于 6 张。

3．制作一个介绍当前已经（或将要）举行的博览会或盛大体育赛事，突出盛会的主题，体现活动盛况，图文并茂，设计合理、美观。

反侵权盗版声明

读者意见反馈表

书名：Word 2007、Excel 2007、PowerPoint 2007 案例教程　　　主编：魏茂林　　　策划编辑：关雅莉

> 谢谢您关注本书！烦请填写该表。您的意见对我们出版优秀教材、服务教学，十分重要。如果您认为本书有助于您的教学工作，请您认真地填写表格并寄回。我们将定期给您发送我社相关教材的出版资讯或目录，或者寄送相关样书。

个人资料

姓名_____年龄____联系电话_____（办）_____（宅）_____（手机）

学校_____专业_____职称/职务_____

通信地址_____邮编_____E-mail_____

您校开设课程的情况为：

本校是否开设相关专业的课程　□是，课程名称为_____　□否

您所讲授的课程是_____课时_____

所用教材_____出版单位_____印刷册数_____

本书可否作为您校的教材？

□是，会用于_____课程教学　　　□否

影响您选定教材的因素（可复选）：

□内容　　　□作者　　　□封面设计　　□教材页码　　□价格　　　□出版社

□是否获奖　□上级要求　□广告　　　　□其他_____

您对本书质量满意的方面有（可复选）：

□内容　　　□封面设计　　□价格　　　□版式设计　　□其他_____

您希望本书在哪些方面加以改进？

□内容　　　□篇幅结构　　□封面设计　　□增加配套教材　　□价格

可详细填写：_____
_____

您还希望得到哪些专业方向教材的出版信息？

_____

感谢您的配合，可将本表按以下方式反馈给我们：

【方式一】电子邮件：登录华信教育资源网（http://www.hxedu.com.cn/resource/OS/zixun/zz_reader.rar）下载本表格电子版，填写后发至 ve@phei.com.cn

【方式二】邮局邮寄：北京市万寿路 173 信箱华信大厦 1101 室　职业教育分社（邮编：100036）

如果您需要了解更详细的信息或有著作计划，请与我们联系。

电话：010-88254591